中国木荷

周志春　张　蕊　范辉华　楚秀丽　等　著

科学出版社

北　京

内 容 简 介

　　中国林业科学研究院亚热带林业研究所自2001年起就联合南方各省(自治区、直辖市)科研和生产单位,以珍贵优质用材和生态抗逆为培育目标,持续开展了19年的良种选育和高效培育技术研究。本书主要是利用项目研究团队近20年的木荷育种和培育技术研究成果撰写而成。全书分为10章,对木荷资源分布和用途、生物学特征、地理变异和优良种源选择、育种群体构建和品种选育、无性系种子园技术、优质苗木繁育、人工用材林定向培育、生物防火林带和生态景观与防护林营建、木材性质和利用,以及主要害虫与防控技术等进行了比较系统的论述。

　　本书是一部理论结合实践,侧重生产应用的科技专著,内容丰富,重点突出,图文结合,资料翔实,可作为林业科研、教学和生产管理人员及大专院校师生的参考用书。

图书在版编目(CIP)数据

中国木荷/周志春等著. —北京:科学出版社,2020.10
ISBN 978-7-03-059883-7

Ⅰ.①中⋯　Ⅱ.①周⋯　Ⅲ.①木荷—育种 ②木荷—高产栽培
Ⅳ.①S792.99

中国版本图书馆 CIP 数据核字(2020)第 180092 号

责任编辑:张会格　孙　青 / 责任校对:郑金红
责任印制:吴兆东 / 封面设计:无极书装

科 学 出 版 社 出版
北京东黄城根北街16号
邮政编码:100717
http://www.sciencep.com

北京凌奇印刷有限责任公司 印刷
科学出版社发行　各地新华书店经销
*
2020 年 10 月第　一　版　开本:B5 (720×1000)
2021 年 4 月第二次印刷　印张:19 1/4
字数:388 000
定价:168.00 元
(如有印装质量问题,我社负责调换)

著 者 名 单

主要著者　周志春　中国林业科学研究院亚热带林业研究所
　　　　　　　　　研究员，博士研究生导师

　　　　　张　蕊　中国林业科学研究院亚热带林业研究所
　　　　　　　　　副研究员，博士

　　　　　范辉华　福建省林业科学研究院
　　　　　　　　　教授级高级工程师

　　　　　楚秀丽　中国林业科学研究院亚热带林业研究所
　　　　　　　　　助理研究员，博士

其他著者　中国林业科学研究院亚热带林业研究所
　　　　　金国庆　张　振　赵锦年　刘青华　王云鹏　马雪红
　　　　　张　萍　林　磊

　　　　　中国林业科学研究院木材工业研究所
　　　　　殷亚方　张毛毛　谢雪霞　王　杰

　　　　　中国林业科学研究院亚热带林业实验中心
　　　　　姚甲宝　曾平生　李峰卿　袁小平

　　　　　福建省林业科学研究院
　　　　　汤行昊　黄　宇

　　　　　四川农业大学
　　　　　杨汉波

　　　　　浙江省龙泉市林业科学研究院
　　　　　徐肇友　肖纪军　何必庭　王帮顺　陈焕伟　沈　斌
　　　　　陈杏林　冯建国

福建省建瓯市林业技术推广中心

马丽珍　黄少华　陈柳英　叶穗文

浙江省兰溪市苗圃

范金根　童庆元　滕国新

浙江省开化县林场

柴　雄　徐金良

浙江省淳安县富溪林场

王月生　洪桂木　王　晖　徐红兵　郑建新

浙江省庆元县实验林场

吴小林　张东北　王秀花　周生财

浙江省庆元县林场

陈奕良

浙江省临海市自然资源和规划局

陈献志

江西省信丰县林木良种场

刘武阳　邱全生　赖福寿　殷贤璋　朱柯帆

江西省永丰县官山林场

陈　康

重庆市林业科学研究院

谭小梅

重庆市南岸区明月山林场

刘开秀　冯开泉

前　言

　　木荷（*Schima superba*）是一种泛热带、广域性的树种，为我国亚热带常绿阔叶林的主要建群种，是中华人民共和国成立后我国南方人工造林最早、面积最大的珍贵优质用材、生物防火和生态修复乡土造林树种。木荷广泛分布于南方各省（自治区、直辖市）并在分布区外的重庆、安徽中部和湖北中部有栽培。其树干端直，木材坚重致密，结构均匀，力学性质好，是建筑、器材、木制工艺品等珍贵优质阔叶用材。据中国林业科学研究院木材工业研究所对木荷、香椿、柚木、楸木、香樟、核桃楸、银杏和鹅掌楸 8 种珍贵树种的系统评价，木荷木材机械加工综合性能位居第一。木荷可通过与杉木和马尾松混交及纯林经营培育大径阶的优质用材，在中等立地条件下每亩①年材积生长量可达 1m³。木荷适应性强，生长迅速，树冠浓密，叶片较厚，革质，含水量大，不易燃烧，萌芽性强，是南方著名的生物防火当家树种和主栽的生态防护树种。此外，木荷树体高大，树形美观，树姿优雅，枝繁叶茂，四季常青，花开白色，因花似荷花，被称之为"长在树上的荷花"，是优良的景观绿化树种和康养树种，同时还是重要的蜜源树种。木荷既喜光，又具有一定的耐荫性，可以在强光条件下良好生长，也可以在稀疏林下正常生长，成为南方低质林分改造和生态修复树种的首选。木荷适应性强，栽培容易，造林成活率高，速生丰产性显著，林分结构稳定，是一种多用途、多功能的优良乡土阔叶树种，广为南方各省（自治区、直辖市）重视和喜爱。据不完全统计，南方现有木荷人工林（包括人工纯林、与松杉混交林）30 万 hm²（折合成纯林），天然林次生林 50 万 hm²，木荷生物防火林带 55 万 km。木荷是我国除杨树和桉树外最大的阔叶造林树种，每年培育苗木用种量在 5000kg 以上，每年造林约 1 亿株，折合面积达 60 万亩以上。

　　鉴于木荷在我国林业生态、林业产业和生态文明建设中占有重要地位，中国林业科学研究院亚热带林业研究所自 2001 年起，与浙江、福建、江西、湖南、重庆和广东等省（直辖市）科研和生产单位长期合作，以珍贵优质用材为培育目标，开展持续 19 年的协作攻关，主持承担了"十三五"国家重点研发计划、"十二五"国家科技支撑计划、林业公益性行业科研专项、国家林业局重点项目、"十二五"和"十三五"浙江省林木新品种选育重大专项、浙江省和中国林业科学研究院省院合作项目、江西省林业科技项目等科研项目十余项，同时参加了福建省第四至

---

　　① 1 亩≈667m²，下同。

第六期林木种苗攻关木荷良种选育课题研究，在木荷良种选育和高效培育技术方面获得浙江省科学技术奖二等奖 2 项和三等奖 1 项，梁希林业科学技术奖二等奖 1 项。率先实现了木荷良种化造林和容器苗种苗供应方式的重大变革，同时解决了大径阶珍贵优质用材的定向培育技术。取得的主要研究成果如下。

（1）系统开展木荷全分布区地理种源试验，确定了优良种源区，筛选了一批推广应用的优良种源。基于 7 个省（自治区、直辖市）37 个产地的多点种源试验 7 年生测定结果，发现木荷生长和木材密度等性状存在显著或极显著的种源变异，且主要受产地温度的影响，呈典型的纬向变异模式，来自纬度较低、温度较高产地的木荷种源生长量较大，木材密度较小，木材密度与生长性状呈显著负相关。基于生长和木材密度将木荷划分为中心、中部和北部 3 个种源产区，选出福建建瓯和江西龙南等 11 个速生优质的优良种源，其中多数来源于南岭山脉-武夷山脉的中心种源区。

（2）收集保存主产区优树种质资源上千份，构建了我国最大的木荷育种群体，奠定了长期育种的坚实基础。自 2006 年起，在浙江、福建、江西、湖南、广东、贵州和重庆等木荷主产区的木荷优良天然林分和起源清楚的人工林中选择优树 1108 株，在浙江省龙泉市林业科学研究院国家林木良种基地嫁接保存木荷优树无性系 876 个，以及同属的银荷、红荷、大苞木荷和中华木荷等优树无性系 27 个，共计 903 个，每个优树无性系嫁接保存 6～8 株，构建了我国首个和最大的木荷育种群体 153 亩，并被认定为省级林木种质资源库。同时在福建古田和江西信丰建立了 2 个木荷种质资源备份库。基于 SSR 分子标记，揭示了保存木荷种质的遗传背景和亲缘关系，构建了包括 115 个优树无性系的核心种质。

（3）研制出木荷矮化种子园营建模式及种子丰产技术，营建 1 代无性系种子园 1800 亩，实现了良种化造林。提出了动态更替式的木荷矮化种子园建园新模式，提出了建园无性系精选、嫁接容器苗简易快培、截干和修剪等树体矮化、遗传管理和园地管理等种子园营建和种子丰产关键技术。发现中华蜜蜂是木荷最有效的传粉昆虫，可通过人工放蜂来提高良种产量。种子园花粉传播是随机的，传粉距离为 0～120m，其中 0～60m 为主要且关键区域，种子园与花粉污染源隔离距离应在 60m 以上。在浙江兰溪和龙泉分别建立了 300 亩和 200 亩木荷 1 代无性系种子园，两者皆被认定为浙江省林木良种。兰溪苗圃木荷种子园试产 2 年，100 亩基地生产良种 165kg，培育良种容器苗 82.5 万株。

（4）建立了轻基质容器苗精细化培育技术体系，实现了种苗供应方式的重大变革，造林成活率皆可保证在 90% 以上。提出了提早芽苗培育、基质配比、缓释肥 N/P 和施用量、分盘和分级育苗、基于空间和水光调控等精细化培育技术，适宜容器规格为 5.5cm×10cm，基质的泥炭与谷糠等配比为 7∶3，适宜的缓释肥 N/P 值为 2.25∶1，加载量为 3.5kg/m³。大规模培育的 1 年生容器苗的苗高和地径分别高于省级标准 1 倍和 0.5 倍以上。此外，还解决了 2 年生木荷大规格容器苗培育技术。获得组培最佳培养基配方，初步实现了组培苗规模生产，出圃率达 70%以上。解决了木荷新品种扦插繁育技术，扦插成活率达 92%以上。

（5）揭示了木荷混交增产机制，初步提出了木荷大径材定向培育技术体系。研究发现木荷与杉木混交增产效果明显，生境条件、林分密度和林龄等显著影响木荷人工林生长和林分结构，发现来自中心产区的福建建瓯种源和家系具有明显的生长竞争优势和施肥效应。建立了与杉木等树种混交经营、修枝除萌和密度调控等为核心的木荷大径材定向培育技术体系，制定了浙江省地方标准木荷营造林技术规程。应选择光照和立地较好的林地、选用良种轻基质容器苗造林、与杉木 3∶1 行间混交或杉木萌芽更新套种、造林后及时施肥、加强修枝除萌、适当稀植（1667 株/hm^2）和适时进行 2～3 次间伐可培育速生、通直、杈干率少的大径阶优质干材。

因木荷良种选育和培育技术研究起步迟，还有很多技术难关需要研究解决。应加强对收集保存的大量育种种质的系统评价，科学选配育种亲本，创制种间和种内杂交新种质，育成一批新品种和良种，并突破木荷新品种组培苗产业化技术。开展木荷全基因组测序，加强木荷分子辅助育种和分子设计育种，缩短育种周期。进一步开展种子园丰产技术研究，以实现木荷良种的大量稳定供给，并及时开展木荷第二轮回育种。开展木荷目标树培育技术，结合次生林改培的木荷生态修复技术研究，以显著提升现有森林质量和功能。

本书主要是利用项目研究团队近 20 年的木荷育种和培育技术研究成果撰写而成，同时引用了国内外其他相关最新研究成果。中国林业科学研究院亚热带林业研究所周志春制定了全书章节的提纲和撰写要求，并经研究团队多次研讨后，分别由相关专家撰写各章节，最后由周志春对全书审校和统编定稿。全书共有 10 章：第一章重点介绍了木荷资源、分布和用途，由周志春研究员撰写；第二章主要描述了木荷生物学特征，由金国庆、张蕊和汤行昊撰写；第三章总结了木荷地理变异和优良种源选择研究成果，由金国庆和周志春撰写；第四章包括木荷种质资源收集、育种群体构建和品种选育等内容，由张蕊、杨汉波和张振等撰写；第五章介绍了木荷无性系种子园技术与良种生产的成果，由张振、杨汉波、张蕊撰写；第六章为木荷苗木繁育技术，包括大田裸根苗和轻基质容器苗培育，以及扦插和组培育苗等内容，由楚秀丽和张蕊撰写；第七章主要为人工用材林的定向培育，由楚秀丽撰写；第八章为木荷生物防火林带和生态景观与防护林营建，由范辉华撰写；第九章介绍了木荷木材性质与木材机械加工性能研究成果，由张毛毛、谢雪霞、王杰和殷亚方撰写；第十章为本书的最后一章，介绍了木荷主要害虫及防控技术，由赵锦年完成。

这是一部理论结合实践，侧重生产应用的科技专著，内容丰富，重点突出，图文结合，资料翔实，对于林业科研、教学和生产管理工作者都有适用的参考价值。本书由于专业性强、知识面广，加之撰写者水平所限，书中难免存在不足和疏漏，诚希广大读者和同仁批评指正，不吝赐教。

本书的出版得到"十二五"浙江省农业（竹木）新品种选育重大科技专项重点课题"木荷速生优质高抗新品种选育和良种繁育"（2012C12908-6）和"十三五"浙江省林木新品种选育重大专项重点课题"珍贵装饰工艺用材树种形质改良与良种扩繁技术"（2016C02056-3）等资助，在此一并致谢。

著 者

2019 年 10 月

目　　录

第一章　木荷资源、分布和用途

全世界木荷属植物约有 30 种，我国有 21 种，其中木荷为最常见种。木荷（*Schima superba*）是一种泛热带、广域性的树种，为我国亚热带常绿阔叶林的主要建群种，广泛分布于南方各省，并在分布区外的重庆、安徽中部和湖北中部有栽培。其树干端直，木材坚重致密，结构均匀，力学性质好，是建筑、器材、木制工艺品等的珍贵优质阔叶用材，可通过与杉木和马尾松混交及纯林经营培育大径阶的优质用材，在中等立地条件下每亩年材积生长量可达 $1m^3$。木荷适生性强，生长迅速，树冠浓密，叶片较厚，革质，含水量大，不易燃烧，萌芽性强，是南方著名的生物防火当家树种和主栽的生态防护树种，广泛用于生物防火林带构建、生态防护林建设和森林的生态修复。此外，木荷树体高大，树形美观，树姿优雅，枝繁叶茂，四季常青，花开白色，因花似荷花，被称为"长在树上的荷花"，是优良的景观绿化树种和康养树种。木荷栽培容易，造林成活率高，速生丰产性显著，林分结构稳定，是一种多用途、多功能的优良乡土阔叶树种，广为南方各省重视和喜爱，在林业生态、林业产业和生态文明建设中占有重要地位。

第一节　木荷及木荷属植物概况

木荷属（*Schima* Reinw.）为山茶科植物，常绿乔木，树皮有不整齐的块状裂纹。叶全缘或有锯齿，有柄。花大，两性，单生于枝顶叶腋，白色，有长柄；苞片 2～7，早落；萼片 5，革质，覆瓦状排列，离生或基部连生，宿存；花瓣 5，最外 1 片风帽状，在花蕾时完全包着花朵，其余 4 片卵圆形，离生，雄蕊多数，花丝扁平，离生，花药 2 室，常被增厚的花药分开，基部着生；子房 5 室，被毛，花柱连合，柱头头状或 5 裂；胚珠每室 2～6 个。蒴果球形，木质，室背裂开；中轴宿存，顶端增大，五角形。种子扁平，肾形，周围有薄翅。

全世界木荷属植物约有 30 种，我国有 21 种，其余散见于东南亚各地。我国木荷植物有银木荷（*S. argentea*）、竹叶木荷（*S.bambusifolia*）、短梗木荷（*S. brevipedicellata*）、钝齿木荷（*S. crenata*）、独龙木荷（*S. dulungensis*）、大花木荷（*S. forrestii*）、大苞木荷（*S. grandiperulata*）、尖齿木荷（*S. khasiana*）、广东木荷（*S. kwangtungensis*）、大萼木荷（*S.macrosepala*）、多苞木荷（*S. multibracteata*）、南洋木荷（*S. noronhae*）、拟钝齿木荷（*S. paracrenata*）、小花木荷（*S. parviflora*）、多脉木荷（*S. polyneura*）、疏齿木荷（*S. remotiserrata*）、中华木荷（*S. sinensis*）、

木荷（*S. superba*）、毛木荷（*S. villosa*）、西南木荷（*S. wallichii*）、信宜木荷（*S. xinyiensis*）。我国木荷属植物多分布于西南的云南、四川、贵州、广西等省（自治区），其中常见的有木荷和西南木荷（也即红木荷）。木荷为我国亚热带常绿阔叶林的主要建群种，广泛分布于长江以南各省，为重要的珍贵优质用材和主栽的生物防火与生态防护树种，也可作优良的园林绿化树种。西南木荷为我国热带和南亚热带的先锋树种，主要分布在广西西部、云南、贵州和四川，印度、尼泊尔、缅甸、印度尼西亚、越南、老挝、泰国也有分布。西南木荷较木荷更耐干旱瘠薄，也是重要的优质用材和优良的防火树种，广泛用于我国西南地区的造林和森林生态修复。

第二节　形态特性及地理分布

一、形态特性

　　木荷，别名荷树、荷木等，因花开白色，花似荷花，故名木荷。木荷是一种泛热带、广域性的树种，为我国亚热带常绿阔叶林的主要建群种。木荷为常绿大乔木，树干端直，高达 30 多米，胸径 1m 以上。福建武平县十方镇和平村有一株木荷古树，树龄 260 年，胸径 1.66m，树高 45m（图 1-1）。其树皮暗褐色或灰褐色，外皮薄，幼时较平滑，老时具褐色的纵裂至不规则裂隙，并有不显著皮孔，枝条呈暗褐色。叶互生革质或薄革质，无毛，有光泽，长椭圆状卵形或长椭圆状，先端为短钝状渐尖，有时略钝，基部楔形，上面干后发亮，下面无毛，侧脉 7～9对，在两面明显，边缘有钝齿。叶长 4.5～9.0cm，叶柄扁平，长 1.0～1.5cm。

图 1-1　木荷树王（福建武平）胸径 1.66m，树高 45m（彩图请扫封底二维码）

花多数白色或淡红色，有芳香。单独生于枝顶叶腋，有时顶生，常多朵排成总状花序，直径 3cm，花柄长 1cm，平滑无毛；苞片 2，贴近萼片，长 4～6mm，早落；萼片、花瓣皆 5 片，萼片半圆形，长 2～3mm，外面无毛，内面有绢毛；花瓣长 1～1.5cm，最外 1 片风帽状，边缘多少有毛；雄蕊多数着生于花瓣基质，子房卵形，基质密生薄毛，上部光滑。花期 5～7 月，果实第 2 年 9 月下旬至 11 月上旬成熟，处于树冠外层的是当年幼果，呈火柴梗状，树冠内层为成熟果实。

蒴果木质，球形或扁球形，5 裂，直径 1.5～2cm，有宿存的萼片。革质平滑无毛。果梗粗肥，长约 1cm。种子扁平，肾形而端圆，长 0.6～1.0cm，宽 0.35～0.60cm。周围有翅，稍呈皱褶状。每果实分为 5 室，每室含种子 2～3 粒。

二、地理分布

木荷是我国亚热带特有分布的区系成分，产长江以南各省（自治区），分布较广，其地理范围大致在北纬 32°以南，东经 96°以东的广大地区。北界东起长江南岸的皖南丘陵，沿湖北黄陂、应城到神农架南部，止于大巴山脊南部；西部以邛崃山为界；南延台湾、广东、广西、海南等地。其分布的海拔在西部可达 2000m，至中部逐渐降低，一般在 700m 以下，而到了赣东北和闽西南的武夷山地区，由于气候变暖，其分布海拔可达 1000～1500m。例如，武夷山主脉的黄岗山海拔 2158m，木荷分布到海拔 1700m。

以木荷为优势种或木荷与栲类、樟类树种共优组成的常绿阔叶林类型，是典型中亚热带水平地带性植被类型之一。木荷多以混交林出现，局部组成比重比较大，成为木荷占优势的林分，组成结构一般比较复杂，树种较多，层次分明。木荷林主要分布在长江以南至北回归线以北的广大丘陵地带，其北界基本上与中亚热带的北界相吻合，分布的地区包括浙江、江西、安徽南部、福建西北部、湖南、两广北部、四川东南部以及贵州东部。木荷在其分布区内时常与栲属（*Castanopsis*）、青冈属（*Cyclobalanopsis*）、石栎属（*Lithocarpus*）的种类相互交错分布，形成不同的群落类型，如浙江东部地区的木荷、栲树（*Ca. fargesii*）、米槠（*Ca. carlesii*）林，安徽南部、浙江中部及南部、两广北部、福建北部、湖南东南部、江西大部等中亚热带东部湿润亚区的木荷、甜槠（*Ca. eyrei*）林，浙江、福建、江西、湖南、贵州东部一些低山丘陵区的木荷、米槠林，而在其分布区南部、中西部至西南部，木荷通常以伴生种出现。江苏苏州太湖之滨光福的 298 亩木荷林（江苏省级自然保护区面积）应该算是分布最北的木荷天然林了。

三、人工栽培区域

木荷是其自然分布区内最主要的乡土阔叶造林树种。例如，中华人民共和国成立后，福建省许多国有林场和乡村林场都营造木荷人工林以培育纺织工业、器材和国防等特种用材，不管是营造与松杉的混交林，还是营造人工纯林，木荷林分结构稳定，生长都表现良好。浙江、福建、江西、湖南和广东等省都将木荷广泛地用于珍贵优质用材、生物防火和生态防护林的建设，建有木荷人工林数百万公顷、木荷生物防火林带数十万千米。进入中国特色社会主义新时代，为实施以生态建设为主的林业发展战略，加快生态文明体制改革，建设美丽中国，我国将实施重要生态系统保护和修复重大工程、全面实施森林质量精准提升工程以及实施乡村振兴战略，木荷将在森林生态修复、战略储备林基地建设以及城乡绿化美化等方面日益发挥更重要的作用。例如，江西将木荷作为赣南低质低效林最重要的改培树种，其生态修复速度快，效果好。浙江将开展全域大花园建设，每年木荷的用苗量占全省造林用苗量的 30%～40%。福建则将木荷列为最主要的森林生态修复树种和珍贵优质阔叶用材树种来发展。

木荷除在其自然分布区大力发展外，还在分布区以外的一些地方引种发展。尤其是随着全球气候变暖，木荷可向北一定距离内栽植。例如，重庆最早于 1992年从贵州引种栽培木荷，现已遍布所有区县，在璧山、南岸、南川等区县已有大面积的人工栽培，广泛地用于生物防火林带建设、次生松林改培和生态修复，生长良好、林分稳定。在重庆江北区铁山林场和南岸区防护林场保存有 42hm^2 的木荷优良林分（吴亚，2011）。安徽省全椒县瓦山林场自 1993 年起就引种木荷构建了 29.5km 的生物防火林带，未发现明显冻害，生长表现良好，达到了预期的防火效果（程年金，2004）。另据沈国华等（1997）报道，南京东善桥在 1993 年引种福建尤溪和江苏吴县 2 个种源，虽然发现福建尤溪种源在苗期存在一定的冻害，但两种源在幼树期均未出现明显冻害，从成林情况来看表明引种栽培成功。近年来，湖北省太子山林场管理局也从浙江和福建引种木荷用于生物防火林带和马尾松人工林近自然经营，早期生长表现最佳。

第三节 主要用途

一、培育珍贵优质用材

木荷树体高大通直，木材坚硬，为散孔材，纹理稍斜曲，结构细致，不开裂，易加工，颇耐磨，曾为纺织工业中制作纱绽和纱管，以及枪托的上等材料；其材色较均匀，纵切面有光泽，是桥梁、船舶、车辆、建筑、农具、家具、胶合板等优良用材。据中国林业科学研究院木材工业研究所对木荷、香椿、柚木、楸木、香樟、核桃楸、银杏和鹅掌楸 8 种珍贵树种的系统评价，木荷木材机械加工综合性能位居第一。木荷为深根性树种，生长迅速，病虫害少，对土壤条件要求不严，耐旱力强，在酸性红壤、黄壤、黄棕壤上均能生长。木荷栽培容易，造林成活率高，早期速生，易与杉木、马尾松等混交培育大径阶的优质用材，是杉木、马尾松二代迹地更新的优良混交造林或替代树种，其速生丰产性显著。通过对福建省来舟国有林业试验林场、顺昌浦上国有林场、闽侯白沙国有林场和建瓯水西国有林场的木荷人工林的调查（图1-2），在中等立地条件下45年生木荷人工林蓄积量可达42.0～45.0m³/亩，出材量达33.0～35.5m³/亩，亩产值可达5万元。福建省建瓯市按1∶3的混交比例营建木荷与杉木混交林，在20～25年生时采伐利用完杉木，并对保留的40～50株木荷继续再培育10～15年，每亩可生产25m³左右的木荷优质大径材。很多省份都将木荷作为木材战略储备林来培育。

图1-2　福建建瓯木荷人工用材林（彩图请扫封底二维码）

二、构建生态防火林带和网络

木荷树冠浓密，叶片较厚，革质，着火温度高，含水量大，不易燃烧，萌芽性强，是南方生物防火林带建设的当家树种，可以说是森林的卫士（图1-3）。例如，原林业部防火办公室曾组织有关单位进行了5次试验，每次火场面积都超过500m³，火线宽20多米，火焰高度超过木荷林带高度，每次凶猛的烈火都被宽10m的木荷林带所阻而自行熄灭。被烈火冲烧后的第1排木荷树有30%～50%的树叶被烤黄、烤焦，相隔2m的第2排树有5%的树叶被烤黄，第3排以后的木荷树安然无恙。木荷的防火本领一是归因于其革质的叶片含有高达42%左右的水分；二是归因于其高大的树冠和浓密的叶片，一条由木荷树组成的林带，就像一堵高大的防火墙能将熊熊大火阻断隔离；三是木荷有很强的适应性，既能单独种植形成防火带，又能混生于松、杉、樟等林中，起到局部防燃阻火的作用；四是木质坚硬，再生能力强，被烧伤的木荷树第二年就能萌发出新枝叶而重新恢复生机。李振问和阮传成（1997）对木荷、火力楠、杨梅等南方48个主要防火树种的燃烧性能及其组成成分进行测定，并分析了各树种的生物学和生态学特性，综合分析结果是木荷的防火能力最强。阮传成等（1995）研究揭示了木荷生物工程防火机制和生物防火林带构建技术。以木荷为主的生物防火林带现已遍布南方各省区，包括山脊和山脚等防火林带，构建了数十万千米网络交错的生物防火万里长城，生态效益巨大。

图1-3　路边木荷生物防火林带（福建建瓯，彩图请扫封底二维码）

三、生态防护和生态修复

　　木荷除是我国南方各省区主栽的生物防火树种外，因其适生性强、生长迅速、林分结构稳定，还是高效的生态防护树种，水土保持和水源涵养功能强。木荷为深根性树种，对土壤适应性较强，在分布区各种酸性红壤、黄壤和黄棕壤中均能生长。其根系强大深扎，较耐干燥瘠薄，同时枝叶茂密，每年春季大量凋落旧叶，萌发新叶，落叶经分解后显著增加土壤养分，改良土壤，是涵养水源、保持水土的良好树种。据王国熙和李振问（1996）报道，杉木萌芽林林冠下营造木荷后形成的混交林其土壤肥力状况较杉木纯林有很大程度的改善，土壤有机质含量明显提高，土壤结构稳定性好，土体疏松多孔，养分储量大，供肥能力较强。蔡丽平等（2012）的比较研究表明，木荷与杉木混交林的林分总持水量分别较杉木纯林和木荷纯林提高了15%～18%和8%～15%，而木荷纯林的林分总持水量较杉木纯林提高了9%，这种差异主要体现在土壤层持水量上。

木荷属早期阴性，而后期为偏中性的树种，适合与马尾松、杉木及与其他常绿阔叶树混交成林，发育甚佳，是适宜于低质低效林改培和松材线虫病除治迹地的生态修复，以及杉木二代和三代采伐迹地的更替的优良树种。木荷天然下种和萌芽更新能力较强，无论在林下或是采伐迹地、荒山等地均有木荷生长（图1-4）。马尾松次生林在自然演替过程中，木荷容易下种更新，老树根部萌条也多，木荷种群的发展较快且相对稳定，进而向亚热带地带性常绿阔叶林演替。火灾过后的具有较多木荷老树根的马尾松次生林，可通过人工促进更新成以木荷为主的常绿阔叶林（朱卓俊等，2012）。南京中山陵风景区因发生松材线虫病，通过"林下补阔"引种栽培木荷等常绿阔叶树种，构建成含常绿树种成分的较稳定的复层混交风景林林相（万志洲等，2001）。浙江东部马尾松次生林面积广大，但松材线虫病危害严重，其各县市广泛选用木荷用于松材线虫病除治迹地的改培，能实现林分的快速修复，形成以木荷为主的针阔混交生态景观林和珍贵优质用材兼用林。

图1-4　飞籽成林的木荷天然次生林（浙江永康）其花为白色（彩图请扫封底二维码）

四、景观绿化和生态文化

木荷树体高大，树形美观，树姿优雅，枝繁叶茂，四季常青，似是"长在树上的荷花"，故名木荷。扎根在苏州光福香雪海这一极限地带的 298 亩木荷林，每年 6 月初夏之时，繁花盛放，散溢出沁人心脾的芳香，洁白的花朵远观如夏夜的繁星，近看像亭亭玉立的荷花，成为光福一道迷人的风景。苏州依托于木荷林，常举办木荷花节，景点免费对苏州中小学生开放。木荷春天新叶红色、生机盎然，夏天花如莲花、花香四溢，入秋老叶变红，冬天保留着绿色，四季变化突出。"山中一夜雨，树杪百重泉"，"溪泉漂落英，芳香四溢来"，这就是木荷十里香林泉的真实写照（谢冬勇，2009）。木荷是风景区和城市公园景观林构建的优良树种，生态景观效果极佳。木荷吸收二氧化硫、氟化氢和氮气等有害气体的能力强，可作为优良的道路树、小区庭荫树及公园风景树，可广泛地用于城乡绿化美化，孤植、丛植和片林皆可。

木荷除具备极佳的美化作用外，其香化作用也非常显著。袁兴华等（2008）研究了木荷鲜花香气化学成分，鉴定结果表明木荷鲜花能挥发出多种有益于人体健康的芳香气体物质，主要包括 1-芳樟醇（16.83%）、桧烯（13.83%）、α-蒎烯（10.28%）、苯甲醇（8.78%）、3,7-二甲基-1,3,7-辛三烯（7.55%）、吉玛烯-D（5.23%）、2,6,6-三甲基环己-2-烯-1,4-二酮（4.84%）、反式-氧化芳樟醇（3.41%）、反式-石竹烯（3.14%）等 48 种化合物，占挥发物总量的 99.59%。其中单萜烯类成分含量最高，其所含的 11 种单萜烯合计占挥发物总量的 59.75%，18 种倍半萜烯类成分合计占挥发物总量的 18.75%，其他化合物包括芳香族类、酯类、酮类、醛类、有机酸类和醇类，合计占挥发物总量的 21.09%。这些芳香物质不仅可制作香精油，具有很高的经济用途，而且有益于人类身体健康，可以说木荷是极好的康养树种，木荷林是极好的康养林。

五、化学利用

木荷为中国植物图谱数据库收录的有毒植物，其茎皮、根皮有毒，其性味辛、温，可捣敷患处外用，主治疔疮和无名肿毒，不可内服。浙江民间曾用其茎皮与草乌共煮，熬汁涂抹箭头，猎杀野兽。生长在本植物上的木耳亦有毒性。人接触其茎皮后可产生红肿、发痒。因为木荷的茎皮和根皮有毒，很多人错误地认为木荷不适合作为水源林树种来发展，其实这完全是一种错误的认知，不然，诸如有木荷大量分布的浙江省淳安县千岛湖的水就不能饮用了。中国林业科学研究院亚热带林业研究所用材树种研究组研究发现，木荷树皮可能存在的毒性物质为三萜苷、木脂素苷等，现已分离得到 8 个单体，可作为生物农药来开发。此外，木荷树皮和树叶含鞣质，也有较大的开发利用价值。

参 考 文 献

蔡丽平, 李芳辉, 侯晓龙, 等. 2012. 木荷杉木混交林水源涵养功能研究. 西南林业大学学报, (6): 17-22.

陈存及, 陈伙法. 2000. 阔叶树种栽培. 北京: 中国林业出版社: 167-175.

程年金. 2004. 木荷防火林带成效的研究. 安徽林业科技, (1): 15-16.

李振问, 阮传成. 1997. 中国南方主要防火树种的防火特性及开发利用研究. 自然资源学报, 12(4): 336-342.

阮传成, 李振问, 陈诚和, 等. 1995. 木荷生物工程的防火机理及应用研究. 成都: 成都电子科技大学出版社.

倪健. 1996. 中国木荷及木荷林的地理分布与气候的关系. 植物资源与环境, 5(3): 28-34.

沈国华, 肖开华, 苏国清. 1997. 防火树种木荷种源引种试验研究. 江苏林业科技, 24(4): 8-10.

万志洲, 李晓储, 徐海兵, 等. 2001. 南京中山陵风景区常绿阔叶树种引进及风景林林相改造技术的研究. 江苏林业科技, 28(5): 22-26.

王国熙, 李振问. 1996. 杉木萌芽林林冠下营造木荷后土壤肥力状况的研究. 福建林业科技, 23(3): 17-20.

吴亚. 2011. 重庆林木种质资源. 重庆: 重庆出版社: 66.

谢冬勇. 2009. 浅议木荷在园林中的应用. 科技信息, (17): 363-364.

袁兴华, 梁柏, 谢正生. 2008. 木荷鲜花香气化学成分研究初报. 广东林业科技, 24(5): 41-44.

朱卓俊, 吴林森, 陈军晓, 等. 2012. 不同抚育措施对木荷次生天然林生长的影响. 浙江林业科技, 32(6): 56-59.

（周志春撰写）

第二章 木荷生物学特征

植物的生物学特性是其与生俱来特有的内在品质，是指植物生长发育规律及其生长周期各阶段的性状表现，具体包括繁殖、生长发育、开花结果和衰老死亡等整个生命过程的发生发展规律。揭示某树种的生物学特性对指导和经营该树种的种子与苗木生产、造林与营林等工作非常重要。

木荷为雌雄同株同花植物，虫媒花，总状花序，花期 5～7 月，单花期 4～5 天。果实翌年成熟，蒴果扁球形，种子扁平，边缘具翅，异交为主，自交少量亲和，自由授粉的结实率和出籽率分别为 27.70% 和 6.57%，自花授粉的结实率和出籽率分别为 2.05% 和 0.40%。从种子发芽到生长休眠经历 4 个时期，各个时期应根据各自的生长特点进行科学管理。木荷对环境适应性强，能耐干旱瘠薄；幼年树耐阴，萌芽力强，自然整枝能力差；成年树喜光，多居于林冠上层；木荷喜欢温暖湿润的气候，多与马尾松（*Pinus massoniana*）、杉木（*Cunninghamia lanceolata*）、槠栲（*Castanopsis sclerophylla*）等混生，种群分布格局常呈集群分布。木荷种群大小结构存在增长型、稳定型、成熟型和衰退型 4 种类型。

第一节 木荷繁殖生物学特征

一、木荷开花结实规律

木荷为异花授粉植物，花白色，雌雄同株同花，虫媒花。5～7 月开花，花期 40 天左右，单花期 4～5 天。常 3～11 朵排成总状花序，平均每个花序着生 7 朵花。开花当天柱头即具有可授性，且在整个单花期内均保持较高的可授性。花开后柱头快速伸长，直至略高于花药，形成柱头和花药在空间上的分离，同时花药开裂散发出花粉。花粉失活较快，在花朵刚开放时花粉活性最高，达 83.78%，至花朵凋谢时花粉活性仅为 5.45%。开花第 5 天，花瓣开始脱落，20 天左右花柱脱落。果实翌年 10～11 月成熟，挂果时间长达 1.5 年，蒴果扁球形，直径约 1.5cm，5 裂，花萼宿存，出籽率 4%～7%。种子扁平、肾形，边缘具翅，千粒质量 4.5～6.3g，发芽率 20%～40%。

来自不同产地、纬度和海拔的木荷其花期物候会有较大差别。辛娜娜等（2016）对不同产地木荷优树无性系开花性状研究发现，无性系的始花期与其原产地纬度和海拔均存在负相关关系，来自较低纬度的无性系始花期最早，来自较高纬度或海拔的无性系始花期最晚。杨汉波（2017）对浙江省兰溪市苗圃5～6年生木荷种子园无性系研究表明，木荷种子产量（蒴果数）与花量和花期长度存在显著正相关关系。木荷主要以异交为主，部分自交亲和，需要传粉者，其主要传粉媒介为中华蜜蜂（*Apis cerana*）、白星花金龟（*Protaetia brevitarsis*）和棉花弧丽金龟（*P. mutans*），其中中华蜜蜂是木荷最为有效的传粉昆虫。木荷具有主动抑制自交花粉管在子房生长的机制，为晚期自交不亲和植物，可考虑在大规模杂交时避免人工去雄而提高效率。木荷自由授粉的结实率为27.70%，果实出籽率仅为6.57%，自花授粉的结实率和出籽率分别为2.05%和0.40%，通过人工异株异花授粉不仅可以显著提高木荷结实率，还可以显著提高其出籽率。

二、繁殖方法

木荷有播种、嫁接、扦插和组培等育苗方法，目前生产上一般以播种育苗为主。播种育苗主要应用种子园良种种子，相关技术详见第六章苗木繁育中的内容；嫁接育苗主要培育用于无性系种子园建园的无性系嫁接苗，相关技术详见第五章种子园技术中嫁接容器苗培育的内容；扦插育苗主要用于优良无性系或优株的扩繁育苗，相关技术详见第六章苗木繁育中的扦插育苗技术；组培育苗目前尚未应用于生产性育苗，相关技术详见第六章苗木繁育中的组培育苗技术。

第二节　木荷生长习性和发育规律

了解林木群体生长发育规律，对其苗期、幼龄林、中龄林、成熟林和过熟林等不同发育阶段采取相应的培育管理措施，对科学培育林木资源具有重要意义。本节主要从以下4个方面概述木荷的生长习性和发育规律。

一、种子萌发和苗木生长规律

目前木荷造林一般多采用1年生实生容器苗。针对木荷种子发芽率普遍较低的情况，李铁华（2004）对木荷种子休眠与萌发特性进行了研究，结果表明：①新采集的木荷种子发芽率低，仅为14%～16%，种子具有生理休眠特性，休眠的主要原因为种子本身含有发芽抑制物质和缺乏发芽促进物质；②种子的水浸提液具有明显的发芽抑制作用，且随着水浸天数的增加，浸提液的发芽抑制作用逐渐减弱，经冷水连续5天浸泡，发芽抑制物质大部分能溶解除去，发芽速度加快，发芽率可从16.5%提高到40.0%，说明木荷种子本身含有水溶性发芽抑制物质是引起其休眠的一个主要原因；③赤霉素溶液浸种24h能解除木荷种子的休眠，促进萌发，当赤霉素溶液的质量浓度达到 30mg/100ml 时就能获得最好的效果，发芽率从 16.5%提高到 52.0%，说明木荷种子缺乏发芽促进物质是引起其休眠的又一主要原因；④干藏处理对解除木荷种子休眠、促进萌发没有效果，低温层积能促进萌发，低温层积 40 天能获得比较满意的结果；⑤低温层积后的木荷种子适宜的萌发温度为 25℃或 30℃恒温，其次为昼 30℃、夜 20℃变温。

1 年生苗木的生长规律，从发芽到休眠可分为出苗期、生长初期、速生期和生长后期 4 个时期，各个时期有各自的生长特点与培育管理要求。①出苗期，是指播种到幼苗出土，地上部出现真叶，地下部出现侧根，幼苗将开始进行自主的营养活动时期。此时地上部生长较慢，地下部生长较快，根因极性生长而不断向下延伸。出苗期主要受土壤（基质）水分、温度和覆土厚度等环境因子的影响。②生长初期，又名幼苗期，是从幼苗自主营养开始到苗木高生长量大幅上升为止的时期。此时地上部已出现真叶，生长较缓慢，地下部已出现侧根，根系生长较地上部快，但根系幼嫩，仅分布在浅层，抗逆性差，遭遇不良环境易死亡。生长初期主要受土壤（基质）水分、温度、光照和营养条件等的影响。③速生期，是从苗木高生长加速开始到高生长明显下降为止的时期。这是苗木生长最旺盛的时期，地上部分和根系生长都很快，高生长显著加速，根系发达，能吸收较多的水分和矿质营养，地上部分能制造大量的碳水化合物。速生期苗木生长发育主要受土壤（基质）水分、养分、光照和温度等的影响。速生期来临的早晚和持续时间的长短对苗木生长量有直接影响，但因气候条件和品种的不同，苗木速生期的长短会有很大差异。④生长后期，是从苗木高生长量明显下降开始到根系停止生长进入休眠为止的时期。生长后期的主要工作任务是促进苗木木质化，防止苗木徒长，形成饱满顶芽，提高苗木对低温和干旱等的抗性，增强越冬能力。因此，要停止一切促进苗木生长的育苗技术措施，如施肥等。毛寿评（2016）对福建省安溪丰田国有林场苗圃中两批 1 年生大田苗的研究表明，从播种后 20 天左右开始种子发芽出土至停止生长，可将木荷苗高生长过程划分为 4 个时期，即出苗期、幼苗期、速生期和生长后期。其中速生期的苗高净生长量占苗木全年总生长量的71.3%，而幼苗期和生长后期的苗高净生长量仅分别占全年苗高总生长量的 19.5%和 2.1%。郑坚等（2016）研究发现木荷一年生容器苗 195 天生长期，大致可分为3 个阶段：①幼苗期，苗期前 75 天，生长较为缓慢；②速生期，苗期 75～165 天，苗高、地径快速增长期；③生长后期，苗期 165～195 天，苗木略有增长，但随着温度的降低，生长日趋停止，进入休眠。

二、林分生长规律

林分起源不同，生长特点就不同，经营措施也就不一样。一般实生林主干通直，生长高大，根系发育良好，寿命较长，不易感染病虫害，可以培育成大径材；萌生林更新容易，早期生长快，衰老较早，易感染病虫害，伐期龄短，宜培育成中、小径材。人工林是采用人工播种、栽植或扦插等方法和技术措施营造培育而成的森林，与天然林相比，人工林具有生长快、生长量高、开发方便和获得效益早、木材规格和质量较稳定、便于加工利用等特点，但同时存在林分结构简单、生物多样性低、自动调节能力小和更易发生病虫危害等缺点。天然林是自然繁殖和变异形成的森林，其特点是环境适应力强，森林结构分布较稳定，但成长时间较长，它有原始林和次生林之分。天然林与人工林因生长速度和林分结构等方面不同，在经营上应区别对待。

1. 人工林生长

人工林是指通过人工措施形成的森林，其经营目的明确，树种选择、空间配置及其他造林技术措施都是按照人们的要求进行的。其主要特点是：①所用种苗或其他繁殖材料是经过人为选择和培育的，遗传品质良好，适应性强；②树木个体一般是同龄的，在林地上分布均匀；③用较少数量的树木个体形成森林，群体结构均匀合理；④树木个体生长整齐，能及时进入郁闭状态，郁闭成林后个体分化程度相对较小，林木生长竞争比较激烈；⑤林地从造林之初就处于人为控制下，能适应林木生长的需要。

木荷为我国南方造林最广泛的阔叶树种，该树种对立地和坡位反应敏感，不同立地和坡位的林木生长差异显著。林春俤（1998）对位于南平市来舟林场 34 年生木荷人工林的研究表明，木荷人工林树高生长前期较快，1～15 年连年生长量比较大，其最大值出现在第 10 年，平均生长量最大值出现在 10～15 年，连年生长量曲线与平均生长量曲线相交于第 12 年，因此第一次间伐年龄应在 12 年左右。胸径连年生长量和平均生长量最大值都出现在第 10 年，与树高相比较，胸径连年生长量曲线与平均生长量曲线相交时间在第 14 年。34 年生时，材积连年生长量和平均生长量都未达到最大值，说明尚未到达数量成熟年龄。经生长量聚类分析，可把木荷人工林生长过程分为 3 个阶段：1～5 年生为幼林期，树高和胸径等生长较快；5～15 年生为速生期，树高、胸径等生长旺盛；15～34 年生为干材生长期，材积生长加速。王秀花等（2011）研究发现，木荷人工林年轮宽度由髓心向树皮呈先变宽后变窄的趋势，5～15 年生为木荷人工林径生长的速生期，其木材基本密度由髓心向树皮呈逐渐下降的趋势，15～20 年生时开始明显减小，35～40 年生达到最小值。木材基本密度从髓心向树皮下降的速度还随径生长量的增加而加快。林立彬等（2019）以湖南永州金洞林场 14 年生闽楠（*Phoebe bournei*）与木荷人工混交林为研究对象，采用树干解析和分层收获法对闽楠与木荷的生长规律以及生物量分配特征进行研究。结果表明：①闽楠与木荷胸径的速生期均为

8～12 年，胸径的连年生长量分别在第 10 年和第 12 年时达到最大值；②闽楠与木荷树高的连年生长量分别在第 12 年与第 10 年时达到最大值，随后急速下降，闽楠树高连年、平均生长量在 13 年左右相交；③0～8 年时，闽楠与木荷的材积生长速度缓慢，8 年以后生长速度上升，14 年时仍处于材积增长的速生期；④14 年生闽楠与木荷单株材积生物量分别为 61.43kg 和 83.29kg，各个器官生物量大小顺序均为：树干＞树根＞树枝＞树叶＞树皮；⑤林分总单位面积生物量为 136.29 t/hm²，其中乔木层所占比值高达 93.09%，各层次单位面积生物量由大到小排列顺序为：乔木层＞半分解枯落物层＞未分解枯落物层＞草本层。

2. 天然林生长

天然林又称自然林，包括自然形成与人工促进天然更新或萌生所形成的森林。王秀花等（2011）在浙、闽两省选取了一定纬度和海拔梯度的 6 个木荷天然林分，开展树干形质、树皮形态、木材纹理扭曲度、木材颜色和基本密度等个体类型表型变异及产地纬度和海拔影响研究。结果表明：木荷天然林分个体树皮厚度、颜色、形状及木材颜色等类型多样，除木材纹理扭曲度外，树干形质、树皮形态和木材基本密度等在林分间存在显著表型差异，但在林分内个体间变异以木材纹理扭曲度最大，树干圆满度、通直度和木材基本密度最小。木材性状的径向变异研究发现：木材基本密度由髓心向树皮方向逐渐下降，而年轮则先变宽后变窄，15～25 年为平稳生长期。较高纬度的天然林分其树干相对通直圆满、树皮较薄、木材颜色较浅，而其他性状则未呈现明显的规律性；随海拔升高，木荷天然林分具有树干圆满、树皮薄而光滑，但树干通直度低、年轮窄、木材基本密度小的变化趋势。基于中心产区 2 个不同海拔天然林分个体性状相关分析表明，海拔不同的林分间性状相关差异显著。在高海拔林分中，树皮性状是材性和径生长较好的指示指标，树干圆满的个体树皮光滑且颜色较浅、木材基本密度较小，而树干越通直的个体，树皮颜色越深，径生长也越快；在低海拔林分中，树皮厚度对树皮的其他性状和木材密度也有较好的指示作用，树干通直、树皮颜色浅、径生长量大的个体其木材纹理扭曲度较小、木材基本密度增大。

三、分枝、萌生和抽梢习性

林木抽梢与分枝习性直接关系到它的叶片、树高与树冠生长，进而影响其树干直径和材积生长，而萌芽（萌生）能力则决定了天然更新能力和干材生长情况。植株的冠形及其叶片在树冠上的分布格局与该植株截取光资源的能力大小密切相关，树冠结构和形状是决定树木在光受限制环境中的竞争能力和光合作用能力的重要因子之一，其对光的可塑性响应是影响树木生产力的重要因素。林冠下的耐阴种多属演替的顶极种和中生种，幼树树冠常呈平展形状；某些不耐阴种的树冠则随林冠下光辐射强度的降低而减小，并将同化的碳更多地分配于垂直生长，以期能最大限度地获得光照。枝是构成树冠结构的骨架，通常具有高分枝率的枝系统有利于树冠截获强光辐射，而低分枝率枝系统则可使树木叶片在弱光环境中排列更有效。生长于全光下的幼树侧枝数量和侧枝上小枝数量较多，但在光受限制的环境中，耐阴树种会采取加强顶端优势的对策，限制侧枝（尤其是小枝）的发育，并以此减少用于枝发育的碳分配量，保证主干垂直生长。枝在树冠中的分布和组成属性变化直接导致叶片分布格局的变化，其中最直观的是叶片数量和叶片密度的变化。

　　木荷等很多常绿阔叶树种，幼年较耐阴，萌芽力强，易发生副梢，分枝较密集，自然整枝能力差，树干常会形成分权。胡喜生等（2006）从冠形、侧枝和叶片在树冠中的空间分布等方面对天然更新木荷幼树的树冠结构进行了研究，发现木荷幼树的树冠对光照条件的变化有显著的可塑性响应。随着光照水平的提高，幼树树冠由阔、松散型向相对紧密、窄冠型发展，表明木荷幼树对不同光照环境有较强的适应能力。木荷幼树在强光环境下产生短枝，在适度荫庇条件下主枝和侧枝同时向上方和侧方伸长生长；在强度遮阴条件下，侧枝发生强烈的伸长生长并发生强烈的分枝行为，同时在不同自然环境条件下幼树的叶片密度由全光、林隙到林冠下逐渐提高。随着光照水平的减弱，一级侧枝的密度逐渐降低，分枝（二级侧枝和三级侧枝）强度却逐渐增大，且侧枝在树冠上的分布有向上集中的趋势。陈聪等（2015）研究发现，木荷萌枝的产生与干扰有关。郁闭的木荷林分受到的干扰较少，仅产生少量萌枝。王秀花等（2011）研究发现，木荷人工林分权干发生的概率为22.50%～35.75%，且以0.5m以下的1权干为主。木荷分权干的形成与其生境条件有关，在立地条件好的生境中分权干率较低，如地处阳坡和下坡的纯林及1∶3荷杉混交林，木荷分权干发生概率相对较小；相对于坡向，坡位对分权干形成的影响则较大。傅祥久（2010）对木荷林培育优质干材的修枝技术及效应研究表明：木荷干材高径生长与分枝数量的多寡和大小密切相关。合理的修枝，有利于树高、胸径和立木材积的生长，并能够提高其干材质量。结果显示，随着修枝强度的增加，尖削度变小，圆满度提高。这与木荷侧枝多且较密集、下部或内部的枝叶可能产生负增长效应、无效枝叶消耗一定养分有关。修枝强度增大时，根系储存和吸收的养分被集中于顶端，使树高增长。虽然枝叶生长本身会消耗部分养分，但是其枝叶90%的光合产物用于树木生长过程中的干物质积累。过度修枝在一定时间内导致光合产物减少，从而制约了直径生长，使胸径生长量降低。而强度修枝使形率加大，尖削度减少，圆满度提高，它是以降低胸径生长也就是以降低树干材积为前提的，这对于培育用材林是不可取的。因此，修枝能够提高林木干形，但要选择适当的修枝强度，以期达到高径生长与优质干形培育的协调均衡。木荷作为用材林培育，应采取适当的修枝措施，修枝宜在 5 年生前幼林期进行，在休眠季采取中度（修去冠长的 1/3）修枝。

四、根、叶和干生长及生物量分配特性

生物量是森林生态系统通过叶绿素进行光合作用，把太阳能转化为有机物质的结果。森林生物量是森林生态系统长期生产与代谢过程中积累的结果，是森林生态系统运转的能量基础和物质来源，它包括林木的生物量（根、茎、叶、花果、种子和凋落物等总重量）和林下植被层的生物量，通常以单位面积或单位时间积累的干物质量或能量来表示。其大小受光合作用、呼吸作用、死亡、收获和人类活动等因素的影响，是森林演替、人类活动、自然干扰、气候变化和大气污染等因素的综合结果，是评价森林生态系统结构和功能的重要指标。林木的生物学和生态学特性、立地条件和林分密度等对生物量的影响较大。林分年龄和立地条件一致的林分，其生物量随林分密度的增加而增加。一般来说，林分密度越大，树干生物量所占比例也越大，而枝、叶生物量所占比例越小。有研究认为，林分总生物量随着密度增加而增大，但当超过适宜密度后对林分生物量的影响较小，结果是林内小径木比例增多，大径木减少。如果林分极度郁闭，林木间的竞争变得异常激烈，林分生物量反而下降。林分叶的生物量受密度影响较小。

木荷具有很好的速生特性和林分稳定性，其种群株数和生物量的径级分布曲线均为单峰型，且基本呈正态分布，种群 81.10%的生物量集中在 11cm<DBH≤27cm 径级，种群地上部分平均现存生物量为 209.59t/hm^2，年平均生产力为 14.729t/hm^2，符合 Whittaker（1977）、Rodin（1982）等估算的地球上亚热带半干旱半湿润地区植物生产力估测值。有研究得出，木荷次生林的林分郁闭度为 0.69 时其地上部分总生物量最大（刘发林，2013），在其地上部分的生物量中，树干生物量所占比例为 66.06%～84.79%（干重），且随着林木径级的增大呈"正态分布"变化（程煜等，2009）。木荷各器官生物量表现为树干>树枝>树叶，不同径级根生物量表现为骨骼根＞中根＞大根＞小根＞细根（陈仪全，2012）。

对从林窗边缘到林窗中央环境梯度上 3 种不同生境的木荷幼苗研究发现，不同生境下木荷幼苗的形态数量指标表现出极显著的差异（汤景明和翟明普，2006），从林窗边缘到林窗中央，随着光照等环境条件的改善，其生长量和生物量逐渐增加，但叶和主茎生物量表现出显著的差异，林窗边缘处的木荷幼苗将生物量相对多地分配到地上叶构件上，林窗中央处的则相对多地分配到地上主茎上。在林下生境中，木荷采取保守生存策略，分配较多的生物量给枝叶，用于获取更多光照，在林窗中，林木分配更多资源用于自身干物质积累，维持较高的生长速率。林下生长的木荷幼苗成活率显著高于小林窗和大林窗内的苗木，6 年生木荷幼树平均

树高和平均胸径在小林窗内最大，其次为大林窗，林下木荷幼树生长相对缓慢。林下生长的木荷幼树各营养器官生物量大小为干＞枝＞根＞叶，而大林窗和小林窗内各营养器官生物量的大小均为干＞根＞枝＞叶（黄毅，2018）。赵亮（2006）通过对 30 年生木荷人工林生长及生物量等因子的调查研究得出，木荷人工林各器官生物量可用 $W=a（D^2H）^b$ 模型来估计，模拟方程为 $W_干=0.0168（D^2H）^{1.0221}$，$W_枝=0.00062（D^2H）^{1.2422}$，$W_叶=0.0276（D^2H）^{0.5829}$，$W_根=0.2102（D^2H）^{0.5751}$，$W_全树=0.0648（D^2H）^{0.9185}$。

第三节　木荷种群生态学特征

植物群落是在长期的历史过程中发展而成的植物复合体，是由集合在一起的植物相互间以及与其他生物间的作用，并经过长时期的与其环境相互作用而形成的。群落组成与结构是群落生态学的基础，不同植物群落在结构和功能上都存在很大差异，这种差异主要受控于组成物种不同的生态、生物学特性及它们的构成方式。种群生态学是在个体、种群和群落中，以种群为研究对象的生态学分支，是研究种群的数量动态、特性分化和生态规律的科学，是生态学研究的核心和基础，其研究内容包括种群的时空动态、种群之间的相互作用过程及种群的调节机制等。种群生态学是生态学研究中的一个重要层次，是在理论上和研究方法上最具发展前景、最为活跃的领域，种群生态学的理论和方法是研究植物所处环境的生态位的重要手段，但是种群生态的研究不能脱离物种所在的环境。对某一目的物种而言，其栖息群落的物种多样性方面的研究有助于认识该物种栖息环境及在群落所处地位，阐述种群及群落的动态变化，深化对其群落结构的认识，即种群研究要以群落和生态系统为指导。植物种群生态学特性反映出种群数量特征及其动态演化规律，物种对周围环境条件的利用和适用方式，以及物种与环境间的相互关系、物种在群落中的地位和作用等，是了解生物群落和生态系统的主要基础。

一、木荷群落特征

1. 木荷群落的物种多样性

木荷是亚热带常绿阔叶林的主要建群种，在其分布区内常与栲属（Castanopsis）、青冈属（Cyclobalanopsis）、石栎属（Lithocarpus）等壳斗科的树种相互交错分布，形成了不同的群落类型。例如，浙江东部地区的木荷、栲树（Castanopsis fargesii）和米槠（Castanopsis carlesii）林，安徽南部、浙江中部及南部、两广北部、福建北部、湖南东南部和江西大部等中亚热带东部湿润亚区的木荷和甜槠（Castanopsis eyrei）林，浙江、福建、江西、湖南和贵州东部一些低山丘陵区的木荷和米槠林，而在其分布区南部、中西部至西南部，木荷常以伴生树种出现。

木荷天然林常与槠栎类、樟楠类、马尾松等常绿树种，以及枫香（*Liquidambar formosana*）、山乌桕（*Sapium discolor*）等落叶树种混生。在与马尾松混生时，森林群落的演变趋势是马尾松的优势将逐步被木荷所取代；与常绿耐阴性树种混生时，木荷将组成上层林冠。部分林分中木荷比重较大时，成为木荷优势林分。木荷混交林林下灌木种类较常见的有格药柃（*Eurya muricata*）、黄瑞木（*Adinandra millettii*）、冬青（*Ilex chinensis*）、杜鹃花（*Rhododendron simsii*）、山矾（*Symplocos caudata*）和小竹等，常见的林下草本地被物有芒萁骨（*Dicranopteris dichotoma*）、铁线蕨（*Adiantum capillus-veneris*）、淡竹叶（*Lophatherum gracile*）、卷柏（*Selaginella tamariscina*）和珍珠菜（*Pogostemon auricularius*）等，层外植物有菝葜（*Smilax china*）、山葡萄（*Vitis amurensis*）、木通（*Akebia quinata*）和鸡血藤（*Millettia reticuiata*）等。木荷结实量大，种子具翅且轻盈，天然下种能力强，理论上也能飞籽成林。然而木荷不耐顶部荫蔽，自身树冠浓密造成其自身林下更新较为困难，常被耐阴性更强的壳斗科（Fagaceae）、樟科（Lauraceae）树种所更替，在林缘、林中空地却常见木荷更新。

2. 木荷群落中优势种的生态位

生态位是生态学中的一个重要概念，主要是指在自然生态系统中一个种群在时间和空间上的位置及其与相关种群之间的功能关系。物种的生态位不仅取决于它们在哪里生活，还取决于它们如何生活以及是否受到其他生物的约束。生态位概念包括生物占有的物理空间、在群落中的功能作用以及它们在温度、湿度、土壤和其他生存条件的环境变化梯度中的位置。生态位宽度是指一个种群（或其他生物单位）所利用的各种不同资源的总和。一般来说，一个种的生态位越宽，该物种的特化程度就越小，对环境的适应能力就越强；相反，一个种的生态位越窄，则该种更倾向于特化种，对环境的适应能力就越弱。当两个物种利用同一资源或共同占有某一资源因素，如食物、营养成分和空间等时，就会出现生态位重叠现象。在这种情况下，就会有一部分空间为两个生态位所共占，假如两个物种具有完全一样的生态位，就称为完全重叠。但多数情况下，生态位之间只会发生部分重叠，即一部分是被共同利用的，而其他部分则分别被各自所占据。木荷群落中各主要种群生态位的测度，可反映木荷群落中各主要种群功能地位及其与木荷种群之间的相互关系。

不同树种在相同的生境下，其生态位宽度值不同，同一树种在不同的生境下，其生态位宽度值也不同。木荷群落中，木荷、丝栗栲（*Castanopsis fargesii*）、米槠和薄叶山矾（*Symplocos anomala*）等树种的生态位宽度值较高，而枫香和青冈栎（*Cyclobalanopsis glauca*）的生态位宽度值较小。木荷、丝栗栲和米槠在每个资源位中都出现，表明木荷、丝栗栲和米槠在林内分布较广、数量较多、利用资源较为充分。虽然丝栗栲重要值不及木荷，但其在木荷林内生态位宽度值最大，即具有较大的生态适应性范围，同时与木荷同在主林层，有可能形成共优种。木荷属为耐阴树种中的偏阳性常绿乔木，其苗木能耐阴，适应性较强。丝栗栲和米槠等树种为典型的中亚热带地带性植被，也能在林冠下更新枫香和马尾松等，是次生演替中的先锋树种，在森林演替至一定程度后，其幼苗不耐阴，无法在林冠下更新。马尾松与枫香在木荷林内难以找到幼苗、幼树，即为群落的衰败树种。木荷林中大部分优势种群的生态位宽度值相差不大，各优势种群在群落中分布较广且较为均匀，利用资源较为充分，大部分木荷群落中并无明显优势种群，不同地段以木荷种群占相对优势或木荷与其他种群共优。

木荷在资源位的利用上与其他种群具有很大的相似性，以木荷为主的植物群落中，种间存在较明显的同质性，对同一资源位存在资源竞争。当群落演替到一定阶段，木荷种群只能与其他种群形成共优群落，而很难形成木荷占绝对优势的群落。因此，除了人工林、演替初期或个别地段的木荷林以木荷占优势外，大部分木荷林是与其他优势树种混生的群落。木荷在中国南方各省（自治区）广泛分布，却鲜有木荷纯林或以木荷占绝对优势的群落。在营造木荷混交林时，尽量选择生态位相似比例值较小的树种，如马尾松和枫香等，木荷与这两种树种对环境的需求有较大的差异，竞争相对较小。

生态位重叠较大的种群或者有相近的生态学特性，或者对生境因子有互补性的要求，即生态位重叠是两个物种在其与生态因子联系上的相似性。如木荷与细齿叶柃（*Eurya nitida*），木荷占据林冠上层，细齿叶柃在群落中为小乔木，两者占据不同的高度，对生境因子有互补的要求，彼此促进，形成共优状态；而木荷与丝栗栲对环境的要求相近似，存在利用性竞争，但重叠带的资源还达不到不能满足的程度，也形成共优。生态位宽度值较大的树种与生态位宽度值较小的树种可产生较大的生态位重叠值，而生态位宽度值较小的树种与生态位宽度值较大的树种生态位重叠值却较小。

3. 木荷群落结构

木荷是我国南方常绿阔叶林区的重要组成树种，天然林中常与槠栲、樟和楠类树种混生。20 世纪 40 年代末期，我国许多国有林场和集体林场开始营造木荷人工林，特别是 50 年代以后，木荷作为战备树种，开展了大面积人工混交林营建。

木荷林是由许多成分组成的高度复杂的群落，天然林和人工林无疑存在着植物种类及其数量的差异。胡喜生等（2007）通过样地法对福建省建瓯市万木林自然保护区的木荷群落进行调查，对木荷天然林的群落结构进行研究，并与木荷人工林进行了比较和分析，结果表明，研究群落是以山茶科和壳斗科为主的常绿阔叶林，其优势种为木荷、马尾松及罗浮栲（*Castanopsis faberi*）。随着演替的进行，木荷在群落中的重要值呈现先增大后减小的趋势。进一步分析木荷天然林与人工林的生态学差异，发现木荷天然林和人工林群落物种组成都较丰富，通过木荷人工林与天然林的物种组成比较，可以看出人工林虽然受人为影响较大，但是经过一定时间的恢复，其物种组成和群落结构都趋于复杂化，并在科、属、种组成上与天然林具有较高的相似性。

木荷天然林群落共有维管植物 45 科 81 属 131 种，而木荷人工林群落共有维管植物 38 科 58 属 67 种（胡喜生等，2007）。显然木荷天然林植物种类比人工林丰富，由于两群落地理位置、气候条件均相似，因此物种丰富度的差异可能与人为干扰或演替阶段有关。群落演替过程中，植物种类之间的更替是群落演替的基础，在此过程中某些植物种类的消失是由于它们对自己所存在的群落生境的不适应的结果。然而在植物群落演替的后期，多数植物种类对群落资源共同利用的结果使它们相伴而生，在这种情况下，那些能成为群落优势种的植物，特别是主要层的优势种则肯定具有一系列的生态适应性和具有较强的竞争能力，这些适应性和竞争能力也一定与它们自身的生物生态学特性有关。

木荷天然林的乔木层由 23 科 37 属 61 种树种组成（胡喜生等，2007）。乔木层可分三个亚层，第一亚层高 25～34m，主要是马尾松，还有少部分的罗浮栲及木荷；第二亚层高 16～25m，主要有秀丽栲（*Castanopsis jucunda*）、黄瑞木、山矾、青冈、虎皮楠（*Daphniphyllum oldhami*）等；第三亚层高低于 16m，主要有细齿叶柃、大叶山矾（*Symplocos grandis*）、冬青和杨梅（*Myrica rubra*）等。而木荷人工林的乔木层由 2 科 3 属 3 种组成，树种除了木荷以外，只有青冈和丝栗栲。

木荷天然林的灌木层有 98 个物种，隶属于 37 科 68 属，主要物种有桂北木姜子（*Litsea subcoriacea*）、山矾、短尾越桔（*Vaccinium carlesii*）、杜鹃（*Rhododendron simsii*）、大叶冬青（*Ilex latifolia*）和沿海紫金牛（*Ardisia japonica*）等，还有大量的木荷、罗浮栲、米储和丝栗栲幼树。木荷人工林的灌木层有 47 个物种，隶属于 22 科 39 属，主要物种有杜茎山（*Maesa japonica*）、山矾、紫金牛和细齿叶柃等，还有大量的青冈和丝栗栲幼苗（胡喜生等，2007）。

木荷天然群落和人工群落的草本层物种数都不多（胡喜生等，2007）。木荷天然林的草本层共有 5 科 5 属 5 种，主要由狗脊（*Cibotium barometz*）和芒萁（*Gleichenia linearis*）等组成。木荷人工林的草本层共有 8 科 8 属 8 种，主要由狗脊、芒萁和观音莲座蕨（*Angiopteris fokiensis*）等组成。2 个群落的层间植物种类相对比较丰富。天然林的层间植物共有 9 科 12 属 14 种，主要有南五味子（*Kadsura longipedunculata*）、络石（*Trachelospermum jasminoides*）、网脉酸藤子（*Embelia rudis*）和流苏子（*Coptosapelta diffusa*）等，人工林的层间植物共有 8 科 11 属 12

种，主要有海金沙（*Lygodium japonicum*）、玉叶金花（*Mussaenda pubescens*）和羊角藤（*Morinda umbellata*）等。

二、木荷种群特征

1. 木荷种群结构与动态

木荷种群结构存在增长型、稳定型、成熟型和衰退型 4 种类型。由于生境不同，木荷群落在演替和组成上存在差异。木荷种群作为组成我国亚热带东部常绿阔叶林的主要优势种群之一，与米槠、罗浮栲、甜槠等其他优势种群相比，木荷在演替过程中能较早地侵入灌草丛或针叶林或疏林（如枫香林）中，并一直存在于演替后期的顶极群落中，且能保持着一定的优势。总的看来，木荷种群表现出了一种顶极先锋树种的特点，既不同于马尾松等阳性先锋树种和枫香等阳性阔叶树种，更不同于樟、栲类耐阴性树种，它在森林演替位置中居中间性。因此木荷种群的研究有助于了解其在亚热带东部常绿阔叶林生态系统中的功能地位和在演替中的作用。同时，可为造林中树种的合理配置以及森林经营管理和保护提供理论依据。

刘发林（2013）对湖南省炎陵县 11 块林龄为 14～24 年的木荷次生林林地开展研究，认为这些林分是遭受严重破坏而重新自然萌发形成的，多为中幼龄林且都属演替初期，林木生长旺盛，林分逐渐郁闭，竞争强度逐渐激烈，优势木生长速度较快，占据有利生长空间。而同林分中的马尾松与木荷各自的年龄变幅相近，但种内年龄差异较大，林木间竞争激烈，林分不够稳定，年龄小的马尾松受木荷生长形成的郁闭环境制约，大多处于枯立木或濒死木状态，表明马尾松将在此混交林中慢慢被淘汰。林内其他树种林木株数非常少，年龄主要集中在 5～12 年，株数约占林分总株数的 6%，其他树种年龄分布以 10 年为最多，说明在生长初期，各个树种依据生态学特性和生物学特性生长，当林分郁闭后，竞争效应逐渐增强，马尾松等树种因为处于竞争劣势，部分林木随年龄的增长、竞争增强而被淘汰。

2. 木荷种群空间分布格局

木荷幼苗种群分布格局为聚集分布，这是由其生物学与生态学特性所决定的（尚玉昌，1983；洪伟等，2001）。木荷种子、幼苗具有喜光特性是其幼苗阶段呈集群分布的主要原因。在不同演替阶段的木荷群落中，随着木荷群落演替的进展，木荷幼苗的集聚强度增加，其他耐阴树种的侵入、群落的郁闭度提高导致木荷种间和种内竞争增强，木荷幼苗拥挤在一起生长，有利于存活和发展群体效应，提高对环境的抗性。木荷种群集聚强度的变化是种群的一种生存策略或适应机制。木荷种群分布格局的变化与种内和种间竞争引起的种群数量变化有关。

3. 木荷种群优势度增长规律

在原始状态下，植物种群在空间上分布的各个不同大小等级，能够代表时间顺序发生的不同等级水平，即植物种群基面积的空间分布可以看作是种群以时间顺序发生的各个阶段具有的基面积水平，这就是用"空间序列"代替"时间序列"的基本思路。种内竞争及环境条件对种群增长动态的影响是客观存在的。木荷种群的环境容纳量相对较小，与红豆杉（*Taxus chinensis*）、红锥（*Castanopsis hystrix*）、格氏栲（*Castanopsis kawakamii*）和檫树（*Sassafras tzumu*）相比木荷种群优势度增长处于中间位置，木荷种群的最大增长速度出现在第 3 龄级和第 4 龄级之间，即胸径为 30～40cm 这一时期。木荷的内禀增长率较大，受环境波动的影响较大，随着其他耐阴种群逐渐地挤入上层，处于林冠上层的木荷的优势地位将被削弱，种群缩小，最后达到平衡状态。因此，在对木荷人工混交林经营中，将木荷与阳性树种，如马尾松和杉木等混交或与耐阴树种混交时，只要在人工造林地适当的位置保留少数耐阴树种，并且经过一定时期要对混交林中的耐阴树种进行限制，以减少对木荷种群的干扰。

4. 木荷种群生命过程

木荷种群特定时间生命表显示其幼苗个体相对丰富，种群结构为前期增长、后期相对稳定的类型。存活曲线属于典型的一型，种群早期死亡率高，后期存活值波动不大。木荷种群生长过程中出现了三次死亡高峰期，同时致死力曲线与死亡率曲线表现出相一致的变化，即在死亡高峰期处出现致死力的极大值。高死亡率的形成原因与林内较差的光照条件和木荷本身的生物学特性有关。对一个植物机体来说，生活在一个复杂的群落中，它死亡的原因也是复杂的，植物的生长不仅受所处生物环境的影响，而且还受气候条件及自然灾害等的影响，如洪涝灾害、冻害和厄尔尼诺等，这也会导致植株的死亡，也就是说，种群的死亡和生存率是种群内在的变化，以及与极端环境条件相互作用的结果。

生命表中的生存分析函数能很好地说明种群结构和动态变化。其中生存率及积累死亡率函数反映了种群在特定年龄级上的生存及死亡状况，木荷种群的存活率呈单调减少，相应的积累死亡率呈单调增加，其下降或增加的幅度是前期高于后期，死亡密度函数曲线可较好地说明生命期望曲线的起伏，两者呈互补形式，生命期望曲线的凸点往往与死亡密度曲线的凹点相对应，木荷种群死亡密度函数曲线呈现前期下降，后期平缓稳定的特点，凹点出现于第 3 龄级，危险率函数曲线与死亡率曲线形式一致。木荷种群的生长受多因子影响，研究结果表明木荷种群数量波动性大周期内存在着小周期，各周期作用大小不同，基本上随周期的减小而减小，基波的影响最显著，呈现出明显的大周期，同时存在着较明显的小周期波动，这种小周期波动可能与幼苗时期的环境筛选作用有关。

第四节　木荷栽培生物学特征

木荷对环境适应性强，能耐干旱瘠薄；幼年树耐阴，成年树喜光，多居于林冠上层；木荷喜欢生长于温暖湿润气候，多与马尾松、杉木、槠栲等混生，种群分布格局常呈集群分布。木荷具有森林防火、用材、生态等多种用途和培育目标，其森林经营应实施定向培育和"遗传、立地、密度、植被与地力"的五控制育林体系。

一、遗传（基因型）对木荷生长的影响

遗传控制也就是我们通常所说的选用良种，这是培育人工林的首要技术，也是集约栽培中发展得最快、最有效的技术。植物长期适应不同自然环境条件可产生丰富的种内遗传变异，林木上则表现在生长、形态和材性等性状存在显著的种源间和种源内个体间差异。木荷分布广泛，种内变异极其丰富，来自不同产地的种源存在显著的遗传差异并多呈纬向变异模式，且低纬度种源生长速度快于高纬度种源，而且在同一种源内个体类型多样。张萍等（2004）研究发现，与北部种源比较，南部种源生长快，叶片数量多，但叶片较薄较窄，其秋末嫩叶颜色变化对寒冷信号反应敏感。周志春等（2006）对福建建瓯、浙江淳安和庆元的 3 年生37 个产地的木荷种源试验林研究表明，木荷树高、当年抽梢长度、地径、冠幅及侧枝总数、侧枝长和侧枝粗等分枝性状都存在显著的种源效应，木荷地理种源分化明显。林磊等（2009）研究表明，优树子代苗高、地径、叶片数、叶片长和叶片宽等存在显著的遗传差异，家系选择潜力很大。木荷苗木叶片长是一个受强度遗传控制的叶片形态性状，不仅家系间的遗传差异显著，而且与苗高呈极显著的正相关，可通过对叶片长的间接选择来选育速生的优良家系。

二、立地条件对木荷生长的影响

立地控制也就是选造林地。人工用材林的营造必须要以立地分类与评价作为基础，一定的树种要与一定的立地相匹配，没有立地分类与评价，是不可能正确作出决策，保证造林成功的。固有的立地质量是一个起支配作用的因素，土壤肥力、土层厚度、地势高低、方位和坡度，以及其他立地因子，都会强有力地影响营林措施的适用范围与实际效果。尤其是树木的遗传改良使栽培品种对立地的要求很严格，不仅要做到适地适树，还要着重解决适地适种源适品种的技术。除固有的立地质量外，整地、施肥和抚育等改变土壤环境条件的措施都属于立地控制的范围。人工林

的培育越集约，精确地评价立地质量、严格的立地控制就越能发挥作用。

　　木荷的适应性虽然很强，但是对立地条件仍很敏感。周志春等（2006）研究表明，造林区立地生境和造林地立地条件对木荷种源生长影响显著，如福建建瓯点3年生种源平均树高较北缘区浙江淳安点和高海拔山地浙江庆元点分别提高24.1%和18.0%。木荷种源生长和分枝性状对造林区立地生境和造林地立地条件反应极其敏感，树高、当年抽梢长度、冠幅、侧枝总数等存在显著的种源×地点和种源×重复/地点互作。不同种源在各区试点上的生长相对表现差异显著，随着造林生境的改善，木荷种源生长加快、分枝数增多。在中心分布区的福建建瓯点，种源生长和分枝性状与产地纬度相关性显著，呈典型的纬向地理变异模式，速生种源主要来源于分布区的中南部；在北缘区的浙江淳安点，种源的高径生长与产地经纬度相关性较小，仅发现侧枝总数和树冠浓密度与产地纬度呈一定程度的负相关，速生种源主要来源于分布区的中部；而在较高海拔区的浙江庆元点，由于环境相对恶劣，木荷种源生长和分枝性状与产地纬度呈显著的正相关，偏北部种源的早期生长表现较好。林磊等（2009）研究发现，木荷优树家系苗高和地径生长的立地效应显著，随着育苗立地条件的改善，家系平均苗高和地径生长量明显增加。此外，还发现木荷苗木生长和叶片形态性状存在显著的家系×立地互作，反映了不同家系在各区试点上的苗木生长相对表现差异很大。在生产上须重视木荷家系与立地互作及其利用，应分别在不同区域筛选适用的优良家系。陈勇梅（2016）对福建省将乐国有林场25年生木荷马尾松混交林中的木荷生长及生物量等因子研究表明，不同立地条件下木荷人工林个体生长差异显著，种植于Ⅰ类地和Ⅱ类地的木荷的树高、胸径、冠幅和单株材积显著高于Ⅲ类地。立地条件明显影响木荷生物量的积累与分配，Ⅰ类地和Ⅱ类地的单株总干重分别比Ⅲ类地增加149.50%和41.28%。

　　坡位和坡向的不同，其本质反映的是立地的差异，同样影响木荷的生长。一般情况下木荷在不同坡位上的生长表现为下坡位＞中坡位＞上坡位（刘发茂，1995；陈仪全，2012；陈聪等，2015；蔡泉星，2017；黄俊，2017）。赵亮（2006）对30年生木荷人工林生长及生物量等因子的研究得出，下坡平均木树高、胸径、材积和单株生物量分别比上坡增加37.7%、32.2%、135.5%和137.6%，良好的立地条件促进了干物质在干、枝的积累，林木干、枝生物量的比例增大，叶、根的比例减小；下坡林分的蓄积量、单位面积生物量、树干重、树枝重、树叶重和树根重分别是上坡的1.58倍、1.59倍、1.66倍、2.11倍、1.06倍和1.03倍；林分单位面积养分C、N、P、K、Ca、Mg的积累量立地条件好的下坡分别比上坡增加58.99%、25.17%、31.0%、25.70%、18.12%、59.05%，分别达149.23t/hm²、641.58kg/hm²、47.06kg/hm²、475.13kg/hm²、470.41kg/hm²和144.23kg/hm²。上坡的木材基本密度显著大于中坡、下坡（楚秀丽等，2014）。

木荷在不同坡向的生长量差异显著，有研究指出阳坡生长优于阴坡，如 18年生木荷人工林阳坡的平均胸径、树高和单株材积分别大于阴坡 3.73%、3.45%和13.23%（陈聪等，2015）；但另有研究发现木荷阴坡林分平均树高、胸径和单株材积均显著较阳坡大（楚秀丽等，2014）。由此可见，坡向（光照）并非木荷林分生长好坏的决定因子，其他立地因子适宜时坡向可以不用考虑。

三、林分密度对木荷生长的影响

在树种、品种和立地选择决定之后，对人工林生产力影响最大的就是林分密度。通过密度调节，控制林分小环境，可直接影响林木的大小、生长量、材质、干形、间伐与主伐收获以及营林成本。培育不同的材种，应采用不同的密度，相应的轮伐期也不同。除考虑培育材种外，密度控制技术还要因树种不同而异，要进行各种密度与间伐试验，分析不同密度林分的生长动态和材性材质的变化，得出整个经营过程中的最佳密度调控方案。

林分密度效应是指立木密度对林木生长的作用，即在同一立地条件下，对于树种组成和林分平均高相同的一系列林分来说，单位面积林木个体随密度的增加，单株平均生物量逐渐减少，而林分生物量增大；当密度增大到一定数量时，发生自然稀疏，林分生物量稳定在一定水平，前者称为竞争密度效应，后者称为产量密度效应。林分密度调控是森林生态系统经营的关键技术之一，根据林木生物学和生态学特性，通过适时和适度调整林分密度，可改善林木干形，促进林木直径、材积生长和生物量积累。立地条件一定时，林分密度可通过人为措施进行调控。陈圣涛（2015）为探讨不同林分密度对木荷生长的影响，选择生长良好的 23 年生木荷人工林，按不同密度（1800 株/hm^2、1500 株/hm^2、1200 株/hm^2、900 株/hm^2）设置标准地进行研究，结果表明不同密度对木荷的胸径生长有较大的影响，密度越小生长越好，密度越大生长越差；不同密度对木荷树高生长影响较小，不同密度对木荷单株材积生长影响较大，密度越小生长越好，密度越大生长越差。楚秀丽等（2014）研究发现，林分平均树高随初植密度降低而减小，胸径和单株材积则随初植密度降低而增大；初植密度为 1667 株/hm^2 时木材基本密度较大，增加或减小初值密度均降低木材基本密度而影响材性；生长性状变异程度受初植密度影响较大，较小初植密度对应胸径变异系数较大。

林窗干扰是维持森林生态系统的重要驱动力之一，其本质也是对林分密度的调控，其对种子萌发、幼苗等自然更新过程、森林物种组成和动态、森林生物多样性的维持具有重要作用。葛晓改等（2014）以 2008 年雪灾干扰后的浙江江郎山木荷林为研究对象，对木荷林窗大小结构、幼苗更新、生长等进行调查研究，结果表明：扩展林窗以 50～100m^2 的林窗个数最多（占总数的 45.45%），各等级林窗中以 50~100m^2 的林窗占总面积比例最大（占总面积的 30.31%）。林窗中木荷幼苗的平均高度和地径较对照林分分别高 1.44cm 和 0.61mm，幼树在林窗中的平均高度和地径则比对照林分中分别高 45.37cm 和 5.00mm 且差异显著；林窗大小对木荷幼苗、幼树的高度和地径生长影响显著，中林窗中幼苗的高度和地径均高于小林窗和大林窗中的幼苗且差异均显著（F=4.893，P=0.007；F=5.203，p=0004；n=357）；幼树的地径在不同大小林窗中差异显著（F=3.569，p=0.037；n=43）。林窗幼苗的更新密度随着林窗面积的增大而增大，在林窗面积达到 76m^2 时，更新密度达到最大值，而后随着林窗面积的增大下降；中林窗和小林窗中更新苗木以低矮植株为主，面积＞100m^2 的大林窗中，木荷幼苗生长较快。不论林窗大小，林窗内的更新幼苗都比林内多，郁闭度较大的林内或大面积的空地都不利于更新幼苗的生长。因此，从受灾木荷林窗大小结构、幼苗更新、生长等来看，中林窗是幼苗适宜更新的面积，为木荷灾后恢复与重建提供了科学依据。

四、植被、混交与地力对木荷生长的影响

植被控制的目的是在林地准备（整地）、抚育和间伐过程中保留大量的幼苗或幼树，使其今后在该立地上成为绝对优势树种。森林生态系统养分收支通常是稳定的，但各种营林措施可打破这种平衡。利用程度越高，林地养分的亏损也就越多。在地力低的立地及短轮伐期的情况下，这个问题就特别严重。维护与提高地力的主要技术措施有施肥和混交等。一般来说，施肥能提高林木生长量 5%~10%。但从肥料来源及投资成本考虑，当前大面积人工林施肥是有困难的。应重视提高人工林自肥能力，利用各种措施保护和发展林下植被。林下植被对保持水土、促进林木枯落物的分解、增加土壤的有机质和速效养分有很好的效果。混交林的营造，固氮植物的利用，都对维护土壤肥力有重要的作用。

混交林内，种间生态关系更为协调，林木生长会更好，林地生产力发挥会更充分。马尾松是喜光、深根性树种，其幼树根系一般可达 1~1.5m，而木荷幼树较耐庇荫，其幼树根系一般分布较浅，主要集中在 0.05~0.75m。因而两者混交属典型的阳性树种与偏阴性树种混交，有明显的互补优势。一定密度下，合适的混交比例可使木荷马尾松混交林内形成优越的生态环境，能显著提高林分生产力及空间利用率，因而能很好地发挥林分的生产潜力，最大限度发挥林分的经济效益、生态效益与社会效益。例如，董林水等（2001）对 7 年生木荷与马尾松 7 种混交比例（1∶3、1∶2、1∶1、2∶1、3∶1、马尾松纯林、木荷纯林）的林分生物量、蓄积量、生长状况和空间利用方面的研究表明，当密度为 3150 株/hm^2 时，混交比例为 1∶1 的林分生物量最大达 82.90t/hm^2，蓄积量最大为 24.73m^3/hm^2，叶生物量为 14.27t/hm^2，林分生长好，空间利用率高，生物量或蓄积量比其他模式提高

30%～80%。

马尾松、木荷的纯林与混交林不同林分类型的生长量均存在显著差异，同一树种混交林比纯林的生长表现更好，混交林的自然整枝能力比纯林强，混交林的变异系数总体上比纯林大，混交林林分生物多样性丰富（李方兴等，2016）。15年生马尾松、木荷混交林的林分生长量平均树高、胸径、枝下高、树冠、蓄积量，分别比马尾松纯林、木荷纯林的林分生长量平均树高大 15.11%、8.24%，胸径粗 21.89%、10.30%，枝下高大 29.7%、7.38%，树冠大 7.83%、19.73%，单株材积大 30.77%、57.69%，蓄积量多 32.32%、57.87%（陈黑虎，2014）。16年生杉木、马尾松和木荷 3 树种混交林在林木生长量、生物量、改良地力等方面均明显优于其纯林林分，3 树种混交林蓄积量比纯林提高 45.13%～127.03%，比 2 树种的混交林分提高 15.27%～30.63%（王青天 2012）。

木荷与杉木按适当比例（如荷杉比为 1：3）进行混交，可明显促进木荷胸径、树高和冠幅的生长，并改善干形（王秀花等，2011）。相对于 9 年生的杉木纯林，混交林的干和根生物量比例增加，枝和叶生物量的比例降低（李勇，2016），其中 5 杉 5 荷林分总生物量分别比杉木和木荷纯林高 25.8%和 69.3%，7 杉 3 荷和 3 杉 7 荷林分总生物量与杉木纯林接近，但分别比木荷纯林高 41.2%和 35.7%。7 杉 3 荷、5 杉 5 荷和 3 杉 7 荷混交林林分总碳储量分别比杉木纯林增加 10.1%、22.2% 和 3.4%，比木荷纯林增加 33.5%、48.3%和 25.3%。

参 考 文 献

蔡泉星. 2017. 不同地形条件下木荷幼林生长状况. 福建林业科技, 44(4): 52-55.

陈聪, 李志良, 罗万业, 等. 2015. 不同坡地条件木荷人工林的生长差异研究. 林业资源管理, (5): 70-75.

陈黑虎. 2014. 马尾松、木荷混交林生长效果分析. 安徽农学通, 20(17): 105-107, 121.

陈圣涛. 2015. 不同林分密度对木荷生长的影响. 农村经济与科技, 26(5): 64-66, 8.

陈仪全. 2012. 不同坡位 6 年生杉木木荷混交林生物量分布格局分析. 江西林业科技, (1): 18-21.

陈勇梅. 2016. 闽西北山区不同立地条件对木荷生长的影响. 林业勘察设计, (3): 44-46.

程煜, 洪伟, 吴承祯, 等. 2009. 木荷地上部分生物量分布特征与生产力. 应用与环境生物学报, 15(3): 318-322.

楚秀丽, 王艺, 金国庆, 等. 2014. 不同生境、初植密度及林龄木荷人工林生长、材性变异及林分分化. 林业科学, 50(6): 152-159.

董林水, 陈礼光, 郑郁善, 等. 2001. 江西农业大学学报, 23(2): 244-247.

傅祥久. 2010. 木荷优质干材培育修枝技术的研究. 河北农业科学, 14(5): 10-13.

葛晓改, 周本智, 王刚, 等. 2014. 雪灾干扰下林窗对木荷幼苗更新的影响. 林业科学研究, 27(4): 529-535.

洪伟, 吴承祯, 何东进, 等. 2001. 森林生态系统经营研究. 北京: 中国林业出版社: 214-218.

胡喜生, 洪滔, 宋萍, 等. 2007. 木荷天然林与人工林群落结构特征比较. 福建林业科技, 34(1):

24-32.

胡喜生, 洪伟, 吴承祯, 等.2006. 不同光环境下木荷幼苗树冠结构的可塑性响应. 植物资源与环境学报, 15(2): 55-59.

黄俊. 2017. 坡位对木荷生长特征的影响. 安徽农学通报, 23(10): 112, 167.

黄毅.2018. 不同生境对木荷幼苗生长及幼树生物量分配的影响. 林业勘察设计, (1): 30-32.

李方兴, 张意苗, 易伟东, 等.2016. 马尾松、木荷纯林及混交林的生长差异分析. 南方林业科学, 44(5): 17-20.

李铁华. 2004. 木荷种子休眠与萌发特性的研究. 种子, 23(6): 15-17.

李勇. 2016. 混交比例对杉木木荷混交林生物量及碳储量的影响. 林业勘察设计, (3): 37-40.

林春俤. 1998. 木荷人工林生长发育规律研究.林业科技通讯, (6): 19-21.

林磊, 周志春, 范辉华, 等. 2009. 木荷生长与形质地理变异和木制工艺材种源选择.浙江林学院学报, 26(5): 625-632.

林立彬, 李铁华, 文化知, 等. 2019. 闽楠木荷混交幼林生长规律及生物量分布特征研究. 中南林业科技大学学报, 39(4): 79-84, 98.

刘发林. 2013. 南方集体林区木荷次生林生长规律及经营技术研究. 中南林业科技大学博士学位论文.

刘发茂. 1995. 不同坡位木荷人工林生物量及营养结构研究. 福建林业科技, 22(增刊): 59-65.

毛寿评. 2016. 木荷苗高生长期划分的有序样本聚类分析. 绿色科技, (15): 45-47.

尚玉昌.1983. 现代生态学中的生态位理论.生态学进展, 5(2): 77-84.

汤景明, 翟明普. 2006. 木荷幼苗在林窗不同生境中的形态响应与生物量分配. 华中农业大学学报, 25(5): 559-563.

王青天. 2012. 闽南山地杉木马尾松木荷混交林培育效果研究. 福建林学院学报, 32(4): 321-325.

王秀花, 马雪红, 金国庆, 等. 2011. 木荷天然林分个体类型及材性性状变异. 林业科学, 47(3): 133-139.

辛娜娜, 张蕊, 徐肇友, 等. 2016. 不同产地木荷优树无性系生长和开花性状的分析. 植物资源与环境学报, 23(4): 33-39.

杨汉波. 2017. 木荷繁殖生物学特性及种子园交配系统研究. 中国林业科学研究院博士学位论文.

张萍, 金国庆, 周志春, 等. 2004. 木荷苗木性状的种源变异和地理模式. 林业科学研究, 17(2): 192-198.

赵亮. 2006. 木荷人工林干物质积累和结构研究. 江西林业科技, (4): 5-7, 59.

郑坚, 陈秋夏, 王金旺, 等. 2016. 木荷容器苗的生长规律及质量指标的综合评价. 中国农学通报, 32(10): 36-41.

周志春, 范辉华, 金国庆, 等. 2006. 木荷地理遗传变异和优良种源初选. 林业科学研究, 19(6): 718-724.

Rodin L K. 1982. 世界主要生态系统生产力. 植物生态学译丛(第四集). 何妙光译. 北京: 科学出版社.

Whittaker R H. 1977. 群落和生态系统. 姚璧君译. 北京: 科学出版社.

（金国庆、张蕊、汤行昊撰写）

第三章　木荷地理变异和优良种源选择

木荷自然分布较广，地理变异丰富，种源选择潜力较大。通过种源试验，可以研究该树种的地理变异模式、变异大小、变异与生态环境及进化因素的关系，为不同造林区选择适用的优良种源，确定种子调拨区和用种规则。2001 年，由中国林业科学研究院亚热带林业研究所牵头，联合安徽、江西、福建、湖南、广东、广西等省（自治区）的科研和生产单位，协作开展木荷全分布区多点种源区域试验，从此国内全面开启了木荷遗传改良和栽培技术的系统研究。

近 20 年来，我国在木荷地理种源方面开展了不少研究工作，至今已取得的主要研究结果有如下几个。①木荷天然林分内的变异非常丰富，存在众多的个体变异类型，如木材颜色有红白之分，树皮厚度有厚薄，树皮颜色有黑灰，树皮形状有光滑、鳞状、条状之分等，不同类型的个体其生长特性和材质材性明显不同。②随着海拔升高，木荷天然林分具有树干圆满，树皮薄而光滑，但树干通直度低、年轮窄、木材基本密度小的变化趋势。较高纬度的天然林分其树干相对通直圆满、树皮较薄、木材颜色较浅。③来自不同产地的种源生长存在显著的遗传差异并呈纬向变异模式，产地温度则是造成这种纬向变异模式的主要环境作用因子，但影响木荷种子性状表型差异的主导因素则是产地的年降雨量。④与北部（高纬度）种源比较，南部（低纬度）种源生长快，叶片数量多，但叶片较薄较窄，其秋末嫩叶颜色变化对寒冷信号反应敏感。⑤依据 7 年生幼林测定结果，木荷种源分布区划分为 3 个种源区，即中心种源区、中部种源区和北部种源区。根据木荷全分布区多点种源区域试验林的测定结果，分别在不同造林区选出了一批木荷优良种源，这些种源多来自南岭山脉—武夷山脉这一中心种源区。

第一节　木荷天然群体地理表型变异和遗传多样性

一、干形和木材基本密度等在林分间和林分内表型变异

木荷自然分布广，天然群体间和群体内变异大。王秀花等（2011a）对浙、闽 2 省 6 个木荷天然林分研究结果表明（表 3-1），除树干纹理扭曲度外，木荷树干通直度和圆满度、树皮厚薄/形状/颜色、木材颜色、木材基本密度等性状在不同纬度和海拔的天然林分间均存在显著的表型差异，如林分间树皮厚度变幅为 0.753～1.070mm，最大值较最小值高出 42.1%，1～30 轮木材基本密度和平均年轮宽度在

表 3-1 木荷天然林分表型性状方差分析

性状	变异来源		均值	变幅	林分内变异系数/%						
	林分间	机误			福建区徐墩	浙江龙泉	浙江淳安	福建尤溪	福建顺顺阳	浙江庆元	平均
树干圆满度	0.024**	0.005	0.962	0.953~0.972	5.38	5.28	4.58	5.64	6.32	5.40	5.43
树干通直度	0.209*	0.073	3.990	3.700~4.200	12.94	10.63	9.85	17.32	12.93	15.56	13.21
树皮颜色	0.282**	0.074	2.406	2.180~2.712	16.10	20.72	10.09	16.70	16.08	23.93	17.27
树皮厚度/mm	0.734**	0.137	0.916	0.753~1.070	37.32	18.47	30.79	43.12	61.06	32.14	37.15
树皮形状	0.401**	0.064	2.221	1.920~2.519	10.20	17.92	14.16	20.96	18.98	21.71	17.32
木材纹理扭曲度	0.004	0.003	0.072	0.054~0.079	84.80	70.00	64.49	73.97	76.93	53.81	70.67
木材颜色	0.646**	0.037	1.257	1.058~1.824	17.88	11.53	9.52	23.70	15.89	14.91	15.57
1~30轮木材基本密度(g/cm³)	0.040**	0.002	0.576	0.523~0.589	4.58	6.11	6.11	11.90	9.33	4.89	7.15
1~30轮平均年轮宽度/mm	3.670**	0.263	2.665	2.083~2.760	13.94	18.36	20.54	16.79	20.48	20.70	18.47

注：1~30轮平均年轮宽度和木材基本密度 2 性状的林分间和机误的自由度为 5 和 234，其他性状的林分间和机误的自由度均为 5 和 294；*表示 0.05 水平显著，**表示 0.01 水平显著。后同。

林分的变幅分别为 0.523～0.589g/cm³ 和 2.083～2.760mm，最大值分别大于最小值 12.6%和 32.5%，这表明木荷天然林分间存在丰富的表型变异，这种表型变异主要受林分所处纬度和海拔的影响，说明木荷种源显著的纬向变异有其必然的基础（张萍等，2004；周志春等，2006）。进一步分析发现，木荷树干形质和木材基本密度等性状在天然林分内个体间也存在丰富的变异，其中树干纹理扭曲度、树皮厚薄形状/颜色、木材颜色和 1～30 轮平均年轮宽度在林分内个体间的变异较大，如木材纹理扭曲度个体变异系数平均值高达 70.67%，这一结果意味着对这些性状进行个体选择或优树选择的必要性及巨大的选择潜力；相对而言，木荷树干圆满度、通直度和 1～30 轮木材基本密度在林分内个体间变异较小，如树干圆满度和 1～30 轮木材基本密度的平均个体变异系数仅分别为 5.43%和 7.15%，说明木荷天然林分内优势木或亚优势木皆具有树干通直、圆满的优良特点，个体间木材密度差异较小。通过比较可看出，各林分内的表型多样性差异较大，总体来讲以福建尤溪、建瓯顺阳 2 林分内的表型变异最为丰富，2 林分表型性状变异系数依性状不同分别变化为 5.64%～73.97%和 6.32%～76.93%，而浙江淳安林分内的变异最小，表型性状变异系数依性状不同变化为 4.58%～64.49%。

木荷个体存在很多类型，尤其是其树皮形状、树皮颜色、木材颜色等类型丰富。现将木荷天然林个体树皮颜色归为灰绿色、灰棕色和棕黑色 3 类，树皮形状有光滑、鳞片、条状 3 种，木材颜色划为浅棕色、棕红色和红褐色 3 类，以分别计算出 6 个天然林分中各类型个体所占比例。

从表 3-2 看出，树皮颜色在各林分内以棕黑色为主，在浙江淳安、福建尤溪和建瓯顺阳 3 个林分中比例都在 60%以上；树皮形状除浙江淳安、福建尤溪 2 林分以条状为主外，其他林分均以鳞片状为主，如在福建建瓯 2 林分中过半树木的树皮为鳞片状，树皮光滑的个体类型比例较少。从浙江淳安和福建尤溪 2 林分个体树皮颜色、树皮形状所占比例来看，树皮颜色和树皮形状有很大的相关性，越粗糙的树皮其颜色越深。木材颜色在各林分内浅棕色类型所占比例最大，在中纬度、高纬度地区的浙江龙泉、浙江淳安和浙江庆元 3 个林分内所占比例达 90%以上，然而在低纬

表 3-2 木荷各天然林分内树皮颜色、树皮形状和木材颜色个体类型比例

林分	树皮颜色比例/%			树皮形状比例/%			木材颜色比例/%		
	灰绿色	灰棕色	棕黑色	光滑	鳞片	条状	浅棕色	棕红色	红褐色
福建建瓯徐墩	12.0	40.0	48.0	0.0	60.0	40.0	74.0	24.0	2.0
浙江龙泉	26.0	30.0	44.0	18.0	44.0	38.0	96.0	2.0	2.0
浙江淳安	1.9	25.0	73.1	7.7	32.7	59.6	94.2	5.8	0.0
福建尤溪	13.7	21.6	64.7	25.5	17.6	56.9	45.1	27.5	27.5
福建建瓯顺阳	12.0	28.0	60.0	28.0	52.0	20.0	78.0	22.0	0.0
浙江庆元	36.0	10.0	54.0	34.0	36.0	30.0	94.0	2.0	4.0
平均	16.9	25.8	57.3	18.9	40.4	40.7	80.2	13.9	5.9

度地区的天然林分中，木材颜色变深，棕红色和红褐色木材类型出现的比例较大，特别是在低纬度的福建尤溪林分中，红褐色木材类型的比例达 27.5%。

木荷天然林不仅在林分间存在显著的表型变异，而且在林分内个体变异更为丰富，其中树皮厚度、颜色、形状及木材颜色等类型多样，木材纹理扭曲度、树皮厚薄/形状/颜色、木材颜色和年轮宽度的个体变异系数为 15%～70%。然而因木荷具有树干通直圆满、个体间木材密度差异较小的优良特点，其林分内个体间变异系数较小，这些特性有利于速生、优质（树干通直圆满、纹理直、树皮薄、材色深）工艺用材品种的定向选育。木荷个体类型尤其是树皮形态/颜色还与树龄有关，根据大量的观测资料作者发现木荷在 30 年生左右其个体类型就已经稳定。研究所选的 6 个木荷天然林分林龄基本一致，多数个体的年龄为 30～40 年，这意味着林龄对个体类型变异影响可以忽略，个体类型变异主要与林分所处纬度和海拔有关，如试验观测到地处中高纬度的林分木材颜色浅，浅棕色木材的个体达到 90% 以上，地处低纬度的林分木材颜色较深，棕红色和红褐色木材的个体类型出现的比例较大，这对材色的品种选育有很好的指导意义。

二、木荷天然群体木材基本密度和年轮宽度的径向变异

研究揭示木材基本密度和年龄宽度的径向变异规律，可为木荷种内变异的发掘和利用提供科学理论依据。图 3-1、图 3-2 分别描绘了 6 个木荷天然林分木材平均基本密度和平均年轮宽度的径向变化趋势。如图 3-1 所示，木荷天然林木材基本密度径向变异模式符合 Panshin（1980）所述的第Ⅲ种类型，即由髓心向树皮方向逐渐减小。其中低海拔组的福建建瓯徐墩（XD）、浙江龙泉（LQ）、浙江淳安（CA）3 个天然林分木材基本密度下降趋势较缓，5～10 轮虽然下降剧烈，但 10 轮以后变化趋于平缓，而高海拔组的福建尤溪（YX）、建瓯顺阳（SY）、浙江庆元（QY）3 个天然林分其木材基本密度自髓心至树皮以直线形式急剧降低，这说明高海拔林分的木材基本密度径向变异较低海拔林分强烈。由图 3-1 还可以看出，木荷髓心处的木材基本密度远高于边材部分，可能与心材浸提物的沉积有关（徐有明等，2002；李莉和王昌命，2008）。福建尤溪天然林分的木材基本密度明显大于其他地点的林分，这与林龄大有关。

木荷天然林分木材年轮宽度的径向变异不同于木材基本密度（图 3-2），除浙江淳安林分外，一般由髓心向树皮方向年轮先变宽后变窄。木荷幼林直径生长较为缓慢，体现在髓心附近的年轮宽度较窄，5～15 轮直径生长加快，15～25 轮为平稳生长期，年轮最宽，25 轮之后年轮宽度逐渐下降。在高海拔组的 3 个天然林分中，福建尤溪林分直径的快速生长期（5～20 轮）较之于其他 2 林分（10～15 轮）要长，平稳生长期达 10 年（20～30 轮），这与其所处纬度较低有关；与高海拔组林分比较，低海拔组 3 个天然林分的直径平稳生长期较长，为 15 年（15～30

轮）左右，说明低海拔林分较高海拔林分直径生长快，平稳生长期长。

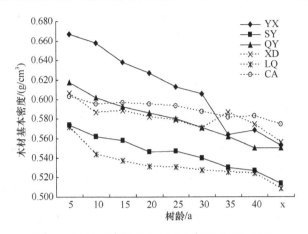

图 3-1　木荷天然林分木材基本密度的径向变异

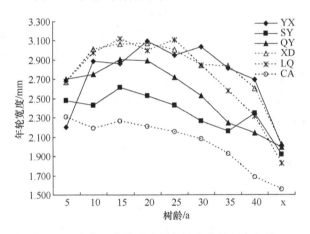

图 3-2　木荷天然林分木材年轮宽度的径向变异

　　根据材性差异可将木材分成幼龄材和成熟材 2 部分，近髓心一定年轮内的木材为幼龄材（李坚等，1999）。与成熟材比较，幼龄材的纤维短、细胞壁薄、壁腔大、木材密度小，多数松类和软阔叶树种的木材密度从髓心至树皮逐渐增大，到达一定年龄后渐趋稳定或略有降低（Zobel and Buijtenen，1989）。木荷木材基本密度的径向变异不同于松类和软阔叶类树种，近髓心部分的木材密度最大，由髓心向树皮不断减小，类似于云杉（*Picea asperata*）（罗建勋等，2004）、日本花柏（*Chamaecyparis pisifera*）（王大鹏，2007；徐有明等，2006）及西班牙栎（*Quercus falcata*）等硬阔叶类树种（Hamilton，1961），这与其近髓心部也即心材部分有大量的浸提物沉积有关。研究还发现木荷不同天然林分木材基本密度径向变异也存在较大的差异，如福建建瓯顺阳林分的木材基本密度从髓心向树皮急剧减小，而如浙江淳安等林分的木材基本密度由髓心向树皮变化较缓，径向均一性较高，这为选择材性径向均一性高的种源和个体提供了可能。木荷天然林分的年轮宽度则遵循多数树种的径向变异规律（费本华等，2000，2005；姜笑梅等，2003），即由髓心向树皮年轮先变宽后变窄，在15~25轮平稳生长期时年轮最宽，进入成熟期后年轮又渐变窄。

三、海拔、纬度对木荷天然林树干形质和木材基本密度等影响

结合所处生境的差异，对林木形态分化、变异和生长特性进行研究有助于了解林木沿生境梯度的变异幅度和规律，从而进行有效的遗传改良。表3-3按产地纬度和海拔分组列出了木荷天然林分树干形质和木材基本密度等测定值。结果表明木荷天然林分的树干形质和木材基本密度等与所处产地的纬度和海拔有关。产地纬度对各性状的影响存在较大差异，不管是低海拔组还是高海拔组的林分，来自较高纬度地区的天然林分呈现树干圆满度和通直度增大，树皮厚度变薄，木材颜色变淡的趋势。然而产地纬度对木荷天然林树皮颜色、树皮形状、木材基本密度和年轮宽度的影响却较为复杂，这里未发现明显的规律性；相对于产地纬度，海拔影响的规律性却较为明显，来自较高海拔的木荷天然林分具有树干圆满，树皮薄而光滑，树干通直度低、年轮窄、木材基本密度小等趋势，但树皮和木材颜色在不同海拔间差异较小。较之于产地纬度，海拔影响更具规律性，随着海拔升高，木荷天然林分具有树干圆满，树皮薄而光滑，但树干通直度低、年轮窄、木材基本密度小等变化趋势。

表3-3　各组别木荷天然林分树干形质指标和木材基本密度平均值

组别		林分	树干圆满度	树干通直度	树皮颜色	树皮厚度/cm	树皮形状	木材颜色	1~30年木材基本密度/（g/cm³）	1~30年平均年轮宽度/mm
纬度递增	低海拔组	福建建瓯徐墩	0.953^B	4.140^A	2.360^B	0.979^A	2.400^{AB}	1.280^A	0.580^B	2.879^A
		浙江龙泉	0.964^A	4.160^A	2.180^B	0.930^{AB}	2.200^B	1.060^B	0.530^C	2.891^A
		浙江淳安	0.972^A	4.200^A	2.712^A	0.753^B	2.519^A	1.058^A	0.595^A	2.121^B
	高海拔组	福建尤溪	0.961^A	3.700^A	2.510^A	1.048^A	2.314^A	1.824^A	0.619^A	2.856^A
		福建建瓯顺阳	0.964^A	3.700^A	2.480^A	0.950^A	1.920^B	1.220^A	0.549^C	2.507^B
		浙江庆元	0.963^A	3.900^A	2.180^B	0.764^B	1.960^B	1.100^B	0.583^B	2.733^{AB}
海拔递增	低纬度组	福建建瓯徐墩	0.953^A	4.140^A	2.360^A	0.979^A	2.400^A	1.280^A	0.580^A	2.879^A
		福建建瓯顺阳	0.964^A	3.700^A	2.480^A	0.950^A	1.920^B	1.220^A	0.549^A	2.507^B
	高纬度组	浙江龙泉	0.964^A	4.160^A	2.180^A	0.930^A	2.200^A	1.060^A	0.583^A	2.891^A
		浙江庆元	0.963^A	3.900^A	2.180^A	0.764^B	1.960^B	1.100^B	0.530^A	2.733^A

注：A、B、C为邓肯组表示值，其中字母相同者相互间差异不显著；因纹理扭曲度在林分间差异不显著，故未进行多重比较。

四、木荷天然林分形质和木材基本密度等性状相关分析

木荷个体类型多样，树干形质、树皮形态和木材密度等性状间存在不同程度的相关性且与林分所处产地环境有关。选取木荷中心产区福建建瓯的低海拔（徐墩）和高海拔（顺阳）2 个代表性天然林分，分别对其林分内个体形质和木材基本密度等进行相关分析。表 3-4 结果表明，木荷天然林分个体性状间的相关性因林分海拔不同而有较大差异。对于处于较高海拔的建瓯顺阳木荷天然林分，个体树皮的颜色、厚度和形状间关系密切，其间的相关系数都达 1%显著性水平，树皮颜色深的个体其树皮较厚且多为条状。根据树皮厚度和颜色还能较好地预测其木材色泽、密度大小和径生长情况（其间相关系数都达 1%或 5%显著性水平），树皮厚、颜色深的个体其木材颜色也深、木材基本密度大、径生长快，可见对于较高海拔的木荷天然林分，树皮性状是较好的指示材性和径生长的形态指标，可根据个体树皮的厚薄和颜色对材性和径生长进行间接选择，这对木荷优树选择可提供较好的帮助。此外还发现，个体树干圆满度和通直度与树皮的颜色和形状、木材的基本密度和年轮宽度相关系数均达到 5%显著性水平，树干圆满的个体树皮相对光滑、颜色较浅、木材基本密度较小，而树干越通直，其树皮颜色则越深、径生长也越快。木材纹理扭曲度与其他性状相互独立，其间的相关性较小。

表 3-4　木荷天然林分内个体树干形质和木材基本密度的相关系数

性状	树干圆满度	树干通直度	树皮颜色	树皮厚度	树皮形状	木材纹理扭曲度	木材颜色	木材基本密度	平均年轮宽度
树干圆满度		−0.0208	0.1404	−0.1309	0.0535	0.0835	−0.1620	−0.2398	−0.3113*
树干通直度	0.0467		0.0302	0.2279	−0.1057	−0.1231	−0.0172	0.1836	0.3569*
树皮颜色	−0.3144*	0.2601+		0.2540+	0.0494	0.1193	0.0942	−0.1638	−0.3200*
树皮厚度	0.0481	0.0544	0.4828**		−0.2799*	0.2047	0.2431+	0.3311*	0.0912
树皮形状	−0.3127*	−0.0147	0.4428**	0.4132**		−0.0405	−0.0435	−0.3631*	0.0296
木材纹理扭曲度	−0.0474	0.2005	0.1865	0.2023	0.1356		0.0737	0.2613+	−0.3443*
木材颜色	−0.0479	0.1812	0.3793**	0.5339**	0.1505	0.0849		0.1010	0.1564
木材基本密度	−0.3445*	0.1282	0.6378**	0.4312**	0.5079**	0.1089	0.1540		−0.0935
平均年轮宽度	0.1482	0.4303**	0.4778**	0.3264*	0.1513	0.0900	0.2348	0.1006	

注：右上三角数据和左下三角数据分别为福建建瓯徐墩和建瓯顺阳木荷天然林分内个体性状间表型相关系数。+$p<0.10$；*$p<0.05$；** $p<0.01$。下同。

对于地处较低海拔的建瓯徐墩木荷天然林分，性状相关分析发现树皮厚度是一个较好指示树皮其他性状和木材基本密度的指标（相关系数达到 10%或 5%显著性水平），树皮较厚的个体其树皮颜色和木材颜色都较深，木材基本密度较大，但与高海拔林分不同的是其树皮较为光滑，薄皮型个体的树皮和木材颜色浅、木

材密度大，而厚皮类型个体的树皮和木材颜色深、木材密度小。木材基本密度分别与树皮厚度和形状呈5%显著性水平的正相关和负相关，树皮厚且光滑的个体其木材基本密度相对较高。此外，相关分析还发现，年轮宽度也即个体的径生长与树干圆满度和通直度、树皮颜色、纹理扭曲度等呈5%显著性相关，林分内径生长量大的个体其树干通直、树皮颜色较浅、纹理扭曲性较小，但其树干圆满度却较低，这一结果对于在较低海拔木荷天然林内开展优树选择具有很好的指导意义，选择树干通直、树皮颜色浅、径生长量大的木荷优树，其木材往往有纹理扭曲度和基本密度变小的趋势。

五、木荷天然种群遗传多样性

遗传多样性是生物所携带的遗传信息总和，是长期进化的产物。一个种群遗传多样性越高或越丰富，其适应环境的能力就越强，越容易扩展其分布范围和开拓新的环境。可见物种或种群进化潜力与适应环境的能力取决于遗传多样性的大小。金则新等（2007a）利用 ISSR 分子标记技术分析了木荷天然种群的遗传多样性（表3-5）和遗传分化（表3-6）。利用 12 个 ISSR 引物对 9 个木荷天然种群共 180 个个体的 DNA 样品进行扩增，共检测到 245 个位点，其中多态位点 221 个，多态位点百分率（P）为 90.20%。各种群的多态位点百分率（P）有较大差异（表3-5），最高的是 LTK，为 57.55%，最低的是 DMS，为 47.35%；其大小顺序为 LTK > XJ = CN > DYS > FYS > DPS > BYS > WYS > DMS。木荷物种水平的 Shannon 信息指数（I）为 0.4548，Nei's 基因多样性指数（h）为 0.3016，都反映出木荷物种水平的遗传多样性很高。9 个种群的 P 平均为 53.02%，I 平均为 0.2914，h 平均为 0.1974。表明木荷物种以及种群水平均具有较高的遗传多样性，物种水平的多样性高于种群水平。AMOVA 分子差异分析表明木荷种群的遗传变异 34.37% 存在于

表 3-5　9 个木荷种群的遗传多样性　（数据引自金则新等，2007a）

种群	样本数	多态位点数	多态位点百分率（P）/%	Shannon 信息指数（I）	Nei's 基因多样性指数（h）
武夷山（WYS）	20	124	50.61	0.2729	0.1842
大明山（DMS）	20	116	47.35	0.2579	0.1751
白云山（BYS）	20	126	51.43	0.2704	0.1812
小将（XJ）	20	136	55.51	0.3112	0.2117
大洋山（DYS）	20	132	53.88	0.2870	0.1924
龙潭坑（LTK）	20	141	57.55	0.3183	0.2166
川南（CN）	20	136	55.51	0.3110	0.2110
大盘山（DPS）	20	127	51.84	0.2938	0.2007
凤阳山（FYS）	20	131	53.47	0.2998	0.2039
种（SD）	180	221	90.20	0.4548（0.2204）	0.3016（0.1647）

注：SD 为标准差。

表 3-6　9 个木荷种群的遗传分化　（数据引自金则新等，2007a）

Shannon 信息指数（I）		Nei's 基因多样性指数（h）	
种群内遗传多样性 H_{pop}	0.2914（0.0209）	种群内基因多样性 H_s	0.1974（0.0149）
种群总的遗传多样性 H_{sp}	0.4548（0.2204）	种群总的基因多样性 H_t	0.3016（0.1647）
种群内遗传多样性比率 H_{pop}/H_{sp}	0.6406	种群内基因多样性比率 H_s/H_t	0.6546
种群间遗传多样性比率（$H_{sp}-H_{pop}$）/H_{sp}	0.3594	遗传分化系数 G_{st}	0.3454
		基因流 N_m	0.9476

注：括号内的数据为标准差。

种群间，65.63%存在于种群内，种群间和种群内均有极显著的遗传分化（$F_{st}=0.3437$，$P<0.001$）。在总的遗传多样性中，种群内的遗传多样性占 64.06%，种群间占 35.94%（表 3-6）。种群间的遗传分化系数（G_{st}）为 0.3454，表明木荷种群之间出现了一定程度的遗传分化。Wright（1931）认为种群间基因流大于 1，则能发挥其均质化作用；若小于 1，则表明基因流成为遗传分化的主要原因。木荷种群间的基因流（N_m）为 0.9476，表明木荷种群间的基因交流基本正常，但基因流不是很高。

金则新等（2007b）利用 ISSR 分子标记技术还分析了浙江天台山不同海拔木荷种群的遗传多样性（表 3-7）和遗传分化（表 3-8）。用 12 个引物对 4 个木荷种群共 80 个样品进行扩增，共检测到 170 个位点，其中多态位点 154 个，多态位点百分率（P）为 90.59%。木荷总的 Shannon 信息指数（I）为 0.5033，Nei's 基因多样性指数（h）为 0.3408，反映出木荷总的遗传多样性丰富，处于较高水平。木荷之所以有高的遗传多样性，与其本身的生物学特性有关，木荷作为演替中期种，种源多，寿命长，种子的结实量大，天然更新能力强。此外，木荷是一种适应性很强的物种，在群落演替的各个阶段都出现。由于木荷分布广泛，种群较大，使得木荷在总体上表现出很高的遗传多样性。而种群水平的遗传多样性比种水平低，4 个木荷种群的 P 平均为 63.68%，I 平均为 0.3789，h 平均为 0.2608。AMOVA 分子差异分析表明，在总的遗传变异中，29.56%的变异存在于种群间，70.44%的变异存在于种群内，种群间的遗传分化系数（G）为 0.2348。表明 4 个木荷种群的主要变异存在于种群内，但种群间已出现了一定程度的遗传分化。从种群间的遗传距离也可看出，4 个种群的平均遗传距离为 0.1500，表明种群间也出现了一定程度的分化。引起种群遗传分化的原因有 2 个：一个是内因，即种群本身的遗传特性所引起的（Rowe et al.，1998），如花粉、种子的传播方式；另一个是外因，即由于环境变化、人为干扰所引起的隔离、遗传变异等（Pearson，1995）。后者包括大的环境的变化和由于微环境的不同造成的种群遗传分化。根据 Hamrick 等（1995）的观点，若基因流（N_m）<1，遗传漂变就成为刻画种群遗传结构的主导因素；若 N_m>1，基因流就足以抵制遗传漂变的作用，也同时防止种群间分化的发

表 3-7 不同海拔木荷种群的遗传多样性（数据引自金则新等，2007b）

种群	样本数	多态位点数	多态位点百分率 (P) /%	Shannon 信息指数 (I)	Nei's 基因多样性指数 (h)
TTS I	20	116	68.24	0.4062	0.2792
TTS II	20	104	61.18	0.3687	0.2547
TTS III	20	111	65.29	0.3855	0.2656
TTS IV	20	102	60.00	0.3552	0.2437
种 (SD)	80	154	90.59	0.5033 (0.2113)	0.3408 (0.1587)

注：表中 SD 为标准差。

表 3-8 4 个木荷种群的遗传分化 （数据引自金则新等，2007b）

Shannon 信息指数（I）		Nei's 基因多样性指数（h）	
种群内遗传多样性	0.3789	种群内基因多样性	0.2608
种群总的遗传多样性	0.5033	种群总的基因多样性	0.3408
种群内遗传多样性比率	0.7528	种群内基因多样性比率	0.7652
种群间遗传多样性比率	0.2472	遗传分化系数	0.2348
		基因流	1.6293

生。木荷 4 个不同海拔种群间的基因流为 1.6293，表明基因流不是引起木荷种群间分化的主要因素，而主要是由于人为的干扰，造成植被破坏严重，引起生境的破碎化，使木荷各种群之间分布不连续，形成一定程度的隔离。此外，研究的 4 个样地虽然同处在天台山，但它们的海拔不同，相隔距离较远，由此造成不同种群所处位置的温度、水分、光照、土壤等生态因子发生一定的变化，不同种群所承受的生境选择压力有一定的差异，最终导致种群间的遗传分化。

此外，王峥峰等（2004）利用 AFLP 标记对广东鼎湖山 3 个不同演替系列木荷群落遗传多样性研究发现，95.99% 的遗传变异存在于种群内，4.01% 的遗传变异存在于种群间。从野外采集来看，木荷在演替早期群落（针叶林）、演替中期群落（针阔叶混交林）和演替顶极群落（常绿阔叶林）中都有分布，且种源多，分布广。木荷是虫媒花，种子较轻，可以随风传播（李明佳等，1989）。而王峥峰等所选择的 3 个群落虽然有不同的群落类型，但相距较近（最大距离只有 800m），亚种群之间的基因交流频繁，抵消了群落不同所造成的分化，故而木荷各亚种群遗传多样性差异不大。木荷总平均遗传多样性（0.348）介于 3 个亚种群平均遗传多样性（0.353、0.336 和 0.304）之间，表明木荷不同亚种群遗传变异形式大致相同，即这种多样性形式散落在木荷不同亚种群中，也说明木荷基因流较大。木荷各亚种群的遗传多样性随群落演替阶段的不同表现出有规律的变化，即在针叶林群落其亚种群的遗传多样性最大（0.353），在针阔叶混交林群落减小（0.336），在常绿阔叶林群落中最小（0.304）。由于该研究的对象是木荷的幼苗，而针叶林群落郁闭度小，木荷生长的光照条件优越，不同来源的种源都可以生长，故此表现出较大的遗传多样性；而随着演替的进展，群落郁闭度逐渐增大，木荷更新受到限制，只在群落林隙有幼苗生长，它们更多来源于同一群落的母树，而群落外的种源只有较小的概率占领这些林隙，因此表现出遗传多样性在针叶林亚种群和常绿阔叶林亚种群中逐渐降低，但是否由此造成遗传漂变还需今后进一步的研究。

第二节 木荷种源地理变异规律

一、木荷种源种子及苗期性状变异

1. 木荷种子性状的种源变异

种子形态指标是一种较稳定的性状，是树木分类及遗传研究的重要指标。方差分析结果显示，来自安徽、浙江、江西、福建、湖南、广东、广西7省（自治区）36个不同产地的木荷种子千粒质量差异极为显著（表3-9），木荷的平均千粒质量为5.758g，最大的是福建华安种源（8.379g），最小的是湖南城步种源（3.644g），前者是后者的2.30倍。木荷种子大小及长宽比在不同产地间也有明显差异，种子长宽比平均值为1.80，来自福建建瓯的木荷种子长宽比达到2.43，而江西德兴的木荷种子长宽比只有1.61。

表3-9 木荷种子性状的方差分析结果

种子性状	平均值	变幅	种源均方	机误均方	F值
千粒质量 /g	5.758	3.644~8.379	7.471	0.071	104.83**
种子长 /cm	0.98	0.83~1.06	0.225	0.013	17.44**
种子宽 /cm	0.55	0.45~0.68	0.125	0.019	6.54**
种子长宽比	1.80	1.59~2.45	1.345	0.311	4.32**

木荷种子性状与产地地理气候因子的相关分析（表3-10）显示，影响种子性状表型差异的主导因素是年降雨量，年降雨量越多的地区其种子形态和千粒质量越大。例如，福建武夷山和福建建瓯虽相距较近，但两地的降雨量却相差252mm（分别为1975mm和1723mm），前者的种子千粒质量为8.379g，是后者的1.36倍。

表3-10 木荷种源的种子性状与产地地理气候因子的相关系数

种子性状	经度	纬度	年均温	1月均温	7月均温	≥10℃积温	年降雨量	无霜期
千粒质量	0.0070	0.1064	0.1164	0.1233	0.0049	0.1748	0.5538**	−0.0702
种子长	0.0759	−0.0176	0.1842	0.1326	0.0769	0.1420	0.3795*	0.1222
种子宽	−0.1635	−0.013	0.1444	0.1024	−0.1420	0.1480	0.4234*	0.0583
长宽比	0.2162	−0.1331	0.1298	0.1615	0.2524	0.1229	−0.0010	0.1295

2. 木荷苗木叶片和根系性状的种源变异

作为我国南方各省生物防火的首选树种，木荷叶片和根系形态在选种上具有重要意义，叶片的大小和厚度与防火性能的强弱直接相关（舒立福和田晓瑞，1997），而根系则影响造林的质量和林木生长。表 3-11 方差分析结果表明，木荷苗木叶片数和叶片形态的种源效应都达到显著或极显著统计水平，其中以叶片数的种源差异最大，其 F 检验值为 7.15，叶片数最多和最少的种源相差 1.74 倍。在所调查的 4 个根系性状中，仅发现侧根数和根幅的种源效应显著，而主根长和最长侧根在种源间差异较小。

表 3-11   浙江淳安点木荷种源叶片和根系形态性状的方差分析结果

	性状	均值	变幅	种源均方	误差均方	F 值
叶片	叶片数[①]	4.17	2.98~5.19	5.4438	0.7616	7.15**
	叶片长 /cm	11.25	9.52~13.67	18.3109	6.2238	2.94**
	叶片宽 /cm	3.39	3.04~4.03	0.7054	0.3903	1.81*
	叶片厚 /mm	2.96	2.87~3.07	2.5882	1.1019	2.54**
	老叶颜色[①]	1.30	1.22~1.58	0.1780	0.1520	1.17
	嫩叶颜色[①]	1.58	1.27~1.87	0.5700	0.0900	6.48**
根系	主根长 /cm	13.87	11.65~16.60	34.4448	28.6953	1.20
	根幅 /cm	11.38	8.53~16.57	145.9826	86.0498	1.70*
	侧根数[①]	2.80	2.50~3.26	0.5661	0.3039	1.86*
	最长侧根 /cm	14.34	12.38~18.16	25.9691	24.4966	1.06

① 数据转化后的数值，其中侧根数和叶片数经 $X^{-1/2}$ 数据转换，叶片颜色经 $(X+0.5)^{-1/2}$ 数据转换。

在秋末入冬停止生长前，不同木荷种源的叶色，尤其是嫩叶颜色的变化反映了其抗寒能力的强弱。木荷叶色按其深浅分为红、红绿和绿，分别打 3 分、2 分和 1 分，从方差分析结果来看，老叶颜色的种源差异不显著，而秋末新抽嫩叶的颜色在种源间的差异达到极显著水平。比较分析发现，秋末嫩叶易发红的木荷种源大多来自其自然分布的南部，而北部种源的秋末嫩叶还呈绿色或红绿色。根据秋末嫩叶颜色与叶片鲜干重比的相关分析（干重为烘干恒重），发现两者呈显著的正相关（相关系数为 0.4752），意味着秋末嫩叶色红的种源，鲜干重比越大，含水量越高，其抗寒性越差，也就是说，新抽嫩叶颜色的变化，是一个较好反映种源抗寒性的指标。

3. 木荷苗高和地径生长的种源变异

2002 年在浙江淳安和福建建瓯两个地点开展木荷种源大田育苗试验，两育苗试验点都有 36 个种源参试，1 年生种源苗高和地径的单点方差分析结果列于

表 3-12，结果显示，木荷不同地理种源的苗高和地径生长差异均达到极显著水平，这说明其地理种群间的遗传分化显著，优良种源选择的潜力很大。淳安点木荷种源的平均苗高为 23.5cm，变幅为 16.26～29.38cm，优劣种源相差 1.81 倍；地径均值 0.47cm，变幅为 0.37～0.58cm，优劣种源相差 1.56 倍，对照浙江淳安点，福建建瓯点的木荷种源苗木生长量较大，种源平均苗高达 40.4cm，变幅为 27.1～52.6cm，优劣种源相差 1.94 倍；平均地径为 0.63cm，变幅为 0.53～0.92cm，优劣种源相差 1.74 倍。表 3-12 还给出木荷苗木生长性状的广义遗传力估算值，可以看出苗高和地径的种源遗传力在两个测试点上都较高，分别大于 0.65 和 0.69，这意味着木荷苗木生长性状在种源水平上的差异受强的遗传控制。

表 3-12 木荷种源苗高、地径的方差分析结果及主要遗传参数估算

地点	性状	变异来源				遗传参数		
		重复	种源	重复×种源	机误	均值/cm	变幅/cm	广义遗传力
淳安	苗高	504.3003	622.6277**	219.0805**	39.172	23.5	16.3～29.4	0.65
	地径	261.4325	1065.1372**	326.1324**	83.1032	0.47	3.7～5.8	0.69
建瓯	苗高	81.6267	827.0979**	153.3623*	78.7234	40.4	27.1～52.6	0.81
	地径	128.1004	1262.2516**	256.1546	199.2143	0.63	0.53～0.92	0.80

注：浙江淳安和福建建瓯两试验点的重复、种源、重复×种源和机误的自由度分别为 2、27、54、753 和 2、32、64、891。

木荷苗木的生长不仅因种源而异，而且还与育苗点的气候、圃地土壤条件及管抚水平有关。福建建瓯为木荷自然分布的中心产区之一，水热条件较好，育苗地为肥力较高的农用田，而浙江淳安地处木荷自然分布区的北缘，育苗地又为肥力较差的山地苗圃，因此两地点的木荷苗木生长差异很大，建瓯点的苗高和地径生长分别是淳安点的 1.75 倍和 1.37 倍。比较两测试点木荷苗木生长的种源差异性，发现福建建瓯点远高于浙江淳安点，这说明在土壤和气候条件较好的福建建瓯点，可有效地鉴别和揭示木荷苗期生长性状的种源差异，正确地筛选优良种源。

4. 木荷种源苗高生长参数变异

表 3-13 按北缘、中部和南部 3 个种源区分别列出了 28 个木荷种源苗高拟合生长方程的生物学参数。结果发现，各种源拟合方程的决定系数 R^2 变化为 0.923～0.966，平均为 0.948，说明 Logistic 拟合曲线与实测间的符合程度较高，用拟合方程的理论值来估测实际值具有较高的准确性（图 3-3）。从表 3-13 的数据可清楚地看出，参数 a 也即苗高最大生长量的变异趋势是：南部种源区＞中部种源区＞北缘种源区，但南部种源区与中部种源区差异相对较小，前者比后者大 10.3%，而南部和中部种源区与北缘种源区间则差异显著，分别相差 37.0% 和 24.3%；参

数 b 即苗高的内禀自然增长率在 3 个种源区间无明显差异；参数 c 即 1/2 生长期的时间点，南部种源区与中部种源区间差异不大，但与北缘种源区平均相差 3 天，也就是北缘种源区种源苗期生长比南部种源区平均约提前 6 天封顶，这是分布区北部的种源为躲避冻害表现出来的一种适应生态学特性。a、b、c 参数不仅在种源区间存在差异，而且在种源区内种源间差异更为明显，如在南部种源区内参数 a 最大的广东广宁（32.201）和最小的福建武平（21.001）相差 53.3%。

表3-13　28 个地理种源苗高生长 Logistic 拟合曲线的生物学参数

	种源	a	b	c	R^2		种源	a	b	c	R^2
北缘种源区	安徽绩溪	16.967	−0.044	37.532	0.947	中部种源区	福建尤溪	28.438	−0.045	38.588	0.923
	太平	19.869	−0.043	38.242	0.955		建瓯	25.543	−0.044	41.167	0.956
	浙江开化	20.009	−0.045	39.883	0.945		武夷山	25.942	−0.045	38.728	0.963
	淳安	26.015	−0.046	38.798	0.934		政和	25.587	−0.046	39.874	0.954
	平均	20.715	−0.045	38.614	0.945		连城	29.230	−0.042	40.398	0.924
南部种源区	福建武平	21.001	−0.043	39.436	0.964		华安	20.864	−0.039	39.366	0.965
	广东韶关	25.448	−0.042	37.698	0.948		江西永丰	29.069	−0.049	38.940	0.927
	阳山	29.470	−0.046	44.288	0.949		德兴	28.729	−0.045	39.583	0.958
	广宁	32.201	−0.045	41.629	0.965		婺源	25.429	−0.046	34.575	0.943
	河源	27.780	−0.050	41.450	0.954		龙南	23.946	−0.045	37.893	0.955
	翁源	30.391	−0.046	39.518	0.939		湖南城步	27.286	−0.044	43.143	0.948
	湖南嘉禾	30.133	−0.040	49.076	0.944		桑植	24.466	−0.046	38.835	0.952
	桂阳	28.250	−0.043	43.865	0.953		茶陵	25.371	−0.048	36.065	0.936
	广西桂林	31.374	−0.046	38.416	0.950		浏阳	20.522	−0.042	38.207	0.966
	梧州	27.828	−0.043	39.383	0.962		平均	25.744	−0.045	38.954	0.948
	平均	28.388	−0.044	41.476	0.953						

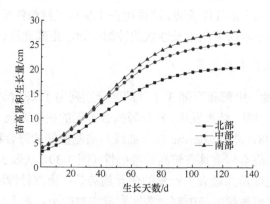

图3-3　3 个种源区苗高生长的 Logistic 拟合曲线

表 3-14 分别在 3 个木荷种源区列出 4 个苗高生长参数（MGR、LGR、TLG、LGD）和 2 个物候期参数（t_1、t_2）。对比分析发现，木荷苗高线性生长的起始期（t_1）在 3 个种源区间差异不大，在 7 月中旬木荷苗高进入迅速生长期，历时 60 天左右，即 9 月中旬后木荷苗高快速生长期结束而进入苗木硬化期。最大生长速率（MGR）是南部种源区最大，均值为 0.298cm/d，北缘种源区最小，均值为 0.230cm/d，两者相差 30%。线性生长速率（LGR）也是南部种源区最大（0.265cm/d），北缘种源区最小（0.204cm/d），前者是后者的 130%。然而线性生长期（LGD）在种源区间几乎无差异，均为 60 天左右。对于线性生长量（TLG）当数南部种源区最大，为北缘种源区的 1.32 倍。从上述分析可得出 4 个苗高生长参数 MGR、LGR、LGD、TLG 皆有类似的变异趋势，即南部种源区＞中部种源区＞北缘种源区（表 3-14）。进一步的相关分析发现，MGR、LGR 和 TLG 3 个苗高参数间相关关系紧密（$r=0.996\sim1.000$），而与 LGD 的相关性不显著，这意味着木荷种源苗高线性生长量的增加并非由于线性生长期的延长，而是由最高生长速率和线性生长速率的提高所致。

表 3-14　3 个种源区的苗高生长参数和物候期参数

种源区	线性生长起始期（t_1）/d	线性生长终期（t_2）/d	最大生长速率（MGR）/(cm/d)	线性生长速率（LGR）/(cm/d)	线性生长量（TLG）/cm	线性生长期（LGD）/d
北缘种源区	8.953	68.275	0.230	0.204	12.125	59.322
中部种源区	10.790	69.691	0.296	0.263	15.481	58.900
南部种源区	9.933	70.248	0.298	0.265	15.971	60.315

方差分析结果显示，木荷 4 个苗高生长参数在种源区间和种源区内种源间都存在显著和极显著的遗传差异（表 3-15），意味着这两个变异层次上的选择都是有效的。比较发现，MGR、LGR、TLG 3 个苗高生长参数的遗传变异主要来源于种源区内种源间（42.84%~43.41%），其次来源于种源区间（11.07%~13.15%）。种源区间的变异仅为种源区内种源间变异的 1/4 左右。LGD 这一苗高生长参数在种源区和种源区内种源两个层次上的遗传变异虽然都达统计学上的显著水平，但方差分量都较小，仅分别为 6.87% 和 8.37%。

表 3-15　木荷 4 个苗高生长参数的方差分析结果

变异来源	最大生长速率（MGR）		线性生长速率（LGR）		线性生长量（TLG）		线性生长期（LGD）	
	方差分量	比例/%	方差分量	比例/%	方差分量	比例/%	方差分量	比例/%
种源区	0.001[+]	11.07	0.001[+]	12.00	1.722[+]	13.15	1.851[+]	6.87
种源区内种源	0.003[**]	42.84	0.003[**]	43.24	5.684[**]	43.41	2.253[*]	8.37
机误	0.003	46.09	0.003	44.76	5.534	43.44	22.441	84.76

5. 木荷种源苗木干物质积累和分配差异

干物质的积累是衡量苗木生产力高低的重要指标，直接反映苗木吸收、同化养分能力的大小。研究不同林木基因型干物质积累量的差异，洞悉其在各器官的分配规律，可以根据不同培育目标筛选确定优良的种植材料。方差分析结果显示，木荷苗木单株及其根、茎、叶各器官的干物质积累量在种源区间和种源区内种源间都存在显著和极显著的遗传变异（表3-16），意味着在这两个变异层次上进行选择可望获得大的遗传增益。比较发现，不管是木荷单株干物质积累量，还是各器官的干物质积累量，其变异主要来源于不同种源区内种源间，其次来源于不同种源区间。种源区内种源间的方差分量占总变异的23.6%～30.3%，而种源区间的方差分量只占总变异的13.9%～15.8%。

表3-16　木荷苗期干物质积累量的方差分析结果

性状	方差分量/%		
	种源区	种源区内种源	机误
总干物质积累量	0.414 7[*]　（15.8）	0.690 9[**]　（26.4）	1.513 1　（57.8）
根干物质量	0.025 8[*]　（13.2）	0.060 1[**]　（30.3）	0.100 3　（51.3）
茎干物质量	0.029 7[*]　（14.5）	0.050 9[**]　（24.8）	0.117 2　（57.2）
叶干物质量	0.094 7[*]　（13.9）	0.160 6[**]　（23.6）	0.424 2　（62.4）
地下/地上	—	0.008 5[**]　（56.9）	0.006 4　（43.1）

"—"表示无方差分量。

表3-17分不同种源区列出了木荷单株和各器官干物质积累量的均值和变幅。从表3-17中数据可清楚地看出，木荷北缘种源区种源的干物质生产能力最低，平均测定值为2.44g，而南部种源区种源的干物质生产能力最高，均值达4.20g，两者相差72%。根、茎、叶等器官干物质积累量也具有类似的变异趋势，即南部种源区＞中部种源区＞北缘种源区。

表3-17　木荷不同种源区苗期干物质积累量及分配

种源区（产地数）	总干物质积累量/g		根干物质量/g		茎干物质量/g		叶干物质量/g		地下/地上	
	均值	变幅	均值	变幅	均值	变幅	均值	变幅	均值	变幅
北缘区（4）	2.44	2.02～3.34	0.62	0.49～0.91	0.42	0.21～0.66	1.41	1.20～1.77	0.32	0.29～0.36
中部区（11）	3.83	3.36～5.54	0.94	0.60～0.24	0.73	0.34～1.10	2.16	1.42～3.37	0.30	0.24～0.37
南部区（13）	4.20	2.72～7.02	1.07	0.56～1.50	0.88	0.49～1.59	2.25	1.93～3.76	0.31	0.23～0.37

干物质积累量在各器官，特别是在地下、地上部分的分配比例即根冠比，是评价苗木质量及说明苗木适应环境能力的重要指标。在木荷苗木单株总干物质积

累量中，根、茎、叶平均占 25%、19% 和 56%，叶片所占比例最大，根次之。然而从表 3-16 可看出，木荷不同种源区间根冠比不存在显著差异，主要变异来源于种源区内种源间，其方差分量占总变异的一半以上。

6. 木荷苗期性状的地理变异模式

对于连续分布的广域性树种，苗期性状的显著差异常会呈现出明显的地理变异模式。表 3-18 给出了种源差异显著的苗木性状与其产地地理气候因子的相关系数，结果发现，木荷种源的苗高生长呈现与产地纬度极显著的负相关关系，而与产地经度的相关性较小，种源苗高的变异模式为纬向渐变型，即来自分布区南部的种源苗高生长普遍高于来自分布区北部的种源。本研究中虽然观察到苗木地径具有显著的种源效应，但未发现明显的地理变异模式。种源的叶片形态特征和叶色反应是长期进化和适应自然的结果，这里发现木荷的叶片形态和秋末嫩叶颜色也多呈纬向的变异式样。与北部种源比较，南部种源的叶片数虽然较多，但叶片较薄较窄，其秋末嫩叶的颜色变化明显，对寒冷信号反应敏感，抗寒性较弱。通过与产地气候因子的进一步相关分析，发现产地温度是造成木荷种源生长和叶片形态等呈纬向变异的主要环境作用因子，对于广泛分布（呈连续分布）于我国亚热带地区的其他重要树种也多如此（叶志宏和施季森，1990）。与木荷苗高和叶片形态特性等不同的是，未发现其地下部分根系性状存在典型的纬向地理变异模式。

表 3-18　木荷种源的苗期性状与产地地理气候因子的相关系数

	性状	经度	纬度	年均温	1月均温	7月均温	≥10℃积温	年降雨量	无霜期
生长	苗高	0.1305	−0.4431**	0.3411*	0.3560*	−0.0240	0.3610*	0.0079	0.5120**
	地径	−0.2811	−0.2985+	0.1046	0.1628	−0.1670	0.0688	−0.0281	0.3247*
	苗高①	0.2136	−0.4175**	0.3420*	0.3562*	0.0497	0.3606*	−0.0330	0.4480**
	地径①	−0.0351	0.0490	−0.1142	−0.2336	−0.1001	−0.2362	−0.2576	0.0594
叶片	叶片长	−0.4180*	−0.2123	0.0179	0.2789	−0.1285	−0.0319	−0.0936	0.3960*
	叶片宽	−0.3210	0.4160*	−0.4790**	−0.4500*	−0.3051	−0.5000**	−0.1734	−0.3260+
	叶片厚	−0.1644	0.5560**	−0.4810*	−0.4670*	−0.1664	−0.4910**	−0.1485	−0.4960**
	叶片数	−0.1584	−0.7120**	0.5400**	0.5430**	−0.0538	0.4850**	−0.0149	0.5850**
	嫩叶颜色	0.0846	−0.3895*	0.4190*	0.3298+	0.3933*	0.3935*	0.0719	0.5094**
根系	侧根数	0.1016	−0.2452	0.2742	0.2941	−0.1255	0.2602	0.3850*	0.3041
	根幅	−0.1624	−0.1395	0.1006	0.1066	−0.1843	0.0488	0.0518	0.1325

①来源于福建建瓯点测试数据，其他均为来自浙江淳安点的测试数据。

相关分析结果显示（表 3-19），木荷苗期单株及各器官的干物质积累量与产地纬度呈显著的负相关，而与产地经度相关性较小，也就是说木荷种源的干物质积累量基本上呈纬向渐变的地理模式，即来自分布区南部的种源其干物质生产力普遍高于北部的种源,这与木荷苗期生长、形态等性状的地理变异模式是一致的(张萍,2004)。通过与产地气候因子的进一步相关分析,发现木荷种源的干物质积累量与年均温、1 月均温、≥10℃积温虽有一定程度的正相关,但相关性较小,有异于苗期生长性状与产地气温因子的关系(张萍等,2004)。然而,木荷种源干物质积累量却与反应产地温度的综合性指标无霜期呈显著的正相关。由于根冠比在种源区间差异性较小,这里未发现其显著的地理变异模式,而主要表现为随机变异的趋势。

表 3-19　生物量与产地地理气候因子的相关分析

性状	东经	北纬	年均温	1月均温	7月均温	≥10℃积温	年降雨量	无霜期
总干物质积累量	0.087	−0.358[+]	0.199	0.226	−0.192	0.133	0.087	0.345[+]
根干物质量	0.068	−0.354[+]	0.195	0.209	−0.199	0.112	0.123	0.312[+]
茎干物质量	0.067	−0.296[+]	0.093	0.170	−0.162	0.079	0.143	0.315[+]
叶干物质量	0.103	−0.374[*]	0.246	0.249	−0.185	0.166	0.030	0.382[*]
地上/地下	0.057	0.042	−0.034	0.111	0.139	0.164	−0.014	−0.103

表 3-20 给出了木荷种源苗高生长参数与产地地理气候因子的相关分析结果。研究发现,MGR、LGR 和 TLG 3 个苗高生长参数与产地纬度都呈显著的负相关,而与产地经度相关性较小,也就是说与分布区北部的种源相比,分布区南部的种源生长最为迅速,最大生产速率、线性生长速率和线性生长量都较高。与木荷苗木主要经济性状一样(Chuine et al.,2001),产地温度是造成这 3 个苗高生长参数纬向渐变模式的主要环境因子。线性生长期(LGD)的地理变异模式与上述 3 个生长参数不同。种源线性生长期与产地纬度的相关性较小,与产地经度存在一定的正相关。

表 3-20　木荷种源苗高生长参数与产地地理气候因子的相关分析

苗高生长参数	经度	纬度	年均温	1月均温	7月均温	≥10℃积温	年降水量	无霜期
最大生长速率（MGR）	−0.042	−0.511[**]	0.249	0.326	0.164	0.292	0.110	0.566[**]
线性生长速率（LGR）	0.131	−0.543[**]	0.341[*]	0.356[*]	−0.024	0.361[*]	0.008	0.512[**]
线性生长量（TLG）	0.054	−0.626[**]	0.341[*]	0.418[*]	0.127	0.354[*]	0.084	0.948[**]
线性生长期（LGD）	0.279	−0.123	0.131	0.111	−0.120	0.070	0.206	−0.511[**]

二、木荷种源幼林性状变异

1. 木荷幼林生长性状的种源变异

2003 年 2 月分别在浙江淳安、浙江庆元和福建建瓯 3 个地点用 1 年生裸根苗营造种源试验林，各试验点造林均按完全随机区组设计，5 次重复，10 株小区。
2005 年年底对 3 个地点的试验林进行全面调查，测定性状包括苗高、地径、当年
抽梢长度、冠幅、侧枝总数、最大侧枝长、最大侧枝粗、树冠浓密度等。以单株
测定值为单位，开展单点和多点联合方差分析，以检验种源、地点、种源×地点
等显著性，方差分析时侧枝总数经 $X^{1/2}$ 数据转换，树冠浓密度经 $(X+0.5)^{1/2}$ 数据
转换。浙江淳安、浙江庆元和福建建瓯 3 个地点参与统计的种源数分别为 35 个、
30 个和 33 个。各点方差分析发现（表 3-21），3 年生木荷树高、地径、冠幅以及
分枝性状都存在显著或极显著的种源变异。例如，在木荷偏北分布区的浙江淳安
点，种源树高和地径变幅分别为 1.66～2.24m 和 2.44～3.45cm，树高最大（江西
铜鼓）种源较最小种源（湖南嘉禾）高出 34.9%，地径最大种源（江西铜鼓）较
最小种源（江西资溪）高出 41.4%；在木荷中心分布区的福建建瓯点，种源树高

表 3-21　不同区试点的木荷种源 3 年生幼林生长和分枝性状方差分析结果

地点	性状	均值	变幅	变异来源			
				重复	种源	种源×重复	机误
浙江淳安	苗高/m	1.95	1.66～2.24	6.33038**	0.96182*	0.60509**	0.16785
	地径/cm	2.83	2.44～3.45	9.54973**	2.54046*	1.53323**	0.46469
	当年抽梢长度/m	0.73	0.54～0.94	1.78886**	0.38225**	0.22115**	0.03912
	冠幅/m	0.91	0.74～1.06	1.68497**	0.23482**	0.12001**	0.05549
	侧枝总数/枝	18.7	13.8～23.9	27.57502**	2.20110*	1.41416**	0.49783
	最大侧枝长/m	0.74	0.57～0.86	0.64980**	0.17804*	0.11428**	0.04933
	最大侧枝粗/cm	0.92	0.69～1.21	8.44972**	0.53321**	0.23582**	0.11270
	树冠浓密度	1.54	1.42～1.67	0.38864**	0.14128*	0.08654**	0.04623
浙江庆元	苗高/m	1.11	0.82～1.53	5.09597**	1.03561**	0.42693**	0.17308
	地径/cm	2.01	1.38～2.56	21.11424**	2.48209**	1.20926**	0.70304
	年抽梢长度/m	0.30	0.18～0.51	2.56336**	0.14703+	0.09852**	0.02335
	冠幅/m	0.55	0.39～0.67	0.63322**	0.20847**	0.09944**	0.04338
	侧枝总数/枝	9.3	6.20～13.2	6.90185**	2.53205**	1.35478**	0.72130
	最大侧枝长/m	0.46	0.35～0.63	0.69108**	0.15919**	0.06339**	0.03545
	最大侧枝粗/cm	0.68	0.54～0.88	2.17263**	0.35028**	0.17020**	0.11155
福建建瓯	苗高/m	2.42	1.93～2.90	15.44532**	1.64142**	0.55904**	0.23021
	地径/cm	4.21	3.44～4.78	50.86669**	4.14153**	1.42611**	0.87696
	年抽梢长度/m	0.89	0.72～1.08	2.25480**	0.32752**	0.10917**	0.04407
	冠幅/m	1.46	1.18～1.65	4.11940**	0.43454**	0.16562**	0.08993
	侧枝总数/枝	29.9	22.5～40.6	38.34033**	3.60048**	1.44469**	0.78969
	最大侧枝长/m	1.02	0.81～1.14	1.87554**	0.22790**	0.11384**	0.06986
	最大侧枝粗/cm	1.33	1.07～1.56	3.11678**	0.46819*	0.29971**	0.18101

　　注：浙江淳安点的重复、种源、种源×重复和机误自由度分别为 4、34、135 和 1188；浙江庆元点的重复、
种源、种源×重复和机误自由度分别为 4、29、114 和 901；福建建瓯点的重复、种源、种源×重复和机误自由度分
别为 4、32、125 和 1151。

和地径的变幅分别为 1.93~2.90m 和 3.44~4.78m,最大种源分别较最小种源高
50.3%和 39.0%;在较高海拔地段的浙江庆元点,种源间的生长差异更大,最大种
源树高和地径分别较最小种源高 86.6%和 85.5%。木荷种源分枝性状不仅与其生
长有关,而且还与其生物防火能力有关。与生长性状一样,木荷分枝性状包括侧
枝总数、最大侧枝长、最大侧枝粗以及树冠浓密度的种源差异也极其明显。例如,
浙江淳安、浙江庆元和福建建瓯 3 地点的种源侧枝总数变化分别为 13.8~23.9 枝、
6.20~13.2 枝和 22.5~40.6 枝,这为生物防火和用材等培育目标的优良种源优选
提供了较大的选择潜力。

建瓯点 7 年生木荷种源试验林方差分析(表 3-22)表明,木荷胸径、树高、
枝下高、材积指数和木材基本密度等皆存在显著或极显著的种源变异,种源间的
遗传分化明显。其中以枝下高和材积指数的种源变异较大,其种源变幅分别为
0.64~1.38m 和 0.012~0.065m^3,种源最大值分别是最小值的 2.16 倍和 5.42 倍,
种源变异系数分别为 17.88%和 38.49%,这为木荷优良种源选择提供了筛选空间。
木材基本密度的种源分化较生长性状相对较小,变幅为 0.535~0.580g/cm^3,种源
最大值为最小值的 1.08 倍,种源变异系数为 2.55%。

表 3-22　木荷种源生长和木材基本密度的方差分析

性状	均值	变幅	变异来源			种源变异系数/%
			重复	种源	机误	
胸径/cm	7.120	4.58~8.53	51.309**	10.941**	3.7162	16.88
树高/m	7.221	5.01~8.65	87.992**	9.152**	3.0711	15.27
枝下高/m	0.930	0.64~1.38	2.064**	0.402*	0.2637	17.88
材积指数/m^3	0.045	0.012~0.065	0.0147**	0.0025**	0.0010	38.49
木材基本密度/ (g/m^3)	0.555	0.535~0.580	0.0071**	0.0019**	0.0009	2.55

注:重复、种源和机误自由度分别为 4、32 和 415。

表 3-22 还表明,7 年生木荷生长性状(胸径、树高、枝下高)和木材基本密
度的重复效应达到极显著水平。重复效应由微立地环境差异引起,随着微立地环
境条件的变差(图 3-4,微立地环境条件由好到差顺序为Ⅰ、Ⅱ、Ⅳ、Ⅴ、Ⅲ),
木荷种源胸径、树高和枝下高多呈减小的趋势。在微立地条件较好的试验重复Ⅰ,
木荷种源胸径、树高和枝下高均值分别为 7.44cm、8.08m 和 1.04m,是立地条件
较差的试验重复Ⅲ相应指标均值 6.11cm、5.94m 和 0.84m 的 1.22 倍、1.36 倍和 1.24
倍;种源木材基本密度随微立地条件下降有增大的趋势,但在不同重复间其绝对
值差异较小,最大值仅是最小值的 1.03 倍。这说明立地条件的选择对于木荷人工
林的速生丰产也是非常重要的。

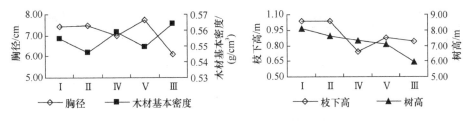

图 3-4　微立地环境梯度上木荷种源性状均值变化

2. 木荷幼林生长、分枝性状和木材基本密度的地理变异模式

经与产地经纬度的相关分析发现（表 3-23），不同区试点木荷种源生长和分枝性状呈现不同的地理变异模式，有异于亚热带地区广布性的其他树种，如马尾松等（范辉华等，2003）。在水热资源丰富的木荷中心产区福建建瓯点，木荷种源树高、地径和冠幅、侧枝总数等性状与产地纬度呈显著的负相关，与产地经度相关性较小，来自分布区南部的种源速生、分枝较多较长，来自分布区北部的种源生长较慢、分枝较少较短；在水热资源相对较差的木荷偏北分布区浙江淳安点，木荷种源高径生长与产地经纬度的相关性则较小，仅发现侧枝总数和树冠浓密度与产地纬度呈一定程度的负相关，南部种源侧枝数相对较多、树冠较浓密；在地处较高海拔的浙江庆元点，木荷种源生长和分枝性状与产地纬度呈显著的正相关。由于木荷是一种泛热带树种，要求春夏多雨，冬季温和无严寒，但在较高海拔的地区，环境相对恶劣，南部种源早期生长表现较差，偏北部种源的早期生长表现相对较好。

表 3-23　3 年生木荷种源生长和分枝性状与产地经纬度的相关系数

地点	性状	苗高	地径	年抽梢长度	冠幅	侧枝总数	最大侧枝长	最大侧枝粗	冠幅浓密度
浙江淳安	纬度	0.005	−0.007	0.037	−0.017	−0.263[+]	0.032	0.130	−0.223
	经度	0.169	−0.143	0.274	−0.056	0.044	0.047	−0.214	−0.212
浙江庆元	纬度	0.518[**]	0.460[**]	0.404[**]	0.571[**]	0.498[**]	0.605[**]	0.562[**]	—
	经度	0.061	−0.092	0.072	−0.121	−0.080	−0.010	−0.080	—
福建建瓯	纬度	−0.491[**]	−0.463[**]	−0.547[**]	−0.471[**]	−0.496[**]	−0.307[+]	−0.160	
	经度	0.107	0.055	0.056	0.028	0.035	0.121	0.050	

注：浙江淳安、浙江庆元和福建建瓯 3 个区试点的种源数分别为 35、30 和 33。"—"表示无数据。

建瓯点 7 年生木荷种源试验林生长和木材基本密度与产地地理气候因子的相关分析（表 3-24）表明，木荷种源生长和木材基本密度呈明显的纬向变异模式，产地经度对其影响较小。产地温度尤其是 1 月均温、年均温、≥10℃积温和无霜期是造成木荷生长和木材基本密度纬向变异的主要环境因子，产地的 7 月均温和年降水量对木荷种源生长和材性的影响不显著。来自低纬度的南部种源，因长期

表 3-24   7 年生木荷种源生长和木材基本密度与产地地理气候因子的相关系数

性状	经度	纬度	年均温	1月均温	7月均温	≥10℃积温	年降水量	无霜期
胸径	0.099	−0.494**	0.413*	0.458**	−0.047	0.451**	−0.059	0.434*
树高	0.074	−0.457**	0.377*	0.477**	−0.069	0.436**	−0.012	0.432*
枝下高	−0.082	−0.586**	0.385*	0.553**	−0.113	0.476**	−0.038	0.436**
材积指数	0.074	−0.510**	0.466**	0.488**	−0.051	0.469**	−0.034	0.449**
木材基本密度	0.130	0.432*	−0.279	−0.346*	−0.033	−0.358*	0.087	−0.394*

适应热量高（1 月均温和≥10℃积温高）、无霜期长的自然环境形成速生但木材基本密度较低的特性；较高纬度的偏北种源因产地热量低、无霜期短，其生长量较小，但木材基本密度较大。

三、木荷种源鲜叶抑燃性和助燃性化学组分差异

1. 抑燃性化学组分的种源差异和地理模式

生物防火是防止森林火灾的有效手段，生物防火网络一旦建成，可带来持续长久的防火效果，包括我国在内很多国家都积极开展防火树种选择等相关研究。张萍等（2005）基于 2 年生留床苗的测定结果（表 3-25），认为木荷种源火险期鲜叶抑燃性化学组分的含水率、木质素和灰分含量平均值分别为 56.2%、29.1%和 4.1%。与易燃性的树种马尾松（*Pinus massoniana*）比较（阮传成等，1995），木荷鲜叶的含水率高出近 1%，木质素和灰分则分别高出 1.9 倍和 0.6 倍，说明不同树种叶片抑燃性化学组分差异很大，木荷具有高效生物防火功能可部分归因于叶片具有较高的抑燃性化学组分。实验测定结果发现，木荷叶片抑燃性化学组分在种源间存在较大的差异，尤以灰分含量的种源差异最大。含水率、木质素和灰分的质量分数在种源间的变幅分别为 54.6%～57.6%、26.1%～34.2%和 3.1%～5.6%，最高和最低种源依次相差 5%、31%和 80%。与产地经纬度的相关分析表明（表 3-26），木荷叶片抑燃性化学组分存在明显的地理变异模式，含水率和灰分含量两指标与产地纬度呈显著的负相关，而与产地经度的相关性较小，表现为纬向渐变的变异模式。种源叶片的木质素含量则呈现经纬双向变异的地理模式，与产地经纬度的相关系数分别为 0.463 和 0.717，分布区北部和东部种源的叶片木质素含量高于南部和西部种源。根据作者对木荷种源区划分的结果（张萍，2004），图 3-5 给出了北缘、中部和南部 3 个种源区 3 个抑燃性化学组分含量的平均值，可清楚地说明这些指标在种源间的差异和变异模式。

2. 助燃性化学组分的种源差异和地理模式

粗脂肪和苯乙醇抽出物是两个易燃及在燃烧中能释放大量热量的助燃性化

表 3-25　木荷叶片抗火性能各项指标测定结果

种源区和种源		产地经纬度		抑燃性化学指标			助燃性化学指标	
		经度	纬度	含水率/%	木质素/%	灰分/%	粗脂肪/%	苯乙醇/%
北缘种源区	安徽太平	118.1	30.3	54.6	34.2	3.1	5.8	15.1
	浙江龙泉	119.1	28.3	54.6	28.1	3.8	5.6	14.1
	均值			54.6	31.1	3.5	5.7	14.9
中部种源区	湖南浏阳	113.4	28.2	57.6	29.0	4.2	5.2	13.1
	湖南桑植	110.2	29.4	55.2	30.5	3.6	5.6	15.1
	江西铜鼓	114.4	28.5	55.7	31.2	4.4	5.2	15.2
	浙江临海	120.9	28.5	56.2	31.9	4.7	5.8	14.7
	江西永丰	115.4	27.3	54.9	30.2	3.7	4.7	11.4
	湖南茶陵	113.6	26.8	56.4	27.7	4.2	4.9	12.5
	福建尤溪	118.2	26.2	57.1	28.3	3.8	4.6	12.8
	均值			55.9	29.6	3.9	5.0	13.6
南部种源区	湖南嘉禾	112.3	25.5	56.3	26.8	4.0	4.4	13.8
	广西桂林	110.3	25.3	56.9	26.1	3.3	4.4	13.9
	福建武平	116.1	25.2	56.3	27.6	5.1	4.2	13.4
	广东韶关	113.6	24.8	57.5	28.8	4.4	3.9	12.9
	广东广宁	112.4	23.6	56.7	29.1	5.6	3.5	12.8
	广西梧州	111.2	23.5	57.4	27.5	3.7	3.6	12.9
	均值			56.8	27.7	4.3	4.1	13.2
总体均值				56.2	29.1	4.1	4.8	13.6

表 3-26　木荷叶片化学组分与其产地地理经纬度相关分析

产地经纬度	抑燃化学组分			助燃化学组分	
	含水率	木质素含量	灰分含量	粗脂肪	苯乙醇
经度	−0.372	0.463[*]	0.078	0.510[*]	0.144
纬度	−0.674[**]	0.717[**]	−0.434[+]	0.739[**]	0.586[*]

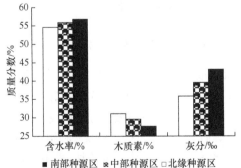

图 3-5　3 个不同种源区种源叶片含水率、木质素和灰分的平均含量

学组分。在本实验中木荷叶片的粗脂肪和苯乙醇抽出物的质量分数分别为 4.1%和 13.6%，仅为马尾松的 51.9%和 64.5%（舒立福等，1999），可见木荷叶片易燃或燃烧时释放大量热量的化学组分含量较低。与抑燃性组分一样，种源间助燃性化学组分差异也较大（表 3-26）。安徽太平和浙江临海种源粗脂肪的质量分数为 5.8%，广东广宁种源仅 3.5%，相差近 66 个百分点，而苯乙醇抽出物含量在最高和最低种源间相差也高达 33.3%。

与产地经纬度的相关分析发现，粗脂肪和苯乙醇抽出物呈现出与含水率、灰分等抑燃性组分相反的地理模式。两个助燃性组分与产地纬度的相关系数达 0.739 和 0.586，此外，种源粗脂肪含量还与经度有关，其相关系数为 0.510。木荷种源粗脂肪和苯乙醇抽出物含量在不同种源区间的表现为：北缘种源区>中部种源区>南部种源区，即来自分布区南部的种源其粗脂肪和苯乙醇抽出物含量较低（图 3-6）。

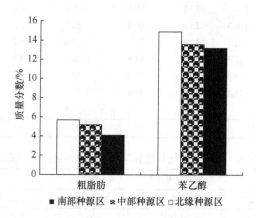

图 3-6　3 个种源区种源叶片粗脂肪、苯乙醇抽出物的平均含量

四、木荷稳定碳同位素分辨率的种源差异

1. 木荷叶片稳定碳同位素分辨率的种源差异和地理模式

植物稳定碳同位素组成（$\delta^{13}C$）或分辨率（Δ）是说明植物长期水分利用效率（WUE）的有效指标，二者分别与 WUE 呈显著正相关和显著负相关关系。从 20 世纪 90 年代开始，林木育种学家就利用稳定碳同位素技术开展林木 WUE 遗传变异和高 WUE 品种选育等研究。林磊等（2009a）利用设置在福建建瓯、浙江淳安和浙江庆元 3 个区试点的 5 年生木荷种源试验林，选取 18 个代表性种源测定叶片的稳定碳同位素分辨率（Δ 值），研究其在种源间的差异和地理变异模式，以及造林立地环境和种源生长的影响。由表 3-27 可以看出，木荷叶片稳定碳同位素分辨

率存在较大的种源效应。例如，在木荷中心分布区的福建建瓯点，种源叶片 Δ 值变幅为 20.4‰～21.8‰，最高和最低种源相差 6.9%，在木荷偏北分布区的浙江淳安点和较高海拔地段的浙江庆元点，叶片 Δ 值的种源变幅分别为 19.8‰～20.4‰ 和 18.8‰～19.5‰，最高和最低种源分别相差 3.0% 和 3.7%。这意味着木荷种源的长期水分利用效率差异也较大，为开展以高水分利用效率为目标的种源选择提供了可能。

表 3-27　3 个区试点 18 个木荷种源叶片 $\delta^{13}C$ 和 Δ 值

种源区	种源	产地经度 (E)/(°)	产地纬度 (N)/(°)	福建建瓯		浙江淳安		浙江庆元	
				$\delta^{13}C$ (‰)	Δ (‰)	$\delta^{13}C$ (‰)	Δ (‰)	$\delta^{13}C$ (‰)	Δ (‰)
北缘种源区	安徽太平	118.12	30.28	−29.0	20.4	−28.4	19.8	−27.5	18.8
	浙江淳安	119.02	29.62	−29.1	20.5	−28.7	20.0	−27.7	19.0
	均值			−29.05	20.45	−28.55	19.90	−27.60	18.90
中部种源区	湖南桑植	110.17	29.40	−29.3	20.6	−28.6	19.9	−27.8	19.1
	江西铜鼓	114.38	28.53	−29.3	20.7	−29.0	20.4	−28.1	19.4
	江西贵溪	117.22	28.30	−30.0	21.4	−28.8	20.1	−28.0	19.3
	浙江龙泉	119.13	28.25	−29.3	20.7	−28.8	20.3	−27.8	19.1
	湖南浏阳	113.38	28.15	−29.3	20.7	−28.9	20.2	−27.8	19.1
	江西安福	114.60	27.40	−29.3	20.7	−28.8	20.1	−27.8	19.1
	福建建瓯	118.32	27.05	−29.5	20.9	−29.0	20.3	−27.9	19.2
	湖南茶陵	113.55	26.78	−29.5	20.9	−28.9	20.2	−27.9	19.2
	福建尤溪	118.15	26.17	−29.7	21.1	−29.0	20.3	−27.9	19.2
	均值			−29.47	20.86	−28.88	20.20	−27.89	19.19
南部种源区	福建连城	116.75	25.68	−30.4	21.8	−28.9	20.3	−27.8	19.1
	湖南嘉禾	112.30	25.53	−29.5	20.9	−28.8	20.2	−28.2	19.5
	福建武平	116.07	25.15	−29.6	20.9	−29.1	20.4	−28.0	19.3
	江西龙南	114.82	24.92	−29.6	21.0	−28.7	20.1	−27.8	19.1
	广东韶关	113.58	24.80	−29.6	21.0	−28.9	20.2	−27.9	19.2
	广东龙川	115.25	24.10	−29.6	21.0	−29.0	20.4	−27.9	19.2
	广东广宁	112.43	23.63	−29.8	21.2	−28.8	20.2	−27.9	19.2
	均值			−29.73	21.11	−28.89	20.26	−27.93	19.23
总平均值				−29.52	20.91	−28.84	20.19	−27.87	19.17

通过与产地经纬度相关分析，福建建瓯、浙江淳安和浙江庆元 3 个区试点木荷种源的叶片 Δ 值与其产地纬度的相关系数分别为−0.608、−0.536 和−0.415，显著性概率分别达到 0.01、0.05 和 0.10（图 3-7），种源叶片 Δ 值与产地经度的相关性则较小，表现为典型的纬向倾群变异模式，即与来自木荷分布区北部的种源相

比，南部种源叶片 Δ 值普遍较高，WUE 较低。不同种源区木荷的叶片 Δ 值在 3
个区试点皆存在南部种源区＞中部种源区＞北缘种源区的变异规律（图 3-8），如
福建建瓯点南部种源区的叶片 Δ 均值分别较中部种源区和北缘种源区高出 1.2%
和 3.2%。产地气候条件的差异应是造成木荷种源叶片 Δ 值呈纬向倾群变异模式的
主要原因。木荷自然分布于我国亚热带广大地区，南部和偏南地区的年降雨量高，
且在各月份间相对均匀，土壤墒情好，较少水分胁迫，而北部和偏北地区的年降
雨量低，常存在土壤干旱等胁迫。木荷长期适应不同产地水分等环境的结果，造
成了来自南部种源区的木荷种源叶片 Δ 值普遍较高，北部木荷种源叶片 Δ 值普遍
较低的现象。

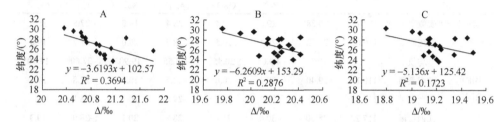

图 3-7　木荷种源叶片稳定碳同位素分辨率（Δ）和产地纬度的相关性
A. 福建建瓯；B. 浙江淳安；C. 浙江庆元。图 3-8 同

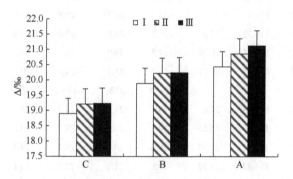

图 3-8　3 个区试点不同种源区木荷叶片 Δ 值
Ⅰ. 北缘种源区；Ⅱ. 中部种源区；Ⅲ. 南部种源区

2. 立地环境对木荷种源稳定碳同位素分辨率的影响

木荷叶片 Δ 值不仅存在显著的种源效应，而且立地效应也很大（表 3-27）。
随着造林立地环境的改善和年降雨量的增多，木荷叶片 Δ 值增加明显。福建建瓯
点地处亚热带中南部，为木荷的中心分布之一，其年均降雨量达 1723.2mm，加
之土壤肥沃、土层厚，土壤水分含量高，结果该点种源叶片 Δ 均值分别较浙江淳
安点和浙江庆元点高出 3.6% 和 9.1%。浙江庆元点与福建建瓯点较近，但因造林
地海拔较高（800m 左右），立地条件较差，土层较薄，土壤保水能力较差、水分

含量较低，结果种源叶片 Δ 均值较小，相应的 WUE 较高。浙江淳安虽处于木荷自然分布区的北缘，但因所在的千岛湖小气候环境较好，立地和水热资源条件虽不如福建建瓯点但优于浙江庆元点，其种源叶片 Δ 均值介于福建建瓯和浙江庆元两试验点中间。上述结果表明，在水分等较好立地环境下木荷 WUE 较低，而水分胁迫等将会促进木荷 WUE 的提高以应对土壤干旱等逆境。

3. 木荷种源稳定碳同位素分辨率与生长的相关性

由表 3-28 可以看出，种源叶片 Δ 值与树高、胸径、一级侧枝总数和最大侧枝长等皆存在显著和极显著的正相关性（0.456～0.665），表明树高和胸径生长量大、分枝数多、树冠浓密和冠幅宽大的种源具有较高的叶片 Δ 值和较低的 WUE。但也存在一些叶片 Δ 值低（WUE 高）的速生性优良种源。例如，在测试的 18 个种源中，福建建瓯点的福建建瓯和湖南浏阳 2 个种源的树高生长分别排在第 2 位和第 6 位，其平均树高较总平均值分别高出 13.0% 和 4.3%，而叶片 Δ 值分别为 20.9和 20.7，排名第 10 和第 14，均小于种源叶片 Δ 总平均值 20.91；而在浙江淳安点的江西龙南、湖南嘉禾、广东韶关和湖南浏阳 4 个种源的树高生长分别排名第 2、第 5、第 7 和第 8 位，其叶片 Δ 值排在第 15、第 11、第 10 和第 9 位。

表 3-28　福建建瓯和浙江淳安点木荷种源叶片 Δ 与生长和分枝性状的相关系数

种源	树高	胸径	一级侧枝总数	最大侧枝长
福建建瓯	0.665**	0.625**	0.585*	0.477*
浙江淳安	0.568*	0.456+	0.454+	0.537*

五、木荷种源性状间相关性分析

1. 种子形态和千粒质量对苗木生长的影响

从表 3-29 给出的木荷种子形态和千粒质量与苗木生长的相关系数来看，除淳安点苗木地径与千粒质量和种子长宽比有一定的相关性外，种子形态和千粒质量对苗木生长的影响较小，二者大多呈微弱的正相关至微弱的负相关，说明木荷苗木生长表现的种源差异并不是由其种子性状差异决定的，不能仅依据其种子性状预测苗木的生长。

表 3-29　木荷种子形态和千粒质量与种源苗木生长的相关系数

性状		种子长	种子宽	种子长宽比	千粒质量
淳安点	苗高	0.0623	−0.1702	0.2960	−0.2096
	地径	−0.0451	−0.3295	0.4040*	−0.3942*
建瓯点	苗高	−0.0329	−0.0717	−0.1135	0.0854
	地径	−0.1633	−0.1125	−0.1334	0.0832

2. 苗木生长性状间遗传相关

基于方差分析结果，表 3-30 给出了具有显著种源效应苗木性状间的遗传相关系数。结果显示，在种源这一遗传层次，木荷苗木生长性状（苗高、地径）、根系特征（侧根数、根幅）和叶片数量相互间都呈显著的正相关，其遗传相关系数达 0.60～0.87，这意味着根系发达的种源，其苗木生长迅速，叶片茂密。然而苗木生长性状与叶片形态指标间的关系较为复杂，作者发现苗高和地径生长与叶片长度呈显著的正相关，与叶片厚度呈显著的负相关，而与叶片宽度的相关性较小，也就是说苗期生长迅速的种源叶片较大但较薄，这从叶片长、叶片数与叶片厚呈显著的负遗传相关关系同样得以体现。因观测的材料不同，这里未给出秋末嫩叶颜色与其他性状间的遗传相关系数，但从其与苗高的简单相关系数来看，二者呈显著正相关（0.3964），说明苗高生长量大的种源秋末嫩叶易变红，对寒冷信号敏感，其抗寒性相对较弱。上述性状间的相关关系也与性状间的地理变异模式一致。

表 3-30　木荷种源苗木主要性状间的遗传相关

性状	地径	苗高	侧根数	根幅	叶片长	叶片宽	叶片厚
苗高	0.9138						
侧根数	0.7031	0.6391					
根幅	0.8031	0.5924	0.8772				
叶片长	0.9057	0.8811	0.3733	0.7778			
叶片宽	0.1302	0.0242	0.0053	0.3814	0.3192		
叶片厚	−0.7654	−0.5798	−0.34421	−0.3650	−0.6993	0.1549	
叶片数	0.8659	0.7651	0.7191	0.5969	0.5791	−0.2962	−0.6992

3. 种源干物质积累与苗木生长、形态和根系性状的遗传相关

从表 3-31 给出的遗传相关估算结果来看，除叶片厚度这一性状外，苗木总干物质积累量与生长、叶片形态和根系特征等主要经济性状呈显著的正向遗传相关。

表 3-31　木荷种源干物质积累量与主要经济生长性状的遗传相关

性状	苗高	地径	侧根数	根幅	叶片长	叶片数	叶片厚度	干物质量 根	干物质量 茎	干物质量 叶
总干物质积累量	0.900**	0.950**	0.566**	0.768**	0.832**	0.741**	−0.018	0.943**	0.952**	0.965**
根干物质量	0.888**	0.919**	0.582**	0.712**	0.781**	0.704**	−0.121	1	0.807**	0.843**
茎干物质量	0.809**	0.708**	0.486*	0.586**	0.593**	0.641**	−0.109		1	0.862**
叶干物质量	0.818**	0.601**	0.551**	0.770**	0.804**	0.750**	0.090			1

根系发达、枝叶茂盛的苗木吸收和同化养分的能力强、干物质生产能力高，这是苗木相对生长规律的重要特点。苗木单株总干物质积累量与地径、苗高的关系最为密切，其遗传相关系数分别高达 0.950 和 0.900，苗高、地径可作为苗期干物质积累量的间接评价指标。此外，各器官干物质积累量之间也具有高度的遗传相关性，如叶干物质量与总干物质积累量间的遗传相关系数为 0.965，干物质积累量大的种源必然枝繁叶茂。

4. 木材基本密度与生长性状的相关性

7 年生木荷种源木材基本密度与胸径、树高呈显著的负相关关系（分别为 –0.34* 和 –0.26*），其散点分布见图 3-9。随着种源胸径和树高生长量的提高其木材基本密度减小，且直径生长对木材基本密度造成的负向影响（$y=-28.136x+22.698$）要大于树高生长造成的影响（$y=-18.82x+17.568$），这意味着木荷种源的速生性是以降低其木材基本密度为代价的，选择速生的种源将导致其木材密度的降低。

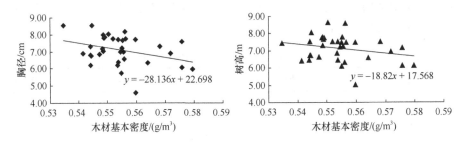

图 3-9　木荷种源木材基本密度与胸径和树高的相关性

第三节　木荷种源区划分和优良种源选择

一、基于分子标记的木荷种源遗传多样性研究和种源区划分

1. 木荷种源 RAPD 多态性

利用 DNA 标记可以直接在分子水平上研究物种的遗传多态性。在多种分子标记中，随机扩增多态 DNA（randomly amplified polymorphic DNA，RAPD）具有多态性高、所需 DNA 量少、取样方便、能实现全基因组无偏取样和无组织器官特异性等优点，已普遍应用于遗传多样性检测、QTL 定位、品系鉴定、遗传图谱构建和生物系统学等研究，在群体遗传结构和遗传多样性研究方面应用尤为广泛。张萍等（2006b）用 15 个 10bp 的随机引物对来自 15 个木荷种源的 180 个个体的基因组 DNA 进行 RAPD 分析，共扩增出 86 条清晰且可重复的带，大小为 250～2100bp。结果发现，各引物检测到的 RAPD 位点数为 4～8 个，多态位点为

2～6 个。在检测的 86 个位点中，70 个位点呈多态性，多态位点百分率为 81.40%。表 3-32 给出的结果表明，木荷种内多态位点百分率差异很大，福建尤溪种源的多态位点百分率最高，达 79.07%，而安徽太平种源最低，为 53.49%，前者是后者的 1.45 倍。

2. 木荷种源遗传多样性

这里利用 Shannon 表型多样性指数来说明木荷遗传多样性的种源差异(表 3-32)。结果表明木荷这一广域性树种不同种源间遗传多样性相差很大，种源的 Shannon 表型多样性指数变化为 0.2428～0.2989。例如，分布区北部的安徽太平种源 Shannon 表型多样型指数为 0.2428，而分布区南部的广西桂林种源为 0.2989，是安徽太平种源的 1.23 倍。与产地经纬度的相关分析发现，木荷种源 Shannon 表型多样性指数与产地纬度呈显著的负相关，相关系数为 -0.5805（$p=0.0402$），而与产地经度则有一定程度的正相关，相关系数为 0.4657（$p=0.0109$）。这说明来自木荷自然分布区南部的种源具有较高的遗传多样性，而北部种源的遗传多样性则较低，中西部种源的遗传多样性有比东部种源低的趋势。

表 3-32　15 个木荷种源内 RAPD 多态性

种源	多态位点数	多态位点百分率/%	Shannon 表型多样性指数（I）
安徽太平	46	53.49	0.2428
浙江临海	52	60.47	0.2519
浙江龙泉	53	61.63	0.2625
江西铜鼓	62	72.09	0.2764
江西永丰	56	65.12	0.2739
福建武平	49	56.98	0.2543
福建尤溪	68	79.07	0.2762
湖南嘉禾	63	73.26	0.2689
湖南桑植	54	62.79	0.2632
湖南茶陵	56	65.12	0.2843
湖南浏阳	62	72.09	0.2575
广东广宁	63	73.26	0.2893
广东韶关	65	75.58	0.2919
广西梧州	56	65.12	0.2968
广西桂林	58	67.44	0.2989

3. 木荷种源间的遗传分化

表 3-33 的结果显示，木荷种内总的基因多样性为 0.3636，种源内基因多样性为 0.2651，种源间基因多样性为 0.0985。基因分化系数达到 0.2714，基因流较小，仅为 0.6711。虽然木荷为我国亚热带地区广域性分布的地带性树种，但因其为虫媒异花授粉，种源间的基因流与松杉等风媒授粉树种相比较小，种源间的遗传分化较大，27.14%的遗传变异存在于地理种源间，而种源内的变异占到了总变异的 72.86%。

表 3-33　木荷种源的遗传分化系数

总的基因多样性 （H_T）	种源内基因多样性 （H_S）	种源间基因多样性 （D_{ST}）	基因分化系数 （G_{ST}）	基因流 （N_m）
0.3636	0.2651	0.0985	0.2714	0.6711

AMOVA 分析结果（表 3-34）亦表明，木荷种源间和种源内都存在显著的遗传变异（$p<0.01$），其中种源间变异占 28.78%，种源内变异占 71.22%。这一结果与利用 POPGENE 软件分析获得的结论基本一致。

表 3-34　木荷 15 个种源的 AMOVA 分析

变异来源	自由度	平方和	均方	均方
种源间	14	2216.214	155.802	9.988（28.78%）
种源内	165	4094.805	12.539	24.817（71.22%）
总和	179	6311.091		

4. 木荷种源的遗传距离、聚类分析和种源区划分

估算 15 个木荷种源间 Nei's 无偏遗传距离，并据此使用 UPGMA 聚类法得出树状图（图 3-10）。结果发现，木荷种源的遗传距离为 0.0057～0.3353，广东韶关和湖南嘉禾种源间的遗传距离最小（0.0057），两种源在地理距离上也很近；广东广宁和安徽太平种源间的遗传距离最大（0.3353），两者在地理距离上也很远。图 3-10 聚类树状图显示，在 DNA 水平上可以较好地将 15 个木荷种源划分为 3 个种源区：第 1 个种源区为南部种源区，包括广东广宁、广东韶关、广西桂林、广西梧州、湖南嘉禾、湖南茶陵和福建武平种源，这些种源大致分布在 25°N 左右的地区，也即南岭山脉等地区。其中广东广宁、广东韶关、广西桂林、广西梧州、湖南嘉禾这 5 个在地理上相邻的种源，地理亲缘关系密切，其间遗传距离为 0.0057～0.1092，平均为 0.0818，而福建武平和湖南茶陵则与上述 5 个种源的遗传距离较远，因此可将木荷南部种源区进一步分为东部和西部亚区。第 2 个为中部种源，包括浙江龙泉、江西铜鼓、江西永丰、福建尤溪、湖南浏阳、湖南桑

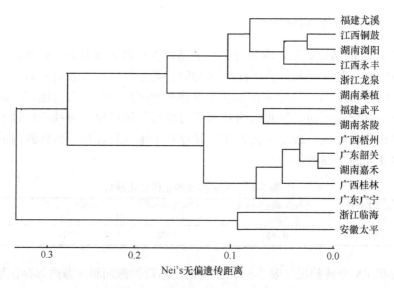

图 3-10 15 个木荷种源的 UPGMA 聚类图

植，这些种源分布于南岭以北、浙江南部以南等广大地区，其间遗传距离为 0.0575～0.1877，平均为 0.1409。较之于南部种源，木荷中部分布区相邻种源间的遗传分化较大，其间的平均遗传距离为南部种源间遗传距离的 1.72 倍。从图 3-10 可看出，地处木荷自然分布区西部的湖南桑植种源与中部的其他种源亲缘关系较远，平均遗传距离为 0.1313，因此，同样可将木荷中部种源再分为东部和西部 2 个亚区；第 3 个即为木荷的北缘种源，包括安徽南部和浙江北部种源。

二、基于种源幼年测定的木荷种源区划分

种源试验是开展种源区划分和制定种子调拨原则的基础，利用种源试验测定材料进行种源区的划分，以指导种源种子的科学调拨。王秀花等（2011b）针对福建建瓯的 7 年生木荷种源试验林，采用枝下高、材积指数和木材基本密度 3 个指标的种源均值以估算种源间的欧氏距离，并对 33 个参试种源进行 Q 型聚类。从聚类结果（图 3-11）及种源的分布情况看，可大致将参试种源划分为中心种源区、中部种源区和北部种源区 3 个种源区。中心种源区（25°N 附近）和中部种源区（25°～27°N）大部分位于 27°N 以南的区域，该区域因水热资源条件好，其种源速生性强、材积生长量大，木材基本密度（0.5510～0.5512g/m³）则略小于北部种源区（0.5590g/m³）（表 3-35）。中心种源区的种源大部分位于 25°N 附近的南岭山脉—武夷山脉地区，包括福建建瓯、连城、武平，江西安福、龙南和广东阳山、河源等参试种源，该种源区的种源最为速生，7 年生平均胸径、树高和材积指数

分别为 7.89cm、7.88m 和 0.0576m³，较种源总体均值分别高出 10.81%、9.14%和 29.15%，较中部种源区种源分别高出 7.64%、6.49%和 20.25%。

北部种源区范围包括湖南中北部、江西中北部、浙江全部和安徽南部，共有 15 个参试种源归在这一种源区中。与中心种源区和中部种源区相比，27°N 以北种源区的种源因产地纬度较高、温度较低，其生长相对缓慢，平均胸径、树高和材积指数分别为 6.41cm、6.47m 和 0.0336m³，较种源总体均值分别降低 9.97%、10.39%和 24.66%，较南岭山脉—武夷山脉地区的种源分别降低 18.76%、17.89%和 41.67%。该区种源的木材基本密度略高于 27°N 以南的中心种源区和中部种源区的种源。北部种源区还可粗分为东部和西部两个亚区，但有一些参试种源不能很好地按地域归类，来自北部种源区东部地区的种源较为速生，且木材基本密度也较高，是除中心种源区和中部种源区以外的木荷次优良种源区。

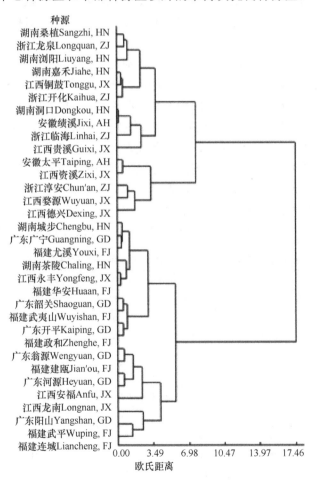

图 3-11　33 个参试种源聚类分析

表 3-35　木荷不同种源区生长和木材基本密度平均值

种源区	胸径/cm	树高/m	枝下高/m	材积指数/m³	木材基本密度/（g/m³）
中心种源区	7.89	7.88	1.12	0.0576	0.5510
中部种源区	7.33	7.40	0.94	0.0479	0.5512
北部种源区	6.41	6.47	0.78	0.0336	0.5590
种源均值	7.12	7.22	0.93	0.0446	0.5553

三、木荷种源与立地互作

1. 造林区立地生境的影响

3 年生木荷种源区域试验发现，木荷幼年生长和分枝性状不仅存在显著的种源效应，而且造林区立地生境的影响也很大（表 3-36）。3 个造林区试点立地都属中等偏上，但代表了不同气候地理环境。福建建瓯地处中亚热带，为木荷中心分布区之一，水热资源丰富；浙江淳安处于木荷自然分布区的北缘，水热资源相对较差。浙江庆元造林地虽与福建建瓯较近，但所在海拔却较高（800m 左右）。木荷种源 3 年生平均树高从福建建瓯点（木荷分布中心）的 2.42m→浙江淳安点（木荷分布北缘）的 1.95m→浙江庆元点（较高海拔的山地）的 1.11m，树高生长下降了 1.31m，福建建瓯点的种源平均树高分别是浙江淳安点和浙江庆元点的 124.1%和 218.0%。3 个地点的种源平均地径分别为 4.21cm、2.83cm 和 2.01cm，福建建瓯点与浙江庆元点相差 1 倍左右。相似地，木荷种源分枝性状在 3 个区试点间差异也很大，水热资源条件越好，树冠越大，侧枝越多越长。种源平均侧枝总数从福建建瓯点的 29.9 枝→浙江淳安点的 18.7 枝→浙江庆元点的 9.3 枝。

表 3-36　浙江淳安和福建建瓯两地立地条件梯度上 3 年生木荷种源主要生长和分枝性状均值

性状	立地条件梯度（浙江淳安点）				
	较差(重复5)	一般（重复1）	较好（重复2）	较好（重复3）	很好（重复4）
树高/m	1.76	1.84	1.99	1.96	2.18
地径/cm	2.60	2.90	2.70	2.80	3.10
当年抽梢长度/m	0.58	0.69	0.77	0.78	0.79
侧枝总数/根	16.6	17.1	21.4	21.8	16.2

性状	立地条件梯度（福建建瓯点）				
	较差(重复5)	一般（重复4）	一般（重复3）	很好（重复2）	很好（重复1）
树高/m	2.11	2.28	2.31	2.62	2.69
地径/cm	3.86	4.04	3.85	4.31	4.88
当年抽梢长度/m	0.78	0.81	0.85	0.96	0.99
侧枝总数/根	25.7	28.0	27.0	32.4	35.8

2. 造林地立地条件的影响

除造林区立地生境外，造林地立地条件对木荷种源生长和分枝性状也有很大的影响。各地点试验重复间立地条件相差较大，可构成立地较差→一般→较好→很好这样的立地条件梯度。比较立地条件梯度上的种源性状均值发现（表3-36），随着立地条件的改善，木荷种源树高、地径、年抽梢长度显著增长，侧枝总数有增多的趋势。例如，在福建建瓯点，木荷种源当年抽梢长度从较差立地的0.78m变化至很好立地的0.99m，增加了26.9%；浙江淳安点则从0.58m增至0.79m，增加了36.2%。鉴于这一变化规律，在培育用材林时要求选用较好的立地条件，以达到速生、优质的培育目标。而在营建生物防火林带时则应根据山脊、林缘、山脚、田头等立地条件的不同选用相应的适应性强、生长快和防火性能好的种源。

3. 种源与环境互作

多地点联合方差分析结果表明（表3-37），木荷树高、当年抽梢长度、冠幅、侧枝总数等存在显著的种源×地点互作和种源×重复/地点互作效应，反映不同种源在各区试点上的生长相对表现差异巨大，在一个区试点筛选出的优良种源不能简单地推广应用于造林区立地生境迥异的其他地点或地区，而应根据区域试验分别在不同地区推选出适用的种源。研究表明，在水热资源条件较好的福建建瓯点，来自木荷分布区中南部的种源生长较快、分枝较多，分布区北部的种源则生长较慢、分枝较少；在浙江北部的淳安点，生长表现相对较好的种源主要来自木荷自然分布区的中部；然而在较高海拔地段（浙江庆元点），来自木荷分布区偏北部的种源生长表现较好，南部种源生长表现较差。

表3-37 3年生木荷种源生长和分枝性状多地点联合方差分析结果

性状	变异来源					
	地点	重复/地点	种源	种源×地点	种源×重复/地点	机误
树高/m	469.060 1**	8.010 91**	1.524 97	1.193 52**	0.535 66**	0.189 84
地径/cm	1 321.781 05**	24.266 69**	4.285 3+	2.672 43	2.672 43**	0.682 96
当年抽梢长度/m	96.661 08**	2.079 97**	0.403 55+	0.267 21**	0.143 29**	0.035 53
冠幅/m	226.611 12**	1.863 41**	0.371 85	0.291 44**	0.132 74**	0.064 31
侧枝总数/枝	1 537.348 89**	19.931 24**	2.914 53	2.940 16**	1.366 8**	0.672 07
最大侧枝长/m	82.658 85**	1.015 48**	0.265 6 6+	0.171 69	0.171 69**	0.049 99
最大侧枝粗/cm	104.180 77**	10.450 98+	6.337 8	6.984 12	6.552 96	4.812 82

注：地点、重复/地点、种源、种源×地点、种源×重复/地点和机误的自由度分别为2、12、27、54、320和2801。

四、木荷优良种源选择

1. 速生用材优良种源初选

树高是速生用材优良种源早期选择的主要依据。作者分别以福建建瓯点、浙江淳安点和浙江庆元点的3年生种源测定结果为依据，以大于当地种源树高生长10%为选择标准，分别于水热条件较好的中心产区、水热资源相对较差的北缘区和较高海拔的山地初选出9个(包括当地建瓯种源)、8个和3个优良种源(表3-38)。在福建建瓯点，当地种源的树高生长表现较为突出，仅广东阳山种源优于福建建瓯种源。福建尤溪、福建连城、广东龙川、江西德兴、广东翁源、福建华安、江西安福等这些来自木荷分布区中南部的种源树高生长虽略逊于当地对照，但在所有参试种源中相对表现都较好，考虑到是幼林测定结果，上述这些种源也可作为初选速生用材优良种源。浙江淳安点的初选速生用材种源包括江西铜鼓、福建尤溪、江西龙南、江西婺源、福建连城、广东开平、浙江临海、广东广宁，这些种源主要来自木荷分布区的中部，其3年生树高较当地对照高出11.8%~19.8%。在较高海拔山地的浙江庆元点初选速生用材种源主要来自木荷分布区北缘的浙江临海、安徽太平、江西婺源。

表3-38　福建建瓯和浙江淳安、浙江庆元3个地点优选木荷种源3年生树高生长量

种源	福建建瓯点(水热资源较好中心产区)		种源	浙江淳安点(水热资源相对较差北缘区)		种源	浙江庆元点(较高海拔山地)	
	树高/m	>CK/%		树高/m	>CK/%		树高/m	>CK/%
广东阳山	2.90	5.45	江西铜鼓	2.24	19.8	浙江临海	1.53	26.4
福建尤溪	2.73	−0.73	福建尤溪	2.24	19.8	安徽太平	1.49	23.1
福建连城	2.64	−4.00	江西龙南	2.17	16.0	江西婺源	1.35	11.6
广东龙川	2.61	−5.09	江西婺源	2.17	16.0			
江西德兴	2.60	−5.45	福建连城	2.15	15.0			
广东翁源	2.59	−5.82	广东开平	2.10	12.3			
福建华安	2.58	−6.18	浙江临海	2.10	12.3			
江西安福	2.57	−6.55	广东广宁	2.09	11.8			
CK	2.75		CK	1.87		CK	1.21	

优质工艺用材，不仅要求速生，而且要求木材密度较大且均匀。福建建瓯7年生木荷种源试验林，以材积指数大于种源总体均值 $0.0446m^3$ 作为选择标准，可选出17个速生型木荷优良种源；若以材积指数大于种源总体均值 $0.0446m^3$，木材基本密度大于 $0.5500g/m^3$ 作为选择标准，可选出11个速生优质型种源(表3-39)。由表3-39中可见，居前10位的速生型种源主要来自南岭山脉—武夷山脉亚区，材积指数为 $0.0513\sim0.0654m^3$，较种源总体均值高出15.02%~46.64%，其中以江

表 3-39 福建建瓯 7 年生木荷种源试验林中速生型、速生优质型种源选择结果

速生型种源	材积指数/m³	速生优质型种源	材积指数/m³	木材基本密度/（g/m³）
江西龙南	0.0654	福建建瓯	0.0645	0.5563
福建建瓯	0.0645	福建尤溪	0.0551	0.5519
广东河源	0.0623	广东广宁	0.0545	0.5554
广东阳山	0.0620	福建华安	0.0518	0.5566
广东翁源	0.0611	江西婺源	0.0513	0.5757
江西安福	0.0572	江西永丰	0.0500	0.5538
福建尤溪	0.0551	湖南城步	0.0497	0.5552
广东广宁	0.0545	江西德兴	0.0489	0.5598
福建华安	0.0518	福建连城	0.0470	0.5683
江西婺源	0.0513	福建武平	0.0458	0.5546
种源均值	0.0446	选择标准	0.0446	0.5500

西龙南最为速生，材积指数最高。居前 10 名的速生优质型种源其材积指数为 0.0458～0.0645m³，较种源总体均值高出 2.69%～44.62%；木材基本密度为 0.5519～0.5757g/m³，较种源总体均值高出 0.35%～4.67%，其中以福建建瓯种源表现最好，其 7 年生木荷的材积指数和木材基本密度分别为 0.0645m³ 和 0.5563g/m³，分别比选择标准提高 44.62% 和 1.15%。

2. 生物防火优良种源初选

生物防火优选种源要求速生、适应性强、分枝多、树冠浓密等。这里以种源平均树高（速生性）为主要选择指标，并根据较差立地试验重复上的种源树高（适应性）和侧枝总数（树冠浓密度），分别在中心分布区和北缘区开展生物防火优良种源的综合评选（表 3-40，表 3-41）。在中心分布区的福建建瓯点，广东阳山、福建建瓯（当地对照）、福建尤溪、福建连城、广东龙川、广东翁源、福建华安 7

表 3-40 水热资源较好中心分布区的初选生物防火优良种源生长和分枝性状值（福建建瓯点）

种源	平均树高		较差立地树高		侧枝总数	
	绝对值/m	排秩	绝对值/m	排秩	绝对值/枝	排秩
广东阳山	2.90	1	2.66	2	40.6	1
福建尤溪	2.73	3	2.30	11	33.9	5
福建连城	2.64	4	2.64	3	34.5	4
广东龙川	2.61	5	2.36	9	33.1	6
广东翁源	2.59	7	2.44	4	32.1	7
福建华安	2.58	8	2.72	1	31.2	9
CK	2.75	2	2.43	6	37.1	2

表 3-41 水热资源相对较差北缘区的初选生物防火优良种源生长和分枝性状值（浙江淳安点）

种源	平均树高		较差立地树高		侧枝总数	
	绝对值/m	排秩	绝对值/m	排秩	绝对值/枝	排秩
江西铜鼓	2.24	1	2.15	6	21.71	5
福建尤溪	2.24	2	1.81	14	22.58	4
广东开平	2.10	6	2.22	3	23.88	1
广东广宁	2.09	8	2.01	9	18.53	17
湖南城步	2.04	9	1.75	16	19.86	8
广东韶关	2.03	10	2.21	4	17.93	23
CK	1.87	25	1.66	21	16.8	31

个种源的综合表现较好，其树高和侧枝总数在参试种源中的排序较前；在北缘区的浙江淳安点，江西铜鼓、福建尤溪、广东开平、广东广宁、湖南城步、广东韶关 6 个种源的综合表现较好。从福建建瓯和浙江淳安 2 个种源区试点的测定结果来看，这些初选优良种源主要来自木荷自然分布区的中南部，生长较快、分枝较多，在较差立地上生长表现较好，火险期鲜叶抑燃性化学组分高、助燃性化学组分低（张萍，2005b），可在生产上推广应用。

3. 认定的优良种源

1）木荷安福种源

良种编号：浙 R-SP-SS-015-2008

生长表现：5 年生时，在浙北点平均树高、胸径和单株材积分别为 4.26m、3.35cm 和 0.002 45m^3，分别较当地种源提高 20.58%、25.94%和 83.58%；在浙南点平均树高、胸径和单株材积分别为 4.82m、5.28cm 和 0.006 42m^3，分别较当地种源提高 22.39%、29.41%和 95.14%。

适宜推广生态区域：浙江省内除高海拔山地以外的其他地区。

2）木荷尤溪种源

良种编号：浙 R-SP-SS-016-2008

生长表现：5 年生时，在浙北点平均树高、胸径和单株材积分别为 4.78m、3.73cm 和 0.003 32m^3，分别较当地种源提高 35.04%、40.23%和 147.76%；在浙南点平均树高、胸径和单株材积分别为 4.65m、4.92cm 和 0.005 45m^3,，分别较当地种源提高 18.07%、20.59%和 65.65%。

适宜推广生态区域：浙江省内除高海拔山地以外的其他地区。

3）木荷建瓯种源

良种编号：浙 R-SP-SS-017-2008

生长表现：5 年生时，在浙北点平均树高、胸径和单株材积分别为 4.08m、

3.26cm 和 0.002 24m^3，分别较当地种源提高 15.42%、22.56% 和 67.16%；在浙南点平均树高、胸径和单株材积分别为 5.04m、5.08cm 和 0.006 22m^3，分别较当地种源提高 28.11%、24.51% 和 89.06%。

适宜推广生态区域：浙江全省。

参 考 文 献

费本华, 高慧, 丁佐龙. 2000. 银杏木材的密度和化学性质. 东北林业大学学报, 28(4): 47-49.

费本华, 江泽慧, 虞华强, 等. 2005. 人工经济林木材性质研究. 林业科学, 31(4): 116-122.

范辉华. 2004. 闽北乡土阔叶树幼年生长与立地互作效应. 福建林业科技, 41(1): 30-32.

范辉华, 陈柳英, 吴兴德, 等. 2003. 木荷苗期生长性状的地理种源变异. 福建林业科技, (3): 11-14.

葛颂, 洪德元. 1994. 遗传多样性及其检测方法//钱迎倩, 马克平. 生物多样性研究的原理和方法. 北京: 中国科学技术出版社: 123-140.

姜笑梅, 殷亚方, 浦上弘幸. 2003. 北京地区 I-214 杨树木材解剖特性与基本密度的株内变异及其预测模型. 林业科学, 39(6): 116-121.

金则新, 李钧敏, 蔡琰琳. 2007b. 不同海拔木荷种群遗传多样性的 ISSR 分析. 生态学杂志, 26(8): 1143-1147.

金则新, 李钧敏, 李建辉. 2007a. 木荷种群遗传多样性的 ISSR 分析. 浙江大学学报(农业与生命科学版), 33(3): 271-276.

李坚, 刘一星, 崔永志, 等. 1999. 人工林杉木幼龄材与成熟材的界定及材质早期预测. 东北林业大学学报, 27(4): 24-28.

李莉, 王昌命. 2008. 工业林木荷木材化学成分及其变异的研究. 山东林业科技, 175(2): 5-7.

李明财, 罗天祥, 刘新圣, 等. 2007. 高山林线急尖长苞冷杉不同器官的稳定碳同位素组成分布特征. 应用生态学报, 18(12): 2654-2660.

李明佳, 莫江明, 王铸豪.1989. 鼎湖山木荷若干生态学和生物学特性研究. 热带亚热带森林生态系统研究, 5: 55-62.

李文英, 顾万春. 2005. 蒙古栎天然群体表型多样性研究. 林业科学, 141(11): 49-56.

林磊, 周志春, 范辉华, 等. 2009a. 木荷稳定碳同位素分辨率的种源差异. 应用生态学报, 20(4): 741-746.

林磊, 周志春, 范辉华, 等. 2009b. 木荷生长与形质地理变异和木制工艺材种源选择. 浙江林学院学报, 26(5): 625-632.

罗建勋, 李晓清, 孙鹏, 等. 2004. 云杉天然群体管胞和木材基本密度性状变异的研究. 北京林业大学学报, 26(6): 80-85.

任国玉, 初子莹, 周雅清, 等. 2005. 中国气温变化研究最新进展. 气候与环境研究, 10(4): 701-716.

阮传成, 李振问, 陈诚和, 等. 1995. 木荷生物工程防火机理及应用. 成都: 电子科技大学出版社.

舒立福, 田晓瑞. 1997. 国外森林防火工作现状与展望. 世界林业研究, 10(2): 28-36.

舒立福, 田晓瑞, 寇纪烈. 1999. 广西大桂山区防火树种的选择研究. 林业科学, 35(1): 69-76.

陶国玉. 1986. 一种确定生长曲线参数的新方法. 北京农业工程大学学报, (1): 74-80.

王大鹏. 2007. 日本花柏木材管胞解剖特征与基本密度的变异. 华中农业大学硕士学位论文.

王秀花, 陈柳英, 马丽珍, 等. 2011b. 7 年生木荷生长和木材基本密度地理遗传变异及种源选择. 林业科学研究, 24(3): 207-313.

王秀花, 马雪红, 金国庆, 等. 2011a. 木荷天然林分个体类型及材性性状变异. 林业科学, 47(3): 133-139.

王峥峰, 王伯荪, 李鸣光, 等. 2000. 南亚热带森林优势种群荷木和锥栗在演替系列群落中的分子生态研究. 植物学报, 42 (10): 1082-1088.

王峥峰, 王伯荪, 张军丽, 等. 2004. 广东鼎湖山 3 个树种在不同群落演替过程中的遗传多样性. 林业科学, 40(2): 32-37.

徐有明, 林汉, 江泽慧, 等. 2002. 橡胶树生长轮宽度、木材密度变异及其预测模型的研究. 林业科学, 38(1): 95-102.

徐有明, 史玉虎, 王大朋, 等. 2006. 日本花柏人工林生长规律与晚材率、木材密度的变异. 东北林业大学学报, 34(1): 48-51.

叶志宏, 施季森. 1990. 杉木地理种源变异模式. 南京林业大学学报, 14(14): 15-22.

余琳, 张萍, 周志春, 等. 2005. 木荷种源苗期干物质积累和分配差异. 林业科学研究, 18(1): 91-94.

张萍. 2004. 木荷地理种源变异及分子基础. 中国林业科学研究院硕士学位论文.

张萍, 金国庆, 周志春, 等. 2004. 木荷苗木性状的种源变异和地理模式. 林业科学研究, 17(2): 192-198.

张萍, 周志春, 金国庆, 等. 2005. 木荷种源鲜叶抑燃和助燃性化学组分的差异. 林业科学研究, 18(1): 80-83.

张萍, 周志春, 金国庆, 等. 2006a. 木荷种源苗高生长参数变异研究. 林业科学研究, 19(1): 61-65.

张萍, 周志春, 金国庆, 等. 2006b. 木荷种源遗传多样性和种源区初步划分. 林业科学, 42(2): 38-42.

郑淑霞, 上官周平. 2006. 陆生植物稳定碳同位素组成与全球变化. 应用生态学报, 17(4): 733-739.

周志春, 范辉华, 金国庆, 等. 2006. 木荷地理遗传变异和优良种源初选. 林业科学研究, 19(6): 718-724.

周志春, 秦国峰, 李光荣, 等. 1995. 马尾松天然林木材化学组分和浆纸性能的地理模式, 林业科学研究, 8(1): 1-6.

Araus J L, Villegas D, Aparicio N, et al. 2003. Environmental factors determining carbon isotope discrimination and yield in durum wheat under Mediterranean conditions. Crop Science, 43: 170-180.

Chuine L, Aitken S N, Ying C C. 2001. Temperature threshold of shoot elongation in provenance of *Pinus contora*. Can J For Res, 31(8): 1444-1455.

Farquhar G D, Ehleringer J R, Hubrick K T. 1989. Carbon isotope discrimination and photosynthesis. Annual Review of Plant Physiology and Plant Molecular Biology, 40: 503-537.

Farquhar G D, Rechards R A. 1984. Isotopic composition of plant carbon correlates with water use efficiency of wheat genotypes. Australian Journal of Plant Physiology, 11: 539-552.

Hamilton J K. 1961. Variation of wood properties in southern red oak. For Prod J, 11: 267-271.

Hamrick J L, Godt M J W, Sherman-Broyes S L. 1995. Gene flow among plant population: Evidence from genetic markers//Peter C H, Stephoon A G. Experimental and Molecular Approaches to Plant Biosystematics. Saint Louis: Missouri Botanical Garden: 215-232.

Marshall J D, Zhang J. 1994. Carbon isotope discrimination and water-use efficiency in native plants of the north-central Rockies. Ecology, 75: 1887-1895.

Nei M. 1978. Estimation of average heterozygosity and genetic distance from a small number of individuals. Genetics, (89): 583-590.

Panshin A J, de Zeeuw C. 1980. Textbook of Wood Technology(4th ed). New York: McGraw·Hillbook Company.

Pearson L C. 1995. The Diversity and Evolution of Plants. New York: CRC / Taylor & Francis Press.

Rowe G, Beebee J J C, Burke T. 1998. Phylogeography of the natterjack toad *Bufocalamita* in Britan: Genetic differentiation of native and translocated populations. Molecular Ecology, 7: 1371-1381.

Scheiner S M. 1993. Genetics and evolution of phenotypic plasticity.Annual Review of Ecology and Systematics, 24(1): 35-68.

Smith D M.1954. Maximum moisture content method for determining specific gravity of small wood samples. USDA For Serv For Prod Lab Rep, 2014.

Sokal R R, Jacquez G M, Wooten M. 1989. Spatial autocorelation analysis of migration and selection. Genetics, 121: 845-855.

Wright S. 1931. Evolution in Mendelian population. Genetics, 16: 91-159.

Zobel B J, Buijtenen J P. 1989. Wood variation Its causes and control. Berlin: Springer Verlage, 393.

（金国庆、周志春撰写）

第四章 木荷育种群体构建和品种选育

林木育种具有周期长和育种成本高等特点，持续研究依赖长期的育种项目，而育种目标的实现需要育种策略的指导。在一个育种周期内，育种者需要综合考虑时间和经济因素，提出有价值的育种策略。在林木育种计划中，育种群体的确定很重要，而育种群体的遗传多样性是获得遗传增益的基础。因此，长期育种项目要想获得最大化的遗传增益，取决于育种群体内遗传多样性的保存和管理。核心群体（nucleus population）由育种群体中排序最高的成员组成，对核心群体中少数更好的入选树木进行高强度的选择、育种和测定，能够更快地获得遗传增益，其中最好的个体可以进行生产性繁殖。在一个树木改良项目的第一或第二个世代，常根据遗传测定林中它们子代的生长表现，入选排名较优的家系来获得大量的遗传增益。家系间高强度的持续选择会造成育种群体的有效性急剧减小。因此，加强家系内选择，保持更多家系的代表性，是高世代育种的一个趋势。

在木荷育种中，通过省际的协作，开展了木荷不同产区尤其是中心产区内大规模的优树选择。在浙江省龙泉市林业科学研究院国家林木良种基地按产地分系嫁接保存，每无性系嫁接保存 6～8 个分株。截至目前，在木荷主要分布区已累计选择优树 1108 株，保存了 903 株优树无性系，建成 153 亩木荷育种群体，构建我国首个最大的木荷育种群体用于长期育种。同时，在福建和江西还建立了备份库。利用 SSR 分子标记估算木荷育种群体的 Shannon 表型多样性指数（I）、Nei 基因多样性指数（h）、等位基因数（N_a）和有效等位基因数（N_e）等，揭示木荷育种群体遗传多样性水平较高。对育种亲本类群划分 3 个大类 5 个群组，发现优树无性系种质遗传结构与地理分布不完全相关。利用 M、SANA、RS 和 SAGD 等策略抽样法分别构建木荷核心种质库，最终确定 M 策略对种质抽样最佳，构建了包含 115 份种质的核心库。分 5 批次开展 360 多个木荷家系的多点遗传测定，通过 5 年生和 10 年生单点和多点方差分析，系统揭示生长、分枝和干形等主要经济性状存在丰富的家系遗传变异，分不同栽培区综合选育一批速生优质的优良家系和优良个体。利用种质资源库育种亲本材料，研建木荷杂交育种技术，采用半双列、巢式和单交等遗传交配设计，开展种间和种内不同产地间亲本选配和杂交制种，创制一批杂交新种质，为木荷长期育种奠定了基础。

第一节　优树选择和育种群体构建

通过全分布区大规模的优树选择，加强了木荷中心产区优树选择、边缘产区抗逆种质收集和特异种质的发掘利用，并建立了集种质保存、测定评价和示范三位一体的种质保存林。利用分子标记技术加强了收集保存的育种亲本的遗传多样性研究和核心育种群体构建，以用于木荷长期遗传改良。

一、优树选择及优树来源分布

1. 优树选择的林分条件

无论是天然林还是人工林，林分内单株间都存在遗传变异，可能会有优良的个体。优树是指在相同立地条件下的同龄林分中，生长、干形、材性和抗逆性等性状特别优异的单株。我国称为优树，在欧美国家称为"正号树"（plus tree），日本称为"精英树"。优树是根据表型选择而来，需要通过遗传测定评价其优良程度。通过子代测定，证明遗传上优良的优树，称为精选树（elite tree）。

林木选优的林分条件，最好是实生起源，特别是在天然林分中进行，应在优良种源区的优良林分中选择优良个体（优树）。若在天然林中选优，优树间应有5～10倍树高的距离。若林分有明显的小群体分化，一般在同一群体内只选一株。优选林分的林龄，以中龄林或近熟林为宜。林分郁闭度为0.6～0.8，林相要求整齐，对于林缘木、林窗木和孤立木等一般不选做候选优树。木荷优树选择时要求在当地起源、面积1hm^{2}以上、林龄20年以上以木荷为主的优良天然林或人工林中进行。在天然林中所选优树要求间距在100m以上。对于人工林，原则上在同一林分中只选1株优树。

基于木荷全分布区地理种源区域试验结果，发现南岭山脉—武夷山脉为木荷的中心种源区，来自浙南、闽北、闽西、赣南、粤北等地的种源生长表现优异、适应性强，是优良的种源区。自2006年开始，中国林业科学研究院亚热带林业研究所联合浙江、福建、江西、湖南、广东和重庆等省（直辖市）的科研和生产单位分12年在木荷优良种源的优良天然林分内开展大规模的优树选择。此外，为了扩充木荷属优质资源，同步收集保存了中华木荷（*Schima sinensis*）、大苞木荷（*Schima grandiperulata*）、银木荷（*Schima argentea*）和西南木荷（也即红荷，*Schima wallichii*）等木荷属其他树种资源。

2. 优树来源及保存

选择优树要以标准为依据，一般因树种、目的、资源状况而有所不同。以木荷为例，按照用材林和生态防护林的目的要求，优树选择的性状指标主要是生长量大、形质优良、抗逆性强、结实正常，如树形高大，干形通直圆满，枝叶色泽正常，无病虫害，高、径生长量明显大于附近的3～5株对比木。

截至目前，在木荷主要分布区已累计选择优树1108株，其中：浙江93株，福建499株，江西327株，湖南62株，广东79株，重庆18株，同时，选择木荷同属树种优树——银木荷20株、西南木荷15株、中华木荷5株和大苞木荷5株。各地选出的优树数量见表4-1。

表4-1 不同产地所选木荷优树及嫁接保存数量

省份	种源区	产地	选择优树数量/个	嫁接保存/个	新增选优树数量/个	新增嫁接保存/个	选优合计	保存合计
浙江	浙南	龙泉、庆元、遂昌	81	66	0	0	81	66
	浙北	淳安	0	0	12	0	12	0
福建	闽北	建瓯、政和、顺昌、南平、邵武、顺昌、古田、延平	210	169	128	128	338	297
	闽西	尤溪、连城、永安、沙县	111	95	41	41	152	136
	闽东	福州	0	0	9	9	9	9
江西	赣南	龙南、上犹、信丰、九连山、崇义	150	62	45	44	195	106
	赣中	鹰潭、铜鼓、新余	24	21	25	24	49	45
	赣西	井冈山、安福、遂川、分宜	0	0	83	82	83	82
湖南	湘北	桑植	0	0	22	22	22	22
	湘西	城步	0	0	17	17	17	17
	湘南	祁阳	0	0	23	23	23	23
广东	粤北	韶关						
	粤中南	肇庆、东莞、清远、揭阳、阳江、梅州、增城	0	0	79	55	79	55
重庆	渝中	南岸	0	0	18	18	18	18
	渝南	江津、南川	0	0	20	17	20	17
贵州	黔中	花溪	0	0	10	10	10	10
		合计	576	413	532	490	1108	903

木荷优树资源自2006年开展选优至今，总共收集保存了903株优树无性系。前后分多批次收集保存在浙江省龙泉市林科院国家林木良种基地，建成153亩木荷育种群体，并被认定为省级公共林木种质资源库。此外，还在福建古田黄田国有林场、江西信丰林木良种场、江西林木育种中心和重庆明月山林场分别建立了55亩、150亩、40亩和20亩的种质资源备份库，对木荷育种资源长期保存和利用。

二、育种群体构建

1. 优树嫁接保存

通过嫁接对比试验，突破了利用休眠芽采用枝接的木荷嫁接技术，嫁接成活率在 80% 以上。嫁接一般在 3 月中旬至 4 月中旬为宜，由于木荷萌发抽梢时间随海拔的升高而推迟，低海拔的木荷优树萌动早应早采早接，高海拔的木荷优树萌动晚可适当推迟嫁接时间，但不宜迟至 4 月下旬。砧木选择地径为 1.0cm 的 2 年生生长健壮的木荷大容器苗，或定植培育 1 年、根系发达、生长健壮、地径达 1.0cm 以上的木荷幼树。嫁接高度视砧木的大小确定，应选择在树干端直、树皮光滑、干粗达 1cm 以上的部位，一般离地高为 15～30cm。嫁接后应及时去除砧木发生的大量萌蘖，以免消耗养分，影响接芽生长，但需在嫁接部分以下保留一些辅养枝。

在龙泉市林业科学研究院国家林木良种基地已建成了 153 亩木荷 1 代育种群体。该育种群体地形平缓、立地条件中等、光照充足，按山脊、山沟、道路等划界分成 18 个小区，嫁接时按优树穗条产地来源分区分系进行，开设带面宽 100cm 的水平带，带间距离 4m，每优树无性系嫁接 6～8 个分株，株间距 4m。到目前为止，共计保存优树育种种质 903 份。在山地定砧嫁接或嫁接容器苗定植后，及时修剪嫁接无性系植株发生的分杈干，保留 1 根直立的主干，同时抹除砧木萌条，促进嫁接植株生长和树冠形成。

2. 优树子代测定

优树选择的同时，采集优树种子，培育容器苗，建立优树子代测定林。并对子代测定林进行生长量测定，评选优良家系。

育苗　利用浙江龙泉、庆元、遂昌、淳安，福建建瓯、南平、尤溪，江西信丰、上犹等地木荷优良天然林分中所选的 400 余株优树自由授粉种子，分批分别在浙江龙泉、浙江淳安和福建建瓯等地播种育苗。

造林　把满足造林试验设计苗木数量的家系分别在浙江龙泉、淳安、庆元、开化，福建建瓯、南平、华安，江西永丰、信丰等地营建多地点家系子代测定试验林 10 余片，每家系同时在 2～3 个地点造林，每片试验林的参试家系数为 40～60 个，累计测定优树家系 380 余个，试验林面积 2000 亩以上。造林试验均采用完全随机区组设计，8～10 株小区，5 次重复。试验林按一般生产要求进行整地、栽植和抚育管理。

优树子代林生长情况　5 年生时木荷优树自由授粉子代平均树高和胸径为 5.05m 和 4.39cm，当地商品种（对照）的树高和胸径为 4.30m 和 3.52cm，其树高和胸径分别提高了 17.44% 和 24.72%（详见本章第三节）。

三、木荷育种亲本多样性及变化规律

1. 木荷育种亲本的表型变异规律

作者对 22 个优树无性系生长、分枝和开花等表型性状进行了观测（表 4-2），发现木荷树高、胸径、冠幅、始花期、始花时段、盛花期、盛花时段、末花期、末花时段和花量等性状的产地和产地内无性系效应皆达到极显著水平。不同优树无性系生长和分枝习性存在较大的遗传差异，无性系的树高、胸径、冠幅和一级侧枝等变异系数为 19%～32%，无性系的开花性状变异系数为 37%～91%。生长和分枝及开花性状的无性系重复力为 0.41～0.94，受到中等偏强的遗传控制。

表 4-2　木荷无性系性状表现的方差分析

性状	平均值±标准差	变异系数 /%	无性系重复力	变异来源		
				产地	产地内无性系	机误
树高/m	2.54±0.49	19	0.46	0.404**	0.198**	0.055
胸径/cm	2.70±0.71	26	0.44	0.501*	0.638**	0.188
冠幅/m	2.28±0.71	31	0.59	0.263*	0.413**	0.077
一级侧枝	19.9±6.3	32	0.41	0.623	0.903**	0.290
始花期/d	18.3±7.6	91	0.83	8.089**	1.725**	0.039
始花时段/d	4.2±2.8	42	0.91	0.857**	0.991**	0.062
盛花期/d	24.7±9.8	66	0.84	8.300**	1.805**	0.060
盛花时段/d	9.2±5.1	40	0.93	3.762**	1.741**	0.102
末花期/d	31.7±11.9	55	0.90	8.806**	2.378**	0.057
末花时段/d	4.9±3.6	37	0.75	1.968**	1.328**	0.045
花量/朵	1055.9±960.4	73	0.94	605.858**	531.517**	53.965

注：产地、产地内无性系和机误的自由度分别为 4、15 和 40。

木荷无性系树高与胸径、冠幅之间呈极显著的正相关（表 4-3）。树高、胸径与一级侧枝呈极显著的正相关，说明速生的无性系分枝数也较多，但一级分枝与冠幅的相关性却不显著。木荷无性系的树高和胸径与花期的相关性不显著或呈弱的负相关，而与花量呈极显著的正相关，这为选择速生且花量较多的无性系提供了可能。无性系的始花期、始花时段、盛花期和盛花时段相互之间呈极显著的正相关，而始花时段与末花时段呈极显著的负相关，说明根据优树无性系的始花期就可以判断盛花期和末花期持续时间的长短。

木荷生长、分枝和开花等性状存在显著的产地和产地内无性系效应。育种群体由不同产地选择的优树组成，无性系间的生长和开花习性差异较大，意味着需加强优树无性系的当代观测，同时开展子代测定，对育种亲本作出综合评价。尽量选择生长和开花性状表现较好且配合力较高的无性系作杂交亲本，以提高杂交

表 4-3　木荷无性系生长和开花性状的相关性分析

性状	树高	胸径	冠幅	一级侧枝	始花期	始花时段	盛花期	盛花时段	末花期	末花时段
胸径	0.590**									
冠幅	0.390**	0.242								
一级侧枝	0.516**	0.284*	0.111							
始花期	−0.031	0.009	−0.012	0.211						
始花时段	0.048	−0.042	−0.098	0.086	0.371**					
盛花期	0.020	0.042	−0.031	0.246*	0.956**	0.541**				
盛花时段	0.003	0.019	−0.064	0.237	0.591**	0.455**	0.745**			
末花期	−0.013	−0.001	−0.042	0.239	0.906**	0.475**	0.960**	0.855**		
末花时段	−0.044	−0.051	−0.068	0.047	0.051	−0.314*	0.034	0.257*	0.256*	
花量	0.277*	0.269*	0.386	0.238	0.024	0.048	0.040	0.053	0.039	−0.087

育种效率及种子产量和质量。木荷无性系生长与花期之间的相关性不显著或呈弱的负相关，与张一等（2011）研究马尾松树高、胸径等生长性状与雄球花花枝数的相关性不显著及与雌球花数量、球果数均呈弱的负相关的结果相似，这为选择生长和开花性状均表现优良的种子园建园材料提供了可能性。

利用 22 个木荷优树无性系，对树高、胸径、冠幅和一级侧枝及花量、始花期、始花时段、盛花期、盛花时段、末花期和末花时段等 11 个生长和开花性状进行 Q 型聚类，在欧氏距离 0.178 处可将该 22 个无性系分别聚在 4 个类群内（图 4-1）。类群内无性系的树高、胸径生长及花期等性状相近，而类群间无性系生长和开花性状存在着明显的差异。

类群 1 包括 5 个无性系（ZJQY9、ZJQY6、ZJQY11、ZJSC1 和 FJJO9），类群内无性系的树高、胸径、冠幅和花量的平均值分别是群体平均值的 108%、106.3%、104.3% 和 126.6%，无性系生长性状表现优良，花量较多，但产地纬度较高和海拔相对较高（表 4-4），如浙江庆元产地的海拔 800m，因此该类群中育种亲本的开花日期相对较迟，其无性系的抗寒能力比其他类群的无性系强。类群 2 包括 8 个无性系（ZJLQ30、JXSY43、ZJLQ10、ZJLQ8、FJJO4、FJJO2、JXSY42 和 FJLC39），树高、胸径和冠幅都小于群体平均值，但相差不大，生长性状表现一般，而花量仅是群体平均值的 65.4%；类群 3 包括 2 个无性系（FJJO8 和 FJJO45），类群内无性系的树高、胸径、冠幅和花量分别是群体平均值的 112.0%、101.9%、108.7% 和 90.4%，生长性状表现优良，花量稍大于群体均值，花量表现一般；类群 4 包含 7 个无性系（ZJLQ7、FJJO31、FJLC31、FJLC2、FJJO32、FJJO21 和 FJJO34），其树高、胸径、冠幅和花量的平均值都略高于群体平均值，生长性状表现优良，花

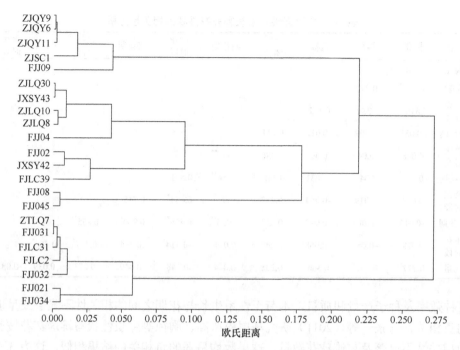

图 4-1 基于生长和开花性状的木荷优树无性系聚类图

表 4-4 不同类群木荷无性系的生长和开花性状综合评价

类群	树高/m	胸径/cm	冠幅/m	花量/朵	产地纬度/(°)	表型综合评价
1	2.7	2.87	2.4	1337.0	27.46	生长表现优良，花量较多
2	2.3	2.53	2	690.3	27.09	生长表现一般，花量较少
3	2.8	2.75	2.5	955.0	26.8	生长表现优良，花量一般
4	2.7	2.77	2.5	1433.1	26.52	生长表现优良，花量较多
均值	2.5	2.7	2.3	1055.9		

注：类群，根据生长性状和开花性状聚集在一起的多个无性系。生长表现一般，生长表现与花朵数量在群体平均值上下浮动，且相差不大。

量也较多，产地的纬度较低，开花日期较早，如福建连城和建瓯，它们来自木荷的中心产区，水热资源优越，快速生长的能力相对较强。类群 2 和类群 3 无性系的产地纬度平均值居中，生长表现并不介于类群 1 和类群 4 之间，但开花日期却随着纬度增高而推迟，说明产地纬度的高低对优树无性系开花日期早晚的影响比对生长性状的影响大。

2. 木荷育种亲本分子遗传多样性和变异规律

木荷分子标记及 SSR 引物筛选　随着分子生物学的发展，DNA 分子标记技术得到广泛应用。林木中常用的分子标记有 RFLP、RAPD、AFLP、ISSR 和 SSR 等。

RAPD 标记 利用 150 个随机引物筛选 15 个在木荷材料中能产生多态、清晰且可重复条带的引物，可利用这些引物检测木荷的遗传多样性（表 4-5）（丁丽亚等，2008）。

表 4-5 用于检测木荷遗传分化的 RAPD 引物

引物	序列（5′-3′）	位点数	多态位点数
Sangon-006	TGCTCTGCCC	7	6
Sangon-055	CATCCGTGCT	4	3
Sangon-070	TGTCTGGGTG	4	3
Sangon-109	TGTAGCTGGG	5	4
Sangon-118	GAATCGGCCA	4	3
Sangon-122	GAGGATCCCT	6	5
Sangon-126	GGGAATTCGG	6	5
Sangon-135	CCAGTACTCC	8	6
Sangon-141	CCCAAGGTCC	7	6
Sangon-144	GTGACATGCC	6	6
Sangon-146	AAGACCCCTC	6	5
Sangon-168	TTTGCCCGGT	7	6
Sangon-242	CTGAGGTCTC	4	2
Sangon-243	CTATGCCGAC	7	4
Sangon-245	TTGGCGGCCT	6	6
合计		86	70

ISSR 标记 ISSR 标记又称为 Inter-SSR（简单重复序列区间），它是利用包含重复序列并在 3′端或 5′端锚定单寡聚核苷酸的引物对基因组 DNA 进行 PCR 扩增的标记系统。根据加拿大哥伦比亚大学公布的序列，从 100 个引物中筛选出 12 个条带清晰且不弥散、重复性好、不模糊的引物作为木荷 ISSR 扩增引物，并对 ISSR 反应体系进行了优化（表 4-6）（李建辉等，2006；金则新等，2007）。

表 4-6 用于 ISSR 分析的 12 个随机引物序列

引物	序列 5′-3′	引物	序列 5′-3′
U817	CACACACACACACACAA	U840	GAGAGAGAGAGAGAGAYT
U824	TCTCTCTCTCTCTCTCG	U855	ACACACACACACACACT
U825	ACACACACACACACACT	U856	ACACACACACACACACA
U826	ACACACACACACACACC	U857	ACACACACACACACAG
U827	ACACACACACACACACG	U864	ATGATGATGATGATGATG
U834	AGAGAGAGAGAGAGAGYC	U873	GACAGACAGACAGACA

SSR 标记　SSR 标记具有多态性高、数量丰富、重复性好、共显性和检测简单等优点。从 81 对木荷 SSR 引物中筛选 14 对能扩增出清晰条带且具有多态性的引物，可用于木荷育种材料的遗传多样性分析（表 4-7）。

表 4-7　筛选的 14 对 SSR 引物信息

引物	重复序列	引物序列（5′-3′）	片段大小/bp	退火温度/℃
SS01	(TA)$_5$	F：AGGAGGAAAGTAGTTGTGAAGG	78～184	52
		R：TCAGGGCTTGTGCTGCTTC		
SS02	(TGG)$_5$	F：GCACATGCCATGCACACC	62～254	53
		R：TAAGTAGCAGGTGGGAATCAG		
SS10	(AG)$_{12}$G(AG)$_2$	F：CCAACAAACGGCTTACAT	168～194	55
		R：CACCGCAACAGAAATCG		
SS12	(AG)$_{19}$	F：AGTGTGTTTGGAATCTCCTCAT	199～251	52
		R：CCTCCTTTACCTGTTGTATTTG		
SS13	(AAGG)$_2$GG(GA)$_{12}$	F：TTGGAACCGTCCCCACTCTAT	118～143	52
		R：TTGGGGCAAAGCAGAGGTAT		
SS16	AGTC(AG)$_{14}$	F：GAAAACTAAATGGTCCCTAC	276～322	55
		R：AGTTAGACTTAGCACTACGGTT		
SS18	(CT)$_{19}$(CG)$_2$	F：ACCACCAGTAGCAGCCATC	93～220	52
		R：CAAGCCAACTCCGACAAT		
SS19	(AG)$_2$AA(AG)$_9$CG(AG)$_4$	F：GATTGATGTTCAAAGGATGG	240～276	52
		R：GTTATTACTGGTTTGGTCGT		
SS22	AGCA(CG)$_2$(AG)$_{21}$	F：TCAAGCAGGAGTGAAAGC	285～363	52
		R：AAAGGTTGGGGTGGATAG		
SS24	(AG)$_{13}$AATGAT(AG)$_8$	F：ATAGCCTCTGGCAAATCC	194～204	55
		R：ACGAGGACGGTGTTGATG		
SS26	(AG)$_{22}$AA(CA)$_2$	F：CCACTTCACCTTTCATCAT	120～148	49
		R：CACACTCATCTTCCAGACAAT		
SS30	(TC)$_5$(AC)$_5$	F：TCGGAGGCTTCGTTTAGGGTTT	96～230	55
		R：TGTTTCCTCTTCTCGTGCTCCG		
SS32	(AG)$_{20}$AAAG	F：TCCCAAAACAACCCTCAT	320～370	52
		R：GGACTGTTGTCGGTGTTG		
SS42	(GA)$_9$	F：TTTCATTGGCTCTTCCTTCCTG	65～287	52
		R：AGTGTGGGAAGACTATGGATGG		

育种群体遗传多样性　维持育种群体遗传多样性，掌握育种亲本的遗传关系，事关林木的长期遗传改良成效。在全国 15 个产地的 133 个木荷 1 代育种亲本无性系中，利用 14 对 SSR 引物检测出 86 个多态位点（表 4-8），Shannon 信息指数

和 Nei's 基因多样性指数均处于较高的水平，表明木荷 1 代育种群体具有丰富的遗传多样性，其中福建建瓯产地遗传多样性最高，浙江遂昌产地遗传多样性最低（表 4-9）。育种亲本具有丰富的遗传多样性，有利于长期遗传改良。在全国 5 个省份 24 个产地共计 734 份木荷优树无性系种质水平上也表现出同样高的遗传多样性，Shannon 信息指数变化为 0.914～1.908，平均值为 1.473（表 4-10），高于大花序桉（*Eucalyptus cloeziana*）、灰叶胡杨（*Populus pruinosa*）等阔叶树种，木荷分布广泛，种群较大，使得木荷在总体上表现出很高的遗传多样性。不同产地的木荷优树无性系间遗传多样性水平存在较大的差异，但整体处于较高的水平。木荷不同产地无性系群体多态位点百分率存在较大的差异，变幅为 57.14%～100%。多态性位点、Shannon 信息指数（I）和 Nei's 基因多样性指数（Nei）都显示出木荷在产地水平具有较高的遗传多样性，同样发现福建建瓯产地的木荷亲本群体遗传多样性最高，遗传基础丰富，而浙江遂昌产地的亲本遗传多样性相对较低，遗传多样性水平与产地纬度间呈现显著负相关关系。24 个产地的无性系群体的有效等位基因数（N_e）变化范围较大，为 2.593（湖南桑植）～3.647（福建建瓯），Shannon 信息指数（I）为 0.980（江西分宜）～1.431（福建建瓯），平均为 1.246（表 4-11）。最高的为福建建瓯种质资源群体，其次为浙江龙泉种质资源群体，最低的为江西分宜种质资源群体。

表 4-8　木荷 1 代育种亲本的遗传参数

位点	等位基因数（N_a）	有效等位基因数（N_e）	Shannon 信息指数（I）	Nei's 基因多样性指数（Nei）	观测杂合度（H_o）	期望杂合度（H_e）	F 统计量			基因流（N_m）
							F_{is}	F_{it}	F_{st}	
SS01	2	1.8186	0.6424	0.4501	0.6842	0.4518	−0.6326	−0.5312	0.0621	3.7742
SS02	5	1.6724	0.7954	0.4021	0.4812	0.4036	−0.4254	−0.1676	0.1089	1.1319
SS10	11	6.7567	2.1202	0.8520	0.6466	0.8552	−0.1086	0.2088	0.2863	0.6232
SS12	9	4.7615	1.7185	0.7900	0.6692	0.7930	−0.1470	0.1378	0.2483	0.7568
SS13	8	2.7178	1.3620	0.6321	0.2632	0.6344	0.3982	0.5979	0.3319	0.5033
SS16	6	1.8894	0.9536	0.4707	0.5639	0.4725	−0.4561	−0.1489	0.2109	0.9351
SS18	11	7.4090	2.1168	0.8650	0.6090	0.8683	0.0287	0.3424	0.3230	0.5241
SS19	6	2.5263	1.1444	0.6042	0.6917	0.6064	−0.3321	−0.1660	0.1247	1.7547
SS22	3	2.3249	0.9422	0.5699	0.1955	0.5720	0.2947	0.6588	0.5163	0.2343
SS24	7	2.3792	1.2069	0.5797	0.5338	0.5819	−0.4226	0.0380	0.3238	0.5221
SS26	6	4.9877	1.6926	0.7995	0.9774	0.8025	−0.6528	−0.2440	0.2473	0.7609
SS30	2	1.7610	0.6237	0.4321	0.6316	0.4338	−0.5914	−0.4114	0.1131	1.9607
SS32	5	2.8273	1.2071	0.6463	0.7293	0.6487	−0.6564	−0.1017	0.3349	0.4965
SS42	5	1.4121	0.6192	0.2918	0.3308	0.2929	−0.3874	−0.1208	0.1922	1.0507
均值	6.14	3.2317	1.2247	0.5990	0.5720	0.6012	−0.2909	0.0486	0.2630	0.7005

表4-9　木荷1代育种群体不同产地亲本的遗传多样性

产地	等位基因数（N_a）	有效等位基因数（N_e）	多态位点百分率/%	Shannon信息指数（I）	Nei's基因多样性指数（Nei）	观测杂合度（H_o）	期望杂合度（H_e）
FJJO	3.5714	2.7896	100.00	1.0199	0.5868	0.7545	0.6057
FJLC	3.5000	2.3331	100.00	0.9363	0.5275	0.5929	0.5553
FJYX	2.8571	2.3427	92.86	0.8642	0.5190	0.7143	0.5495
FJZH	3.5000	2.3914	92.86	0.8525	0.4482	0.5214	0.4718
FJSHC	3.4286	2.1670	92.86	0.7836	0.4087	0.4048	0.4228
FJNP	2.9286	2.0908	92.86	0.7777	0.4533	0.5714	0.4799
FJYA	1.8571	1.6905	78.57	0.5227	0.3571	0.5714	0.4762
JXSY	3.4286	2.4101	100.00	0.9736	0.5541	0.6607	0.5911
JXXF	2.7857	2.1254	100.00	0.7923	0.4789	0.5500	0.5041
JXYT	2.8571	2.1337	100.00	0.7923	0.4744	0.5714	0.5023
JXYJ	2.5000	1.8539	85.71	0.6459	0.3923	0.5089	0.4185
JXTG	2.0714	1.7387	71.43	0.5498	0.3543	0.5000	0.3937
ZJQY	2.5000	1.9071	92.86	0.6743	0.4152	0.5893	0.4429
ZJLQ	3.1429	1.9991	92.86	0.7202	0.4076	0.5195	0.4270
ZJSC	1.7857	1.5815	57.14	0.4215	0.2698	0.3810	0.3238
均值	2.8476	2.1036	90.00	0.7551	0.4431	0.5608	0.4776

表4-10　734个优树无性系的遗传参数

位点	N_a	N_e	I	H_o	H_e	PIC	无效等位基因频率
ss01	4	2.29	0.914	0.001	0.563	0.466	0.9950[***]
ss02	6	2.602	1.121	0.431	0.616	0.557	0.1841[***]
ss10	10	2.916	1.349	0.473	0.657	0.611	0.1595[***]
ss12	11	3.747	1.511	0.765	0.733	0.69	−0.0324
ss13	6	2.677	1.184	0.692	0.626	0.572	−0.0663
ss16	16	4.245	1.635	0.911	0.764	0.728	−0.0934
ss19	11	4.753	1.736	0.744	0.790	0.759	0.0262
ss22	14	4.868	1.759	0.965	0.795	0.764	−0.1026
ss24	10	2.861	1.342	0.288	0.65	0.605	0.3973[***]
ss26	8	2.802	1.214	0.531	0.643	0.577	0.0891
ss30	8	2.194	1.073	0.102	0.544	0.498	0.6873[***]
ss32	14	5.874	1.908	0.893	0.83	0.807	−0.0389
ss42	9	3.08	1.315	0.94	0.675	0.617	−0.1794
总计	127 (105)	44.908 (37.563)					
平均	9.769 (10.5)	3.454 (3.756)	1.389 (1.473)	0.595 (0.735)	0.684 (0.713)	0.635 (0.668)	

表 4-11　734 个优树无性系不同产地群体的遗传多样性

群组	种质数	N_a	N_e	I	H_o	H_e
HNCB	30	5.300	3.365	1.324	0.680	0.685
HNQY	23	5.200	2.857	1.223	0.737	0.627
HNSZ	22	4.000	2.593	0.982	0.545	0.516
JXXF	56	6.300	3.476	1.363	0.772	0.691
JXSY	48	6.100	3.371	1.347	0.769	0.677
JXCY	21	5.800	3.097	1.295	0.754	0.661
JXLN	21	5.200	3.283	1.299	0.781	0.664
JXYT	10	4.600	3.272	1.263	0.652	0.665
JXFY	7	3.300	2.641	0.980	0.714	0.560
JXTG	5	3.700	2.719	1.099	0.820	0.608
ZJLQ	57	6.600	3.562	1.389	0.738	0.696
ZJQY	28	5.500	3.141	1.287	0.699	0.663
ZJSC	24	4.800	3.132	1.228	0.658	0.648
FJJO	65	6.800	3.647	1.431	0.774	0.709
FJNP	57	5.800	3.413	1.338	0.718	0.672
FJYX	54	6.000	3.301	1.338	0.778	0.672
FJGT	49	5.500	3.326	1.291	0.773	0.664
FJLC	48	5.500	3.086	1.232	0.721	0.636
FJYA	30	5.100	3.089	1.261	0.699	0.654
FJSW	21	4.600	2.959	1.210	0.742	0.640
FJFZ	9	4.500	3.257	1.271	0.778	0.670
FJSX	9	4.400	2.933	1.143	0.744	0.600
FJSC	8	4.000	2.995	1.166	0.725	0.630
GDSX	32	4.900	2.943	1.147	0.620	0.581
平均		5.146	3.144	1.246	0.725	0.645

种子园建园无性系亲本及子代遗传多样性　林木种子园是良种繁育的主要形式和育种系统的重要组成部分，经营良好的种子园可提供大量遗传品质优良的种子用于林业生产。课题组 2011 年在浙江省兰溪苗圃建立木荷无性系种子园 20hm²，共 97 个无性系，分 8 个生产小区。利用 13 对 SSR 引物在种子园亲本群体中共检测到等位基因数 5～9 个，有效等位基因数 3.097，在子代检测到 5～11 个等位基因，子代群体有效等位基因数为 3.751，种子园内授粉亲本具有育种群体的高遗传多样性水平，其子代也能保持亲本所具有的高遗传多样性。木荷种子园子代遗传多样性明显高于风媒传粉的马尾松、油松、华北落叶松等针叶树种种子园自由授粉子代，而与其他成功建园的虫媒传粉阔叶树种，如巨桉、马占相思等种子园的

自由授粉子代遗传多样性相似（详见第五章）。

育种无性系亲本群体间的遗传分化 群体遗传学中衡量群体间遗传分化程度的指标有很多种，最常用的就是 F_{st} 指数，F_{st} 由 F 统计量演变而来，其针对一对等位基因，如果基因座上存在复等位基因，则需要用基因差异分化系数（gene differentiation coefficient，G_{st}）来衡量。F_{st} 取值范围[0, 1]，最大值为 1，表明等位基因在各地方群体中固定，完全分化；最小值为 0，意味着不同地方群体结构完全一致，群体间没有分化。木荷育种无性系亲本群体遗传分化系数 F_{st} 的均值为 0.263（表 4-12），说明 26.3%的分化存在于木荷的群体间，而 73.7%的分化存在于木荷群体内，木荷群体内部的遗传分化能力较强，且遗传变异的选择主要在群体内部进行。基因流（也称基因迁移）是指从一个物种的一个种群向另一个种群引入新的遗传物质，从而改变群体"基因库"的组成。通过基因交流向群体中引入新的等位基因，是遗传变异一个非常重要的来源，影响群体遗传多样性，产生新的性状组合。Wright 认为基因流 N_m>1 时，种群间存在着基因交流；N_m<1 时，种群间的基因交流较少，种群间出现遗传分化。木荷育种群体的基因流平均值为 0.7005<1，说明不同种源的木荷育种群体基因交流程度较低，已经出现了种群间的遗传分化。其固定系数平均值为 0.0486，木荷 1 代育种群体的 14 个位点中，纯合体占优势。AMOVA 分析显示木荷优树无性系种质群体间的遗传变异仅为 5.91%，而群体内的遗传变异显著，达到 94.09%（表 4-13），对木荷进行群体内的选育有望获得较高的遗传增益。

表 4-12 木荷 1 代育种群体遗传分化系数和基因流

位点	样本量	F_{is}	F_{it}	分化系数 F_{st}	基因流 N_m
SS01	266	−0.6326	−0.5312	0.0621	3.7742
SS02	266	−0.4254	−0.1676	0.1089	1.1319
SS10	266	−0.1086	0.2088	0.2863	0.6232
SS12	266	−0.1470	0.1378	0.2483	0.7568
SS13	266	0.3982	0.5979	0.3319	0.5033
SS16	266	−0.4561	−0.1489	0.2109	0.9351
SS18	266	0.0287	0.3424	0.3230	0.5241
SS19	266	−0.3321	−0.1660	0.1247	1.7547
SS22	266	0.2947	0.6588	0.5163	0.2343
SS24	266	−0.4226	0.0380	0.3238	0.5221
SS26	266	−0.6528	−0.2440	0.2473	0.7609
SS30	266	−0.5914	−0.4114	0.1131	1.9607
SS32	266	−0.6564	−0.1017	0.3349	0.4965
SS42	266	−0.3874	−0.1208	0.1922	1.0507
平均数	266	−0.2909	0.0486	0.2630	0.7005

表 4-13　　24 个木荷种质群体 AMOVA 分析

变异来源	自由度	平方和	变异组分	总变异百分率/%	P
群体间	23	291.076	0.166	5.91	<0.001
群体内	1444	3821.400	2.646	94.09	<0.001
总计	1467	4112.476	2.812		

育种无性系亲本群体遗传距离和聚类分析　　育种亲本间遗传基础差异越大，产生的杂交后代中越容易选出性状超越亲本和适应性较强的新品种。木荷 1 代育种群体无性系间遗传差异较大，遗传距离为 0.0233～1.6338。以产地为单位进行遗传距离分析，产地间的遗传距离为 0.0692～0.6272，福建南平和福建永安产地的木荷亲本群体遗传距离较近，福建连城和浙江遂昌产地的木荷亲本群体亲缘关系较远。24 个木荷优树无性系种质群体间遗传距离差异很大，为 0.030～0.804。木荷 1 代育种群体、优树无性系种质遗传距离与地理距离相关分析均不显著。因此，在育种亲本选配的时候，应同时考虑遗传距离和地理距离，以获得最大的遗传增益。

木荷 1 代育种亲本（133 份材料）在遗传距离为 0.32 时，被分成了 3 个类群（图 4-2）。类群 1 包含了 25 个主要来源为建瓯和连城产地的无性系，建瓯和连城皆位于木荷中心种源区，因此木荷的遗传物质基础相对要宽，遗传多样性高。类群 2 有 23 个无性系，分别来自福建的尤溪、洋口及政和等产地，相对于类群 1，类群 2 的无性系产地纬度要高一些。尤溪的 9 个无性系，以及余下的 85 个优树无性系皆聚在类群 3。由于地理位置和纬度不同，类群 3 内出现 2 个主要的亚群，其中一个类群主要包括龙泉、遂昌、庆元、余江、铜鼓和鹰潭等产地的优树无性系，其产地纬度较高，位于张萍等（2006）划分的中部种源区北部；另一亚群主要包括信丰、上犹、南平、永安和顺昌等产地的优树无性系，位于中部种源区南部。类群 3 的产地纬度普遍高于类群 1 和类群 2。从聚类图上可以看出，大部分无性系按照产地来源和纬度高低聚成小类群，如在遗传距离为 0.18 时，来自浙江庆元、龙泉、遂昌的无性系和来自江西余江、铜鼓及鹰潭的无性系地理位置相隔较远，但是产地纬度相似，因此聚集成一个小类群。根据 Shannon 多样性指数与纬度高低呈显著负相关得出，类群 1 无性系的遗传多样性最高，类群 2 的无性系遗传多样性次之，类群 3 的最低。可以选择类群 1 和类群 2 的优树无性系与类群 3 的优树无性系进行杂交，由于地理位置与纬度有明显差异，后代具备杂种优势。来自相同产地的多数无性系遗传距离较小，表现出较近的亲缘关系，选择亲本进行杂交育种时应避免产生这样的杂交组合。有个别无性系，如洋口的 SHC1 和上犹的 SY1 并未随着其他相同产地的无性系聚在一个小类群。无性系的分化是从福建开始的，与福建是木荷的中心产区有密切的关系。除此之外，利用分子标记直接在 DNA 水平进行种源聚类，可将木荷的中部种源区（南岭以北、浙江南部以南）再细分为偏南和偏北 2 个种源亚区。

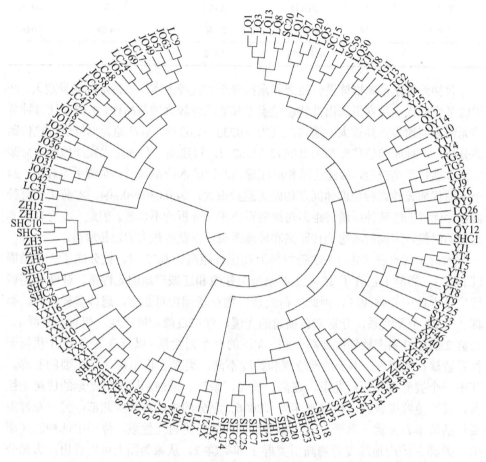

图 4-2　木荷 1 代育种群体聚类图

主坐标（PCoA）分析将 734 份木荷无性系种质划分为 3 个类群（图 4-3），福建、浙江和江西的资源在大范围内呈分散分布的模式，体现出其遗传背景的宽广。根据产地来源进行 UPGMA 聚类分析，以进一步探明木荷优树无性系种质的遗传多样性与地理来源的相关性，24 个产地无性系种质群体中，广东省、湖南桑植和福建沙县 3 个群体分别单独聚为一类，与其他种质群体遗传距离较远（图 4-4）。STRUCTURE 遗传结构分析将 734 份种质划分为 5 个群组，且优树无性系种质遗传结构与地理分布不完全相关，部分产地种质材料在 5 个群组中均有分布（图 4-5）。

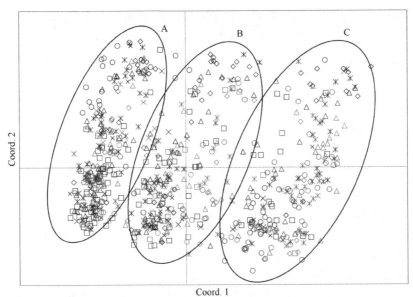

图 4-3　734 份木荷无性系种质主坐标分析（彩图请扫封底二维码）

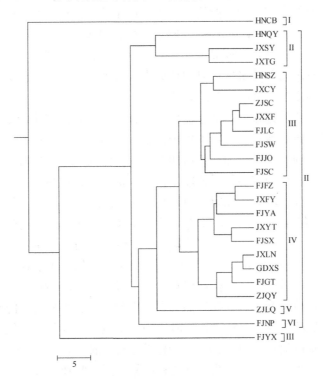

图 4-4　24 个群组的遗传距离聚类

图 4-5　734 份木荷无性系种质遗传结构分组（彩图请扫封底二维码）

四、核心种质构建及应用

植物种质资源是育种工作的重要物质基础，是决定育种效果的关键，世界各国都非常注重对种质资源的调查、搜集、评价、保存和利用。然而，大量的种质资源为植物遗传改良和品种选育提供了丰富遗传基础的同时，也给种质资源的搜集、保存及研究利用带来了困难。针对这一问题，Frankel 等于 1984 年首次提出核心种质（core collection）的概念，1989 年 Brown 将其进一步发展，将核心种质定义为以最小数量的种质资源和遗传重复最大限度地代表整个种质资源的遗传多样性，是资源深入研究、优良基因挖掘和新技术应用的核心子集，能够提高种质资源的有效利用率。核心种质构建最早应用于农作物上，如水稻（*Oryza sativa*）、小麦（*Triticum aestivuml*）、苎麻（*Boehmeria nivea*）、扁豆（*Lablab purpureus*）等主要农作物，而林木核心种质的构建工作相对滞后，育种学家对橄榄（*Canarium album*）、杏（*Armeniaca vulgaris*）、新疆野苹果（*Malus sieversii*）、白桦（*Betula platyphylla*）和欧洲黑杨（*Populus nigra*）等进行了初步研究。资源保存通常以田间保存为主，林木由于其多年生且树体庞大，占地面积大，管理费用高，因此，建立林木核心种质是十分必要和迫切的。

木荷核心种质构建建立在对木荷优树选择、性状分析和遗传多样性分析的基础之上，同时借鉴其他多年生木本植物核心种质构建方法。利用 SSR 标记技术，通过对比 4 种不同核心子集抽取策略和不同取样比例，最终以 M 策略（以等位基因最大化为标准进行的核心种质抽取）从 734 份优良无性系中抽取 115 份核心子集组成木荷核心种质群体，保留了原有种质 15.3%的遗传材料（图 4-6），其等位基因数（N_a）、有效等位基因数（N_e）、观测杂合度（H_o）、期望杂合度（H_e）和 Shannon's 信息指数（I）等遗传多样性指标的保留率分别为 93.8%、115.6%、98.8%、104.7%和 109.9%（表 4-14，表 4-15）。t 检验结果表明，利用 M 策略构建的木荷核心种质和原有种质的遗传多样性指数差异不显著。这说明利用 M 策略构建的核心种质对原有种质进行了有选择性的选取，剔除了冗余种质后，能够很好地体现原有木荷种质资源的遗传多样性。同时，构建了包含 115 份木荷无性系材料的核心种质的分子身份信息（图 4-7），每一份核心种质都有其唯一的分子身份信息，可以比较容易地将 115 份木荷核心种质材料相互区分鉴别出来。

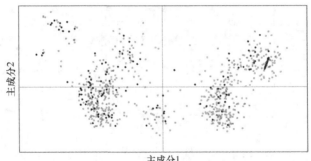

图 4-6　木荷核心种质与原有种质的主坐标对比

表 4-14　不同策略构建的木荷核心种质遗传多样性指标比较

构建方法	种质数	N_a	N_e	I	H_o	H_e
原有种质	734	128	45.10	1.39	0.60	0.68
M（15.3%）	115	120	52.14	1.53	0.59	0.72
SANA（10%）	75	90[*]	45.51	1.38	0.60	0.68
SANA（15%）	103	95[*]	44.09	1.37	0.59	0.68
SANA（20%）	144	95[*]	44.15	1.36	0.60	0.68
SANA（25%）	181	100	43.89	1.37	0.59	0.68
SANA（30%）	245	106	44.12	1.37	0.59	0.68
SAGD（10%）	75	87[*]	43.88	1.35	0.61	0.68
SAGD（15%）	103	97	44.61	1.37	0.59	0.68
SAGD（20%）	144	95[*]	43.67	1.35	0.60	0.67
SAGD（25%）	181	107	44.40	1.38	0.60	0.68
SAGD（30%）	245	100	43.68	1.35	0.60	0.67
R（10%）	75	90[*]	44.91	1.37	0.57	0.68
R（15%）	103	90[*]	44.16	1.36	0.57	0.67
R（20%）	144	96[*]	44.25	1.36	0.58	0.68
R（25%）	181	98	44.27	1.37	0.58	0.68
R（30%）	245	100	44.39	1.38	0.59	0.68

注：M. M 策略；R. 随机取样法；SAGD. 遗传多样性最大化法；SANA. 等位基因最大化法。*表示在 $\alpha=0.05$ 水平下核心种质与原有种质各项指标的统计检验的显著性。

表 4-15　M 策略构建的核心种质、保留种质和原有种质遗传多样性比较

种质	种质数	N_a	N_e	I	H_o	H_e
原有种质	734	128	45.10	1.39	0.60	0.68
核心种质	115	120	52.14	1.53	0.59	0.72
保留率/%	15.3	93.8	115.6	109.9	98.8	104.7
保留种质	639	124	44.63	1.38	0.60	0.68
保留率/%	84.70	96.90	99.00	99.00	100.00	100.00

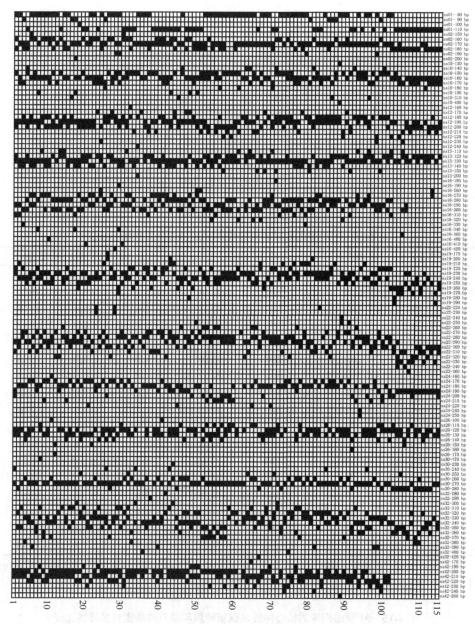

图 4-7　115 份木荷核心种质分子身份信息

第二节　育种亲本开花特性和杂交制种

　　利用木荷育种群体材料及木荷种子园建园材料，作者开展了木荷优树无性系亲本的开花习性、花期及结实规律等的研究，并进一步对优树无性系种质资源材料进行了鉴定和评价，为木荷杂交亲本选配及种子园建园亲本的选择提供依据。另外，通过利用种质资源库育种亲本材料，在木荷种间和种内开展育种亲本选配和杂交制种技术研究，采用半双列、巢式和单交等遗传交配设计，创制了一批杂交新种质，建立了木荷聚合杂交育种技术。

一、育种亲本花期特性

木荷是虫媒花，由于地理位置的限制以及物候条件光照、温度和降雨量等因素的影响，花期的早晚发生变化，花粉的传播距离和种子飞散的远近受到限制（图 4-8）。木荷花期较长，通常在 4 月底进入花期，7 月中旬花期结束。作者通过对 22 个木荷优树无性系花期物候观察记录结果发现（图 4-9），进入始花期最早的无性系为 FJLC2，时间是 5 月 15 日，持续 4 天，5 月 19 日进入盛花期，持续 6 天，5 月 25 日进入末花期，持续 2 天，共计 12 天。最晚进入始花期的是 ZJQY6、ZJQY9、ZJQY11 和 ZJSC1，时间是 6 月 9 日，持续 6 天，6 月 15 日进入盛花期，持续 13 天，6 月 28 日进入末花期，持续 3 天，共计 22 天。最早与最晚进入始花期的无性系开花日期相差 25 天。研究发现，来自较低纬度的优树无性系，如 FJLC2，最早进入花期，而来自纬度相对较高的优树无性系 ZJSC1 花期较迟。另

图 4-8　木荷开花情况（彩图请扫封底二维码）

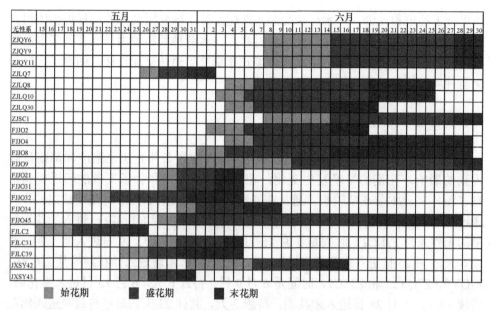

图4-9　22个木荷优树无性系花期记录（彩图请扫封底二维码）

外，来自较低纬度但海拔较高产地的优树无性系，如 ZJQY6、ZJQY9 和 ZJQY11，其花期也发生了明显的滞后现象。

优树无性系花期持续时间长短的数据显示，整个花期持续时间最短的无性系分别是 ZJLQ7 和 JXSY43，历时 8 天；花期持续时间最长的无性系分别是 FJJO9 和 FJJO45，历时长达 32 天。从观察结果看，22 个木荷优树无性系的始花期、盛花期和末花期的日期及持续天数差别很大。例如，同是来自浙江龙泉产地的无性系 ZJLQ7 和 ZJLQ10，花期却不重叠。多数木荷优树无性系的花期会随着纬度和海拔的增高而相应推迟，但也有个别优树无性系产地纬度较低，但是开花日期却并未提前（如 FJJO9），这可能与育种亲本无性系产地所处的海拔较高有关。根据产地纬度和海拔高低，可初步判定木荷无性系花期的早晚。花期的长短还与日照时数、温度和降雨量等有关。因此，在杂交育种亲本选配和种子园建园材料选择时须充分考虑育种亲本的产地纬度和海拔。

此外，木荷属不同种植物材料的花期不尽相同。通过在重庆地区对木荷属不同种植物的调查观测，作者发现西南木荷和木荷花期较为接近，其初花期在 5 月底 6 月初，盛花期在 6 月上中旬，而末花期在 6 月下旬；中华木荷和银木荷花期相对较晚，初花期在 6 月下旬，盛花期在 7 月，末花期在 8 月上旬。木荷属种间材料的花期不遇为人工杂交创制新品种带来了较大的困难，因此充分了解木荷属种间材料的开花特性，掌握种间不同植物的花期同步性对于今后大规模开展种间杂交尤为必要。

二、木荷杂交育种

1. 杂交制种技术

　　杂交育种是将两个或多个不同基因型材料通过基因重组，产生新的基因型，再经过选择和培育，获得新品种的方法。杂交育种可以将双亲控制不同性状的优良基因结合于一体，或将双亲中控制同一性状的不同微效基因积累起来，产生性状表现超过亲本的类型。正确选择亲本并予以合理组配是杂交育种成功的关键。

　　利用种质资源库育种亲本材料，根据多点子代测定结果回溯评价所选优树的优异性，用于创制优良杂交组合，通过杂交时段、套袋/去雄、授粉等技术探索，研建木荷杂交育种技术（图4-10）。

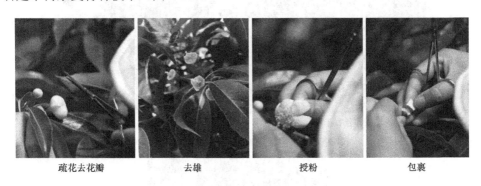

疏花去花瓣　　　　　　去雄　　　　　　授粉　　　　　　包裹

图 4-10　木荷杂交授粉过程（彩图请扫封底二维码）

　　杂交时段　杂交授粉工作于每年5～7月开展，具体时间根据无性系花期时段选择。一般一个无性系花期为7～10天，选择花期同步性强的无性系，前后可延长3～5天。授粉前，将父本待开放花朵套袋，保证花粉无外源污染。授粉当天，选择晴朗无云天气，早上9:00以后可开始授粉作业。

　　套袋/去雄　授粉时，在母株上选择未开放花朵，花苞松软时可进行去雄。用眼科手术剪（剪刀头细窄）剥开包裹花瓣，剪除雄蕊，避免损伤花柱。经过研究，认为木荷为晚期自交不亲和植物，因此，在大规模杂交时，可不用去雄直接授粉，降低工作量。

　　授粉　采摘套袋的已开花的父本花朵，待其散粉后，用雄蕊沾染已去雄的母株花朵雌蕊柱头，直至变黄，保证授粉完全，用医用胶带剪取小方块粘贴柱头，或者多头套袋，避免昆虫等所携带的外源花粉污染。父本花粉一天内尽快用完，避免花粉活性降低而保证杂交成效，每组合至少授粉500朵以上。套袋后7天应及时去除纸袋，避免柱头因高温腐烂死亡。通过以上技术，杂交制种坐果率为12.2%～38.54%，平均坐果率可达24.7%。

2. 已创制的杂交组合

2013 年启动了木荷的杂交育种工作。选用浙江龙泉木荷育种群体（种质资源库）和兰溪市苗圃木荷种子园优树无性系 67 个，通过半双列、巢式和单交等杂交组合设计，开展木荷杂交育种工作（图 4-11）。截至目前，完成控制授粉杂交组合 158 个，其中 2013 年 6×6 半双列杂交组合 21 个；2014 年亚系内杂交组合 25 个；2015 年 6×6 半双列杂交组合 21 个，4 个不同产地间授粉组合 7 个；2016 年巢式杂交组合 15 个；2017 年 4×4 半双列杂交组合 10 个，种间杂交组合 8 个，自交 16 个；2018 年 5×5 半双列杂交组合 15 个；2019 年产地间单交组合 20 个。

胶布包裹花柱

套袋隔离及人工授粉

套袋隔离

种间杂交

图 4-11 木荷杂交授粉现场（彩图请扫封底二维码）

经统计发现，木荷果实2年成熟（图4-12），木荷杂交组合坐果率为0～85%，平均为24.7%，总计收获种籽数70 766粒（2015年5530粒，2016年24 634粒，2017年24 858粒，2018年15 744粒），木荷种内杂交种籽千粒质量为1.69～9.76g，平均为4.81g，种间杂交种籽千粒质量为0.68～10.34g，平均为5.95g（图4-13，图4-14）。出苗4845株，平均出苗率13.25%。

杂交果实1　　　　　　　　　杂交果实2

杂交果实采收　　　　　　　　杂交果实收获

图4-12　木荷杂交果实及采收（彩图请扫封底二维码）

木荷×西南木荷F$_1$叶片　　　西南木荷F$_1$叶片（对照）

图4-13　木荷种间杂交子代苗叶片差异对比（彩图请扫封底二维码）

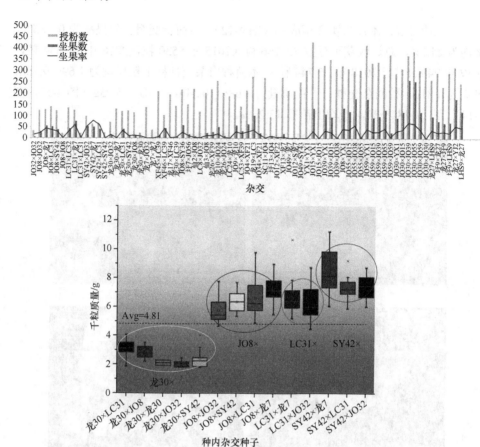

图 4-14　木荷杂交坐果率及千粒质量（彩图请扫封底二维码）

第三节　主要经济性状遗传变异和优良家系与个体选择

　　作者在木荷优树和种子园自由授粉家系的多点及多年度遗传测定研究的基础上，揭示了木荷生长、分枝、干型、材性和抗逆等家系遗传变异规律及家系与立地互作效应，分别不同栽培区综合优选了一批速生、优质和适生性强的优良家系和家系内优良个体供生产应用。

一、家系生长性状

　　家系林基本情况　利用2008年春季在福建建瓯和江西永丰两地点营建的130多个木荷优树家系测定林，以研究优树家系的生长和形质遗传变异规律。测定的家系来源于2006年在浙江龙泉、庆元、遂昌及福建建瓯4个县（市）优良天然林中所选的优树。福建建瓯（118°31′29.7″E, 27°8′20.4″N）和江西永丰（115°28′33.0″E, 27°16′15.8″N）两试验点均属于中亚热带海洋性季风气候。福建建瓯市的年均气温为 18.7℃，年降水量为 1723.2mm，无霜期为 282 天；江西永丰县的年均气温为 18.0℃，年降水量为 1627.3mm，无霜期为 279 天。

　　为提高测试精度，两地点均将木荷参试家系均匀地分为 3 个试验组进行测定，并以当地商品种（CK）作为试验对照。福建建瓯点第 1、第 2 和第 3 组的家系数分别为 45 个、45 个和 47 个，合计 137 个，江西永丰点第 1、第 2 和第 3 组的家系数分别为 45 个、41 个和 52 个，合计 138 个，两地点 3 个组共同拥有的试验家系数分别为 40 个、37 个和 33 个。两地点各试验组均按完全随机区组设计进行造林，5 次重复，10 株单列小区，株行距为 2.0m×2.5m。两地点的试验造林地前茬均为第二代杉木人工林，海拔 130～150m，立地条件中等。

　　家系生长情况　单点方差分析结果表明（表 4-16，表 4-17），福建建瓯和江西永丰两地点的 5 年生木荷树高、胸径和冠幅等生长性状均存在极显著的家系遗传差异，这为速生优良家系的选择提供了丰富的变异基础。例如，福建建瓯点第 1、第 2 和第 3 组的树高变幅分别为 3.80～5.80m、3.03～6.34m 和 4.42～5.44m，最大家系分别较最小家系高出 52.63%、109.24% 和 23.08%；胸径变幅分别为 2.40～4.50cm、2.70～6.29cm 和 3.50～4.88cm，最大家系分别较最小家系高出 87.50%、132.96% 和 39.43%。江西永丰点第 1、第 2 和第 3 组的树高变幅分别为 2.79～4.68m、2.70～5.19m 和 3.30～4.93m，最大家系分别比最小家系高出 67.74%、92.22% 和 49.39%；胸径变幅分别为 2.44～4.22cm、2.05～4.32cm 和 2.74～4.57cm，最大家系分别较最小家系高出 72.95%、110.73% 和 66.79%。在分枝等形质性状中，枝下高、最大分枝角、最大分枝粗、树干通直度及分杈干数的家系效应均达到极显著水平（除福建建瓯点第 3 组的最大分枝角性状外），尤以枝下高和最大分枝粗的家系效应最为显著，家系变异系数分别为 17.0%～29.0% 和 8.1%～23.8。与多数阔叶树一样，木荷也是一个易形成分杈干的树种，这会影响其优质干材的形成。分析结果显示，木荷分杈干数在家系间差异较大，有些家系无分杈干，有些家系则形成 1～3 个分杈干，两地点的家系变异系数分别为 10.0%～16.0% 和 21.0%～26.0%，这有利于无杈干或少杈干的速生优质家系选择。

　　进一步对 10 年生木荷优树家系 6 个主要经济性状进行方差分析，结果表明胸径、树高、材积和高径比均存在极显著的家系遗传变异。除第 1 组的树干通直度外，3 个试验组的树干通直度和圆满度在家系差异不显著，这也说明通过优树选择即可显著改良木荷干形指标。3 个试验组家系胸径变幅分别为 4.89～10.13cm、5.52～10.33cm、6.66～10.30cm，最大家系较最小家系分别高出 107.16%、87.14%、54.65%；树高变幅分别为 6.17～9.25m、6.30～10.30m、7.34～9.93m，最大家系较最小家系分别高出 49.92%、63.49%、35.29%，材积指数的变幅分别是 0.016 63～0.097 44m³、

表4-16 福建建瓯点木荷家系生长和形质性状的单点方差分析

试验组	性状	均值	变幅	变异系数/%	重复	家系	重复×家系	机误
第1组	树高/m	4.56	3.80~5.80	8.8	8.3578**	4.3417**	1.1255**	0.3959
	胸径/cm	3.58	2.40~4.50	11.4	12.8201**	4.3946**	1.0928**	0.3697
	冠幅/m	1.46	0.90~2.03	15.4	5.4369**	0.8720**	0.2099**	0.0990
	枝下高/m	0.76	0.53~2.73	29.0	3.0438**	0.2596**	0.0933**	0.0495
	最大分枝角/(°)	70.84	54.33~79.43	10.0	2509.7208**	583.0734**	177.0288	162.5029
	最大分枝粗/cm	1.61	1.00~2.58	18.7	4.7552**	0.5912**	0.2844**	0.1007
	树干通直度	3.87	3.58~4.33	8.0	2.3630**	0.0438**	0.0298**	0.0203
	分权干数	2.11	0.00~2.50	12.0	10.7467**	0.2601**	0.1884**	0.1228
第2组	树高/m	3.71	3.03~6.34	16.4	30.5947**	6.7282**	2.0886**	0.1469
	胸径/cm	3.70	2.70~6.29	15.1	20.7347**	10.1743**	2.0611**	0.3000
	冠幅/m	1.36	0.80~1.73	9.6	1.9697**	0.2151**	0.0987**	0.0279
	枝下高//m	0.47	0.33~1.10	25.1	1.4256**	0.2300**	0.0674**	0.0222
	最大分枝角/(°)	66.48	60.42~83.00	9.0	719.0048**	317.9698**	101.7225**	69.9876
	最大分枝粗/cm	1.16	0.99~1.45	8.1	1.1245**	0.3237**	0.1233**	0.0458
	树干通直度	3.67	3.10~4.50	8.0	1.9700**	0.2054**	0.0552**	0.0130
	分权干数	2.33	0.00~3.00	16.0	3.8901**	1.0840**	0.3861**	0.1700
第3组	树高/m	5.04	4.42~5.44	5.0	26.3848**	2.8489**	1.0630**	0.4946
	胸径/cm	4.39	3.50~4.88	6.7	57.8468**	4.0010**	1.4490**	0.6750
	冠幅/m	1.76	0.95~2.47	12.7	4.0191**	2.1265**	0.2787**	0.1174
	枝下高/m	0.66	0.43~1.00	17.0	6.9560**	0.6387**	0.0983**	0.0414
	最大分枝角/(°)	74.63	60.00~82.78	5.0	2381.9375**	159.8327	111.8001	128.2188
	最大分枝粗/cm	1.95	1.10~2.31	14.4	8.1690**	9.3027**	0.7102**	0.1498
	树干通直度	3.97	3.56~4.28	4.0	1.6233**	0.0398**	0.0312*	0.0241
	分权干数	2.39	0.00~2.82	10.0	9.0602**	0.3328**	0.2299**	0.1639

注：福建建瓯点第1、第2和第3组的重复、家系、重复×家系和机误的自由度分别为4、45、160和1036，4、45、149和882，以及4、47、155和1232。+、*和**分别为0.1、0.05和0.01显著水平。下同。

0.020 09~0.122 83m³、0.039 63~0.123 91m³，最大家系材积达到0.122 83m³，最大家系较最小家系分别高出4.86倍、5.11倍、2.13倍，高径比均值分别是1.13、1.07、1.09。胸径、树高和材积生长存在丰富家系变异，为选择速生、材积生产量大的优良家系提供了变异基础。

生长和形质性状的立地效应及互作 福建建瓯和江西永丰两地点的联合方差分析结果显示（表4-18），除第1组冠幅和最大分枝粗及第2、第3组的枝下高外，木荷多数生长和形质性状的地点效应均达到极显著水平。福建建瓯点家系平均树

表 4-17　江西永丰点木荷家系生长和形质性状的单点方差分析

试验组	性状	均值	变幅	变异系数/%	均方差 重复	家系	重复×家系	机误
第 1 组	树高/m	3.84	2.79~4.68	10.2	25.7487**	6.9338**	2.6776**	0.6994
	胸径/cm	3.35	2.44~4.22	12.6	36.8152**	5.9961**	3.8668**	0.9810
	冠幅/m	1.48	1.06~2.00	15.5	4.6176**	1.6914**	0.8669**	0.1344
	枝下高/m	0.59	0.20~1.01	25.2	1.9928**	0.5565**	0.4629**	0.0947
	最大分枝角/(°)	75.00	65.60~81.94	6.0	699.6338**	385.0538**	309.3087**	24.0209
	最大分枝粗/cm	1.62	1.12~2.65	19.0	5.8896**	3.2873**	2.0361**	0.4085
	树干通直度	4.39	4.03~4.71	4.0	0.1686**	0.0663**	0.0491**	0.0206
	分权干数	1.01	0.38~1.64	24.0	0.2566**	0.4121**	0.2218**	0.1108
第 2 组	树高/m	4.01	2.70~5.19	11.2	66.8030**	7.5356**	4.4242**	0.6585
	胸径/cm	3.24	2.05~4.32	15.1	49.8730**	8.3600**	3.1687**	0.8631
	冠幅/m	1.35	0.82~1.93	17.5	2.0365**	1.8500**	0.9586**	0.1400
	枝下高/m	0.51	0.15~0.76	20.6	0.6594**	0.2554**	0.1795**	0.0637
	最大分枝角/(°)	77.00	69.80~82.03	4.0	214.2244**	184.2008**	149.8632**	44.8298
	最大分枝粗/cm	1.26	0.77~2.15	21.2	3.8673**	1.7922**	1.1796**	0.2528
	树干通直度	4.17	3.41~4.80	7.0	0.1603**	0.2125**	0.1689**	0.0333
	分权干数	1.39	0.00~2.33	21.0	0.4960**	0.1890**	0.1371**	0.0666
第 3 组	树高/m	4.08	3.30~4.93	8.5	6.8941**	5.4482**	1.8668**	0.5493
	胸径/cm	3.42	2.74~4.57	10.8	1.8406+	5.2014**	1.4936**	0.7779
	冠幅/m	1.43	0.88~1.95	14.3	0.0751	0.8945**	0.5757**	0.0932
	枝下高/m	0.56	0.29~0.95	23.7	0.0856	0.6913**	0.3133**	0.0599
	最大分枝角/(°)	79.00	72.60~84.71	3.0	4.9414	104.2105**	79.0564**	26.0970
	最大分枝粗/cm	1.53	0.86~3.27	23.8	0.7663+	3.7313**	3.5291**	0.3355
	树干通直度	4.32	3.43~4.65	5.0	0.1043**	0.0989**	0.0744**	0.0202
	分权干数	1.35	0.00~2.25	26.0	0.1112	0.1461**	0.1277**	0.0598

注：江西永丰点第 1、第 2 和第 3 组的重复、家系、重复×家系和机误的自由度分别为 4、45、176 和 1372，4、41、156 和 1241，以及 4、52、185 和 1451。

高、胸径等生长量明显大于江西永丰点，如第 3 组 5 年生家系平均树高和胸径分别为 5.04m 和 4.39cm，较同组的江西永丰点分别高出 23.53% 和 28.36%，这是由于福建建瓯点地处木荷的优良种源区及中心分布区，水热资源较丰富，立地条件相对较好。在福建建瓯点的家系不仅平均树高和胸径生长量较大，而且分权干数相对较多，这意味着在较好立地条件生长的木荷家系更需开展早期修枝除萌，以达到优质干材培育的目标。除第 3 组的最大分枝角外，3 个试验组的测定结果证实了木荷多数生长和形质性状均存在显著的家系×地点互作效应，必须加强木荷优树家系的多点区域试验，估算不同家系的遗传稳定性，才能为不同立地条件选出速生且优质的家系。

表 4-18 木荷家系生长和形质性状的多点联合方差分析

试验组	性状	均方差					
		地点	重复/地点	家系	家系×地点	家系×重复/地点	机误
第1组	树高	239.116 6**	14.087 7**	3.830 0**	2.909 0**	2.107 6**	0.564 6
	胸径	27.607 9**	14.598 5**	4.497 0**	3.238 7**	2.179 2**	0.694 2
	冠幅	0.004 9	6.746 6**	1.231 6**	0.699 1**	0.551 2**	0.115 3
	枝下高	3.121 5**	2.393 4**	0.312 6**	0.257 5**	0.220 4**	0.070 2
	最大分枝角	3 340.834 8**	1 629.893 5**	349.702 6**	293.875 0**	239.413 4**	91.101 5
	最大分枝粗	0.028 0	16.217 2**	1.610 3**	1.381 0**	1.289 1**	0.272 4
	树干通直度	8.757 0**	1.022 2**	0.043 6**	0.037 9**	0.030 8**	0.020 2
	分杈干数	0.653 9*	4.931 5**	0.247 1**	0.178 6*	0.184 3**	0.120 5
第2组	树高	77.663 0**	39.184 9**	6.222 6**	2.359 2**	2.398 8**	0.447 9
	胸径	42.873 1**	37.334 3**	7.837 8**	2.410 4**	2.531 3**	0.604 3
	冠幅	0.849 7**	2.344 3**	0.830 3**	0.428 1**	0.409 3**	0.088 3
	枝下高	0.001 1	1.761 3**	0.133 6**	0.100 1**	0.143 2**	0.049 8
	最大分枝角	30 524.752 9**	773.478 8**	180.027 9**	106.598 1**	144.326 0**	60.074 4
	最大分枝粗	5.583 6**	2.366 5**	0.783 2**	0.549 3**	0.566 6**	0.164 0
	树干通直度	1.624 8**	1.311 8**	0.099 0**	0.089 7**	0.098 1**	0.025 8
	分杈干数	16.569 8**	2.838 7**	0.340 4**	0.194 8**	0.229 3**	0.117 8
第3组	树高	119.050 4**	5.035 7**	5.375 3**	3.154 9**	1.122 7**	0.546 1
	胸径	159.076 3**	14.780 5**	5.739 0**	3.732 1**	1.672 8**	0.739 8
	冠幅	26.740 1**	10.099 3**	0.603 8**	0.525 3**	0.675 5**	0.136 2
	枝下高	0.000 3	6.549 5**	1.742 4**	1.716 6**	0.780 0**	0.051 6
	最大分枝角	1 356.571 7**	1 652.716 8**	115.931 3	94.294 1	119.738 9**	93.053 4
	最大分枝粗	61.621 6**	44.218 5**	2.541 9**	2.335 3**	1.578 4**	0.272 2
	树干通直度	3.323 3**	0.663 6**	0.049 0**	0.032 6+	0.038 1**	0.022 6
	分杈干数	8.026 0**	3.298 5**	0.501 8**	0.337 4**	0.180 1**	0.120 7

注：第1、第2和第3组的地点、重复/地点、家系、家系×地点、家系×重复/地点和机误的自由度分别为1、8、39、39、294和1862，1、8、36、36、244和1559，以及1、8、32、32、205和1484。

二、家系性状所受遗传控制及遗传稳定性

生长和形质性状的家系遗传力 5 年生木荷树高、胸径和冠幅在福建建瓯和江西永丰两地点的家系遗传力估算值均较高（表4-19），其变化为0.36~0.87，说明木荷幼林生长受中等至偏强的家系遗传控制，这与桉树和杨树生长、分枝性状受到中度偏强的加性遗传控制的研究结果相似。木荷生长性状的家系遗传力估算值虽因分组的测定材料及立地条件不同而有变化，但总体估算值均较高，如福建建瓯点第1、第2和第3组树高的家系遗传力估算值分别为0.74、0.69和0.63。木荷树干通直度和分枝性状的家系遗传力估算值相对略低。

表 4-19　木荷家系生长和形质性状的家系遗传力估算值

性状	福建建瓯点			江西永丰点		
	第 1 组	第 2 组	第 3 组	第 1 组	第 2 组	第 3 组
树高	0.74	0.69	0.63	0.61	0.41	0.66
胸径	0.75	0.80	0.64	0.36	0.62	0.71
冠幅	0.76	0.54	0.87	0.49	0.48	0.36
枝下高	0.64	0.71	0.85	0.17	0.30	0.55
最大分枝角	0.70	0.68	0.30	0.20	0.19	0.24
最大分枝粗	0.52	0.62	0.92	0.38	0.34	0.05
树干通直度	0.32	0.73	0.22	0.26	0.21	0.25
分杈干数	0.28	0.64	0.31	0.46	0.27	0.13

通过对 10 年生木荷优树家系主要性状遗传参数估算，可以看出主要性状的遗传力因分组立地条件及测定材料不同而存在差异（表 4-20）。树高、胸径、材积和高径比在第 1 组中遗传力最高，其遗传变异相对其他组平均高 20%，而表型变异相对降低了 56%，通直度和圆满度在 3 个组中差异较大。整体来说，胸径、树高、高径比、材积的遗传力较高，其中胸径的家系遗传力最高（0.21～0.71），受中等偏强的遗传控制，材积次之（0.08～0.63），受中等遗传控制，树高（0.21～0.55）则受中等偏弱的遗传控制；通直度、圆满度遗传力较低，受中等偏弱的遗传控制。

表 4-20　木荷家系生长性状遗传参数估算

试验组	遗传参数	树高	胸径	材积	通直度	圆满度	高径比
第 1 组	h_F^2	0.55	0.71	0.63	0.58	0.26	0.65
	h_S^2	0.62	0.90	0.81	0.88	0.15	0.74
	G.C.V.	2.30	8.47	0.29	0.00	0.00	0.46
	P.C.V.	8.15	14.08	33.04	0.75	4.43	9.87
第 2 组	h_F^2	0.21	0.21	0.08	0.90	0.61	0.28
	h_S^2	0.21	0.19	0.07	0.00	0.90	0.21
	G.C.V.	1.66	1.20	0.004 6	0.00	−0.01	0.04
	P.C.V.	27.04	27.47	74.54	2.74	8.06	20.56
第 3 组	h_F^2	0.30	0.42	0.37	0.06	0.02	0.14
	h_S^2	0.23	0.36	0.30	0.03	0.01	0.09
	G.C.V.	0.82	2.93	0.14	0.00	−0.01	0.05
	P.C.V.	24.08	23.91	71.43	3.11	9.04	21.01

注：h_F^2，家系遗传力；h_S^2，单株遗传力；G.C.V，遗传变异系数；P.C.V，表型变异系数。

生长与形质性状的相关性　选用福建建瓯和江西永丰两地点具有代表性的第 3 组测定材料来估算木荷家系生长和形质性状间的相关系数（表 4-21）发现，性状间遗传相关系数总体上大于表型相关系数。木荷家系树高、胸径和冠幅间呈极显著的遗传正相关，遗传相关系数为 0.572～0.928。最大分枝粗与树高和胸径也

表 4-21　木荷家系生长和形质性状间的相关系数

地点	性状	树高	胸径	冠幅	枝下高	最大分枝角	最大分枝粗	树干通直度	分权干数
福建建瓯	树高		0.853**	0.623**	0.193	0.010	0.631**	0.100	−0.122
	胸径	0.928**		0.506**	0.385*	−0.001	0.481**	0.143	−0.019
	冠幅	0.679**	0.598**		0.075	0.055	0.161	−0.173	0.003
	枝下高	0.259	0.456**	0.089		−0.159	0.048	−0.119	0.320+
	最大分枝角	0.033	−0.009	0.106	−0.209		−0.253	0.239	0.169
	最大分枝粗	0.697**	0.587**	0.166	0.028	−0.341*		0.091	−0.129
	通直度	0.602**	0.789**	−0.281+	−0.247	0.974**	0.465**		−0.583**
	分权干数	0.177	0.281+	0.221	0.661**	0.435**	0.061	−0.481**	
江西永丰	树高		0.863**	0.768*	0.426**	−0.063	0.635**	0.176	0.085
	胸径	0.874**		0.577**	0.379*	−0.050	0.538**	0.205	−0.003
	冠幅	0.796**	0.572**		0.260+	−0.052	0.632**	0.141	0.007
	枝下高	0.437**	0.377*	0.245		0.002	0.217	0.274+	−0.054
	最大分枝角	−0.046	−0.063	−0.047	0.002		0.120	0.090	0.189
	最大分枝粗	0.935**	0.700**	0.916**	0.173	0.149		0.104	0.262+
	通直度	0.213	0.309	0.204	0.466**	0.392*	−0.091		−0.057
	分权干数	0.001	−0.117	−0.111	−0.266+	0.408**	0.196	0.042	

注：对角线以上为表型相关系数，对角线以下为遗传相关系数，$n_{福建建瓯}=47$，$n_{江西永丰}=52$。

呈极显著的遗传正相关，说明树高和胸径生长量大的家系具有较粗的分枝，对速生的木荷家系须加强早期修枝，以培育优质的干材。在家系水平，最大分枝角与树干通直度及分叉干数呈极显著的遗传正相关，与其他的分枝性状相互独立，为选择分枝角较小的家系提供了可能性。由于树高和胸径家系遗传力较高且两者呈显著的正相关，而分权干数与树高和胸径的相关性较小，由此可根据树高直接进行优良家系的选择，同时也是对胸径和分权干数的间接选择与改良。在立地条件相对较好的福建建瓯点，发现家系的树干通直度、分权干数与一些生长和分枝性状间存在显著的遗传相关性，但表型相关性却不显著。

10 年生木荷胸径、树高、材积之间表型均存在极显著正相关，表型相关系数为 0.633～0.921，高径比和材积之间呈极显著的负相关。胸径、树高与材积呈极显著的遗传正相关，遗传相关系数为 0.986～0.987，总体上表型相关系数小于遗传相关系数。胸径与材积的表型相关系数大于树高与材积的相关系数，胸径与材积的关系更密切，因此通过胸径来判断材积更可靠，可以开展木荷家系的速生与材积的联合选择。

优良家系选择　以 5 年生树高作为优良家系初选标准，并以当地商品种为对照，分别在福建建瓯和江西永丰两地点选择木荷优良家系 24 个和 17 个（表 4-22）。福建建瓯点第 1、第 2 和第 3 组各初选出 8 个优良家系，其树高分别较对照高出

表 4-22　福建建瓯和江西永丰两地点入选的速生木荷优良家系

试验组	福建建瓯			江西永丰		
	家系	树高/m	>CK/%	家系	树高/m	>CK/%
第 1 组	JO-6	5.39	24.84	LQ-13	4.68	16.19
	JO-29	5.37	24.48	QY-5	4.53	12.38
	QY-23	5.10	18.15	JO-43	4.42	9.68
	JO-63	5.07	17.45	JO-6	4.32	7.17
	QY-7	5.02	16.29	JO-50	4.31	6.79
	JO-32	4.95	14.67	JO-32	4.29	6.29
	JO-67	4.93	14.15	LQ-24	4.23	4.98
	SC-7	4.89	13.36	JO-61	4.21	4.44
	CK	4.32		CK	4.03	
	总体均值	4.56		总体均值	3.84	
第 2 组	JO-59	6.34	86.79	JO-42	5.19	8.28
	SC-16	5.50	62.05			
	JO-42	5.23	53.99			
	JO-3	4.36	28.41			
	LQ-25	4.04	19.00			
	LQ-22	4.03	18.65			
	JO-62	4.02	18.36			
	QY-16	4.00	17.85			
	CK	3.39		CK	4.79	
	总体均值	3.71		总体均值	4.01	
第 3 组	JO-10	5.44	4.83	JO-27	5.06	30.35
	QY-10	5.44	4.79	LQ-11	4.94	27.38
	JO-21	5.42	4.40	JO-37	4.85	25.01
	JO-19	5.37	3.37	JO-19	4.84	24.73
	LQ-26	5.35	3.01	JO-16	4.83	24.44
	JO-16	5.32	2.34	QY-9	4.57	17.88
	JO-12	5.32	2.34	QY-24	4.57	17.84
	JO-36	5.28	1.58	JO-33	4.51	16.40
	CK	5.19		CK	3.88	
	总体均值	5.04		总体均值	4.16	

13.36%～24.84%、17.85%～86.79%和 1.58%～4.83%；江西永丰点第 1、第 3 组各初选出 8 个优良家系，其树高分别高于对照 4.44%～16.19%和 16.40%～30.35%，由于第 2 组的当地商品种（对照）生长较好，所以只初选出 1 个优良家系 JO-42，其树高大于对照 8.28%。在福建建瓯点选出的优良家系中，来自福建建瓯产地的有 15 个，而在江西永丰点选出的优良家系中，来自福建建瓯产地的有 11 个，这

说明来自闽北建瓯产地的家系明显地优于来自浙南龙泉、庆元和遂昌产地的家系，也即表明木荷家系生长存在明显的产地效应，纬向变异规律明显。两地点共同拥有的 5 个初选木荷优良家系为 JO-6、JO-16、JO-19、JO-32 和 JO-42。浙江庆元的优树家系产地海拔较高，生长表现也明显不如来自福建建瓯产地的优树家系，但其具有抗寒能力强等优点，可适用于偏北或较高海拔地区推广应用，其优树无性系可作为育种亲本，与中心产区的优树无性系开展产地的杂交，以杂交聚合培育速生、优质和抗寒等新品种。

在福建建瓯试验点，以 10 年生木荷材积为选优标准，以当地商品种做对照，综合树高排名和材积大于当地商品种（对照）10%进行优树家系选择，共选出 32 个家系（表 4-23），入选的家系平均单株材积 0.081 84m³。第 1 组选出 11 个家系，高出对照 11.57%～75.04%；第 2 组选出 11 个家系，高出对照 10.63%～100.09%，最大家系材积为 0.122 83m³；第 3 组选出 10 个家系，高出对照 11.40%～78.31%。其中，大于对照（CK）20%和30%的家系分别有 21 个和 12 个，分别占总家系数（131 个）的 16.03%和9.16%。在入选的家系中，来自福建建瓯产地的家系 24 个，浙江龙泉产地的家系 6 个，浙江庆元产地的家系 2 个，无浙江遂昌产地的家系，建瓯产地的优良家系明显多于其他 3 个产地，也表明木荷家系生长具有明显的产地效应。优良单株材积超出对照范围31.23%～350.23%，最大单株材积0.339 43m³，最小单株材积0.088 69m³，平均材积为0.173 48m³。根据优良单株超出对照材积30%入选，最终获得 29 个优良单株材料（表 4-24）。

表 4-23　福建建瓯点基于单株材积的木荷优良家系选择

试验组	家系号	单株材积/m³	>CK/%	试验组	家系号	单株材积/m³	>CK/%	试验组	家系号	单株材积/m³	>CK/%
第1组	JO41	0.09744	75.04	第2组	JO5	0.12283	100.09	第3组	JO23	0.12391	78.31
	JO15	0.07852	41.05		JO59	0.09223	50.23		LQ26	0.10154	46.13
	JO50	0.07741	39.05		LQ14	0.08463	37.86		JO21	0.10092	45.23
	LQ28	0.06737	21.02		JO46	0.07977	29.95		JO49	0.09669	39.14
	JO11	0.06632	19.13		LQ9	0.07923	29.07		JO27	0.09414	35.48
	QY5	0.06580	18.19		LQ29	0.07649	24.60		JO16	0.09377	34.94
	JO61	0.06514	17.00		JO18	0.07541	22.84		JO26	0.08974	29.14
	JO6	0.06510	16.94		QY22	0.07444	21.25		LQ6	0.08803	26.68
	JO39	0.06472	16.25		JO40	0.07005	14.11		JO58	0.08754	25.97
	JO1	0.06357	14.19		JO31	0.06852	11.62		JO57	0.07742	11.40
	JO4	0.06211	11.57		JO62	0.06792	10.63				
	CK	0.05567			CK	0.06139			CK	0.06949	

表 4-24　福建建瓯点基干单株材积的木荷优良家系内良个体选择

试验组	单株号	单株材积	CK	>CK/%	试验组	单株号	单株材积	CK	>CK/%	试验组	单株号	单株材积	CK	>CK/%
第1组	4-1-JO41-2	0.154 84	0.075 39	105.38	第2组	3-2-JO5-3	0.292 61	0.075 39	288.13	第3组	3-3-JO23-2	0.339 43	0.075 39	350.23
	2-1-JO15-8	0.088 69	0.064 21	38.13		3-2-JO59-1	0.142 57	0.075 39	89.11		3-3-LQ26-2	0.304 82	0.075 39	304.32
	3-1-JO50-4	0.137 25	0.075 39	82.05		3-2-LQ14-2	0.146 14	0.075 39	93.84		3-3-JO21-1	0.311 90	0.075 39	313.72
	2-1-LQ28-8	0.149 09	0.064 21	132.20		1-2-JO46-6	0.132 81	0.085 33	55.65		3-3-JO49-1	0.190 51	0.075 39	152.70
	2-1-JO61-1	0.131 26	0.064 21	104.42		3-2-LQ9-1	0.187 10	0.075 39	148.17		3-3-JO27-1	0.171 93	0.075 39	128.05
	2-1-JO6-5	0.129 49	0.064 21	101.67		3-2-LQ29-3	0.168 80	0.075 39	123.90		4-3-JO16-1	0.247 86	0.075 39	228.77
	1-1-JO39-4	0.150 82	0.085 33	76.75		1-2-JO18-1	0.148 44	0.085 33	73.96		3-3-JO26-5	0.225 81	0.075 39	199.52
	1-1-JO1-4	0.111 97	0.085 33	31.23		3-2-QY22-1	0.119 81	0.075 39	58.92		3-3-JO58-1	0.140 82	0.075 39	86.79
	2-1-JO4-1	0.161 31	0.064 21	151.23		1-2-JO40-4	0.130 52	0.085 33	52.96		1-3-JO57-3	0.139 68	0.085 33	63.69
						1-2-JO31-3	0.170 80	0.085 33	100.16					
						5-2-JO62-3	0.103 79	0.075 39	37.67					

第四节　木荷的育种策略

作者在木荷近 20 年的遗传改良工作中,揭示出其具有丰富的种源间和种源内个体遗传变异,具有较大的遗传改良潜力,已完成了第 1 代遗传改良。然而,与世界上主要松、杉等针叶树种育种比较,木荷的遗传改良程度还较低,仍处于母树林和 1 代无性系种子园的初级阶段,以选为主,以育为辅,严重地影响了木荷优质高效人工林的发展。因此,根据其繁育生物学特性及其遗传改良进展,作者提出了木荷今后的改良策略,以持续和科学地开展木荷的遗传改良。

木荷不仅进行第 1 代遗传改良,而且还要实施长期的多个世代的育种工作。因此,木荷育种策略设计是培育新品种为目的的轮回选择过程,并将培育出来的品种进行繁殖和生产(图 4-15)。一个轮回选择育种过程包括 3 个阶段。第 1 阶段,选择收集育种材料,这是开展育种的基础工作。第 2 阶段,开展杂交与测定工作,不仅要利用自然变异,而且要通过杂交(交配)的手段创造变异,创造新的种质,为进一步选择提供新变异的来源。但是,无论从自然界选择的表型优树,还是通过杂交获得子代家系(组合),都必须经过测定评选,把真正好的优良遗传型评选出来。第 3 阶段,繁殖良种(包括种子和穗条),为生产应用提供优良的种植材料。一个完整的育种策略是一份详细的文件,需明确育种进程所有环节的设计、时间安排及实施等,包括选择、测定、育种及繁殖群体的发展,商业化品种的配置、基因资源的保存工作等(图 4-16)。

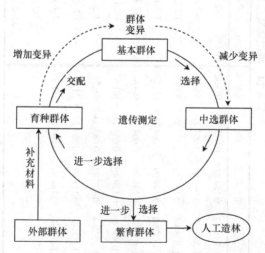

图 4-15　林木遗传改良的轮回选择过程(White et al., 2013)

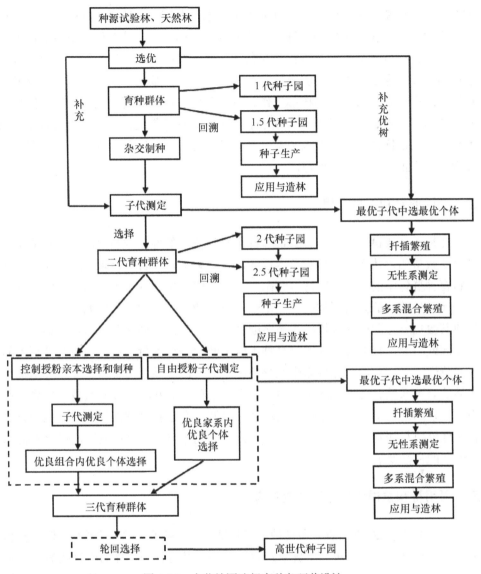

图 4-16　木荷轮回选择育种各环节设计

一、选择和杂交

遗传改良的目的是提高林木的遗传增益，其核心工作是选择和相互杂交。这些工作在每一改良周期中按顺序进行，都是从基本群体中选择优良个体开始。基本群体中的树木只根据其优良的表型（如干形、生长性状、结实量和抗性等）而被选中，木荷需含有 500～1000 株的中选树木。在第一个改良周期中，当把所有的入选树木集中在一个受到良好保护的地点，即形成了育种群体。使用多种不同的交配设计对育种群体成员进行相互杂交，通过有性生殖过程中等位基因重组产生遗传变异，通过营建子代测定林，形成下一周期的基本群体，这样就完成了育种循环过程中杂交与选择的核心工作。下一世代的育种周期将从建立的遗传测定林中选出新的入选个体开始（即新的育种群体）。在后期的高世代育种过程中，因为掌握了候选优树清楚的谱系关系，利用了优良亲本的有利等位基因，提高了选择效率，产生更多的遗传增益。

二、有性繁殖和无性利用

在每一个改良周期中，繁育群体都由育种群体的部分成员组成，其功能是生产足够数量的遗传改良良种和苗木以满足人工林培育项目的需求。通常在一个地点将育种群体中的最佳优树嫁接到砧木上，形成以生产种子为目的的集约经营。种子园是最普遍的繁育群体类型。基于木荷的遗传改良和技术研究的进展状况，目前其改良一方面应借鉴松杉等循序渐进的有性改良，即按第1、第2、第3代等种子园或轮回选择的程序，通过育种手段不断地提高木荷的遗传增益及其相关的优良特性；另一方面，无性系生长整齐、增益高，无性繁殖可极大提高林木优良个体的繁殖系数、提高林地生产力，应突破木荷扦插和组培等繁殖技术体系，在现有良种的前提下，选择木荷优良群体（种源、家系和育种群体）的优良个体进行无性繁殖与测定，进而应用于生产实践，以充分体现其良种效应，促进木荷遗传改良的良性发展。

三、以用材和抗逆为目标开展亚系育种

基于木荷近20年的研究和良种选择基础，应重视优良材料的结构，以用材和抗逆为目标开展亚系育种。实施亚系育种策略涉及将育种群体的所有成员分配到许多较小的亚系内，所有的亚系使用相同的选择标准，具有相同的育种目标。其中，亚系的组建遵循亲缘关系最小化、花期一致等原则，控制近交，扩大遗传基础，最大化提高遗传增益。育种群体的规模一方面根据长期育种的灵活性需要，维持群体的遗传多样性和长期育种的遗传增益；另一方面又要能获得近期育种的最大增益，并考虑到育种的成本。其管理内容包括建立基因库（育种园）、适当的交配设计，开展杂交、测定等工作，进而选择速生优质的木荷干材以及培育应对全球气候变化的多性状优良种质。

四、种间杂交创制新种质

种间杂交育种在林木中变得越来越普遍。为达到不断提供更优越木荷繁殖材料的目的，木荷可与红荷、银荷等开展种间杂交，培育在生长、抗逆和抗性等方面表现优于双亲的杂种。首先区分育种目标，选择花期相近、性状优异的各树种亲本无性系，在种间开展杂种的控制授粉工作。取得的杂种种质在多个立地开展生长及适应性测定评价，评选出生长表现最优的子代。在此，可利用树种间的加性遗传效应，同时也结合不同树种间的优良性状创造杂种优势，即木荷的抗逆、耐寒及红荷的树干通直、速生特性等。为提高亲本的遗传品质，可分别对木荷、红荷或银荷进行简单的一般配合力轮回选择。

五、分子辅助育种技术

随着科学技术的不断进步，育种策略逐渐由过去的传统育种演变成为现在的基于分子生物学技术的分子育种。育种学家希望在分子水平来鉴定和创造遗传变异，确定与变异有关的基因遗传特征（位置、功能以及与其他基因和环境的关系），认识育种群体结构，重组等位基因并将等位基因组合导入到特定品系或杂交种里，来选择具有合乎需要的遗传特征最好的个体（新品种），使它们能够适应各种环境。分子育种技术目前以分子标记辅助育种和遗传修饰育种（转基因育种）为主。分子遗传标记已经广泛地用来鉴定品种和有亲缘关系的物种之间隐藏的和新颖的遗传变异，用来提高目标性状的选择效率及从不同的遗传背景中聚合基因。基于全基因组测序的全基因组分子标记辅助育种，是目前及今后分子育种的发展方向。该技术将拓展野生种质资源中优异等位基因挖掘的广度和深度，显著提高复杂性状改良的可操作性和新品种选育的效率，对于保障我国森林资源可持续发展有十分重要的意义。利用全基因组分子标记对代表性的和全部遗传资源及育种材料进行分析，可以有效地考虑分子育种中面临的各种基因组和环境因素，发现目标性状相关基因，使目标性状的遗传图谱定位，跨越到基因组图谱和功能基因的精确定位。通过对特定基因组区域、基因/等位基因、单倍型、连锁不平衡区块、基因网络及这些因素对特定表现型的贡献，进行基因型鉴定、高通量精准表现型鉴定、环境型鉴定和全基因组选择等，具有革命性的意义。

利用流式细胞仪对木荷属下的木荷、银木荷、西南木荷、中华木荷、大苞木荷、小花木荷 6 个种的染色体倍性分析发现，木荷属材料为二倍体。利用根尖染色体压片法，观察木荷染色体为 $2n=36=36m$，绝对臂长为 0.8～2.7μm，为小染色体类型，染色体内次缢痕不明显，臂比值大部分均小于 1.5，表明染色体内不对称性低，染色体着丝点在中部，为 3B 染色体核型对称型（图 4-17）。现阶段已启动了木荷全基因组测序和注释工作，初步认为木荷基因组大小为854Mb。利用 132 个 F_1 杂交子代构建了高密度 SNP 遗传图谱，做图标记 6571个，总遗传距离 3362.56cM，平均遗传距离为 0.51cM（图 4-18），初步获得了14 个表型的 168 个 QTL 位点（Zhang et al.，2019）。木荷分子育种工作正在稳步开展，今后将会更快速、更容易、更有效和更高效地推进该树种的育种进程。

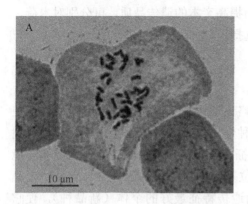

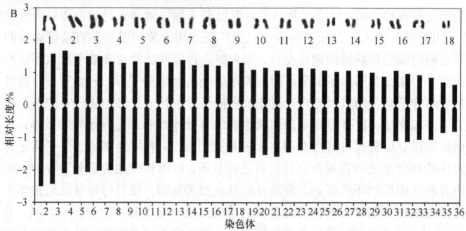

图 4-17　木荷染色体形态和核型分析图（彩图请扫封底二维码）

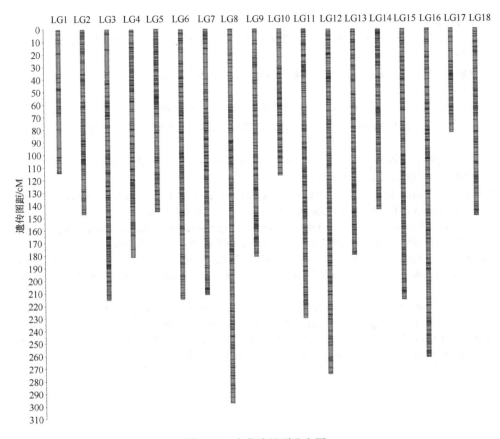

图 4-18 木荷连锁群分布图

参 考 文 献

丁丽亚, 金则新, 李均敏. 2008. 木荷种群在演替系列群落中的遗传多样性. 植物研究, 28(3): 325-329.

金则新, 李均敏, 蔡琰琳. 2007. 不同海拔木荷种群遗传多样性的 ISSR 分析. 生态学杂志, 26(8): 1143-1147.

金则新, 李均敏, 李建辉. 2007. 木荷种群遗传多样性的 ISSR 分析. 浙江大学学报(农业与生命科学版), 33(3): 271-276.

李建辉, 金则新, 李均敏. 2006. 木荷 ISSR 反应体系的建立与优化. 安徽农业科学, 34(19): 4857-4858, 4860.

辛娜娜, 张蕊, 范辉华, 等. 2014a. 5 年生木荷生长和形质性状的家系变异和选择. 林业科学研究, 27(3): 316-322.

辛娜娜, 张蕊, 徐兆友, 等. 2015. 木荷 1 代育种群体遗传多样性分析. 林业科学研究, 28(3): 332-338.

辛娜娜, 张蕊, 周志春, 等. 2014b. 不同产地木荷优树无性系生长和开花性状的分析. 植物资源与环境学报, 23(4): 33-39.

杨汉波, 张蕊, 王邦顺, 等. 2017a. 木荷优树无性系种质 SSR 标记的遗传多样性分析.林业科学, 53(5): 43-53.

杨汉波, 张蕊, 王邦顺, 等. 2017b. 基于 SSR 标记的木荷核心种质构建. 林业科学, 53(6): 37-46.

杨汉波, 张蕊, 周志春. 2016. 木荷种子园的遗传多样性和交配系统. 林业科学, 52(12): 66-73.

张萍, 周志春, 金国庆, 等. 2006. 木荷种源遗传多样性和种源区初步划分. 林业科学, 42(2): 38-42.

张一, 谭小梅, 刘伟宏, 等. 2011. 马尾松二代育种群体生长和开花结实性状. 南京林业大学学报（自然科学版）, 35(2): 1-7.

Jackson N, Turner H N. 1972. Optimal structure for a co-operative nucleus breeding system. Proceedings of the Australian Society of Animal Production, 9: 55-64.

James J W. 1972. Optimum selection intensity in breeding programmes. Animal Production, 14: 1-9.

White T L, Adams T, Neale D. 2013. Forest Genetics. ISBN 978-7-03-038388-4.

Yang H B, Zhang R, Zhou Z C, et al. 2017a. Pollen dispersal, mating patterns and pollen contamination in an insect-pollination seed orchard of Schima superba. New Forest, 3(48): 431-444.

Yang H B, Zhang R, Zhou Z C, et al. 2017b. The Floral Biology, Breeding System and Pollination Efficiency of Schima superba Gardn. et Champ. (Theaceae). Forests, 8: 404.

Zhang R, Yang H B, Zhou Z C, et al. 2019. A high-density genetic map of Schima superba based on its chromosomal characteristics. BMC Plant Biology, 19: 41.

（张蕊、杨汉波、张振等撰写）

第五章 木荷无性系种子园技术与良种生产

种子园是林木繁育系统的一个重要组成部分，是林木良种生产的主要形式之一，经营良好的林木种子园可为林业生产提供大量具有优良遗传品质的种子（沈熙环，1992；Kess and Elkassaby，2015）。在浙江、江西、福建、广东和重庆等省（直辖市），通过选优建园嫁接保存的方式，已营建多个 1 代无性系种子园。但木荷种子园刚投产，良种产量尚不能满足人工林发展的需要。因此，加强高产、优质和高抗的木荷新品种选育，提高木荷种子园的产量与质量，显然极为迫切。

动态更替式矮化种子园模式是近几年国内外实施的新型林木种子园精细化培育方式。通过开展木荷种子园的亲本选配、嫁接容器苗培育技术、园地选择与营建、宽行窄距的密度控制，并加强园地管理及树体管理等精细化培育，实现了木荷种子园的集约化经营，使林木种子园持续稳产高产，经营期可长达数十年。为实现木荷种子园优质、高产目标，著者开展了木荷种子园的遗传管理研究，揭示出种子园无性系年度间花期同步指数较为稳定，但无性系组合间花期同步指数存在极显著变异，可根据花期同步指数对无性系进行筛选和优化，同时辅以人工授粉等措施弥补花期同步性差异。木荷交配方式以异交为主，需要昆虫传粉，其中中华蜜蜂是木荷最有效的传粉者。木荷种子园无性系的花粉传播是随机的，没有固定的传播方向，传粉距离为 0～120m，其中 0～60m 为主要且关键区域。种子园与花粉污染源隔离距离应在 60m 以上，120m 以上为最佳。木荷种子园近交现象不明显，无性系之间基因交流相对充分，遗传多样性丰富，子代仍能保持亲本所具有的较高的遗传多样性。完善的木荷无性系种子园营建技术和高效的遗传管理体系，将为培育高产、优质、高抗的木荷种子园良种提供实践指导和理论基础。

第一节 矮化种子园营建模式和技术

在最近 40 多年时间里，我国对 30 多个主要造林树种，进行了种源选择与选优建园，各个树种都分别评选出相当数量的优良种源、优良家系与无性系，建立种子园生产优质林木良种。这些经过遗传改良的种质繁殖材料，在生产上得到了大面积的推广应用，为我国林木良种化与林木生产力以及经营效益的提高，作出了重大贡献。通过选优嫁接保存，已在浙江、江西和福建等地营建木荷 1 代无性系种子园，并加强了木荷种子园建园亲本的选择与管理。然而，木荷具有"花多果少"的产量格局，如何提高种子园的结实能力和管理水平，生产优质高产的种子是种子园经营者的主要目标。动态更替式矮化种子园是近几年国内外实施的一种新型林木种子园，因部分无性系生长表现差和结实少、结实母树衰老和死亡等原因导致缺失，通过不断补植以更换建园无性系或结实母株，经营期可长达数十年（图5-1）。动态更替式种子园建设条件是在矮化作业条件下实施，而在乔化经营条件下则无法实现。如图 5-2 所示，矮化种子园是林木种子园精细化培育的一种，类似果园的精耕细作，要求种子园内植株栽植规范，面积集中，便于经营管理，逐步使种子生产达到稳产高产。

图 5-1　木荷 1 代无性系种子园鸟瞰图（浙江兰溪，彩图请扫封底二维码）

图 5-2　木荷矮化无性系种子园（彩图请扫封底二维码）

一、动态更替式矮化种子园建园模式

1. 亲本选择

建园亲本应选择生长量、材质、干形和抗逆性等目的性状遗传品质优良和一般配合力高、较少亲缘关系、花期同步、种实产量较高的优树无性系，更替掉遗传品种差的结实少无性系，以及生长衰老和死亡的母树。不同育种区间建园亲本可有一定重叠，在满足种子园遗传多样性的前提下，提高遗传增益。种子园建园亲本选择方法与原则具体可参考国家林业行业标准《马尾松种子园营建技术规程》（LY/T 2427—2015）。

2. 更替技术

动态更替技术需培育嫁接苗。选择采用生长健壮的 1 年生木荷大容器苗为砧木，选择待更替的无性系或母株优树接穗嫁接保存，在苗圃培育优质的嫁接容器苗，实施随时更替。

二、嫁接容器苗培育技术

1. 嫁接时间

一般认为常绿阔叶树种在砧木树液开始上升前，利用带休眠芽的接穗嫁接容易成活。过早易遭遇倒春寒，导致接穗冻死，过迟则休眠的叶芽全部萌发而错过嫁接季节。由于木荷萌发抽梢时间随海拔的升高而推迟，因此，低海拔的木荷优树萌动早，应早采早接，高海拔的木荷优树萌动晚，可适当推迟嫁接时间，但不宜迟至 4 月下旬。生产上，夏末秋初也可采用切接法嫁接，成活率可达 80% 以上，但当年接穗生长量很小而不能用于翌年春种子园定植。

2. 接穗采集、储运和处理

接穗应选取优树树冠中上部 1～2 年生的生长健壮枝条或已建种质基因库（育种群体）中无性系分株上部 1 年生枝条，穗粗 0.5～1.0cm，芽眼健壮、饱满，每穗至少有 1 个饱满的腋芽或不定芽，最好 2～3 个。在外地采集的优树穗条，往往数量较多，在短时间内不能嫁接完，可放在常温冰箱（4℃）里储藏保鲜。具体做法是：先剪去穗条多余的枝、叶，分段截取穗条（全面剪除叶片、留下叶柄），枝段长 15～20cm，然后用橡皮筋整齐扎好，用湿毛巾（浸湿稍拧干）包住穗条或用湿的餐巾纸包住穗条的下端，再装入塑料薄膜自封袋密封好（尽量排净袋中的空气），置于常温冰箱冷藏保鲜或置于阴凉的室内常温储藏。如长途运输，应将包装好的穗条置于冷藏箱或保温箱中，如塑料泡沫箱内等。此外，也可将捆扎的接穗直立地插在室内干净的湿沙中储藏保鲜。

3. 砧木要求

砧木选择地径为 0.8cm 以上的 1～2 年生生长健壮、根系发达、顶芽饱满的木荷优质轻基质容器苗，或定植培育 1～2 年、根系发达、生长健壮、地径达 1.5cm 以上的木荷幼树。通过近几年来的生产性试验，作者认为可直接选用生长健壮、地径达 0.8cm 以上的 1 年生轻基质网袋容器苗进行嫁接，接后即换成稍大的容器（直径 14cm，高 18～20cm 的美植袋或塑料容器）在圃地培育轻基质的嫁接容器大苗，用于当年秋季或来年初春种子园定植。

4. 嫁接方法

3～4 月，采用切接的方法嫁接。剪取长 5cm 左右、粗 0.4～0.8cm、带 1～2 个饱满休眠芽的枝段做接穗，嫁接部位在砧木根颈以上 10cm 左右处，保留下部辅养枝 1 枝；或在根颈以上 10～20cm 处嫁接，对砧木嫁接部位以上 10cm 左右进行剪顶，保留部分辅养枝。

5. 接后管护

（1）检查成活情况与补接：枝接检查是否成活主要看是否萌芽和接穗的包皮是否鲜亮，如接穗有明显失水皱皮或萌芽后幼梢马上萎蔫，说明嫁接失败。嫁接失败后应及时补接。

（2）除萌、除花芽：砧木容易产生砧芽，嫁接后应及时去除砧木发生的大量萌蘗，除萌工作一直持续到 9 月，以免消耗养分，影响接芽生长。少数木荷嫁接苗成活后有膨胀花芽，应及时去除，以防止其抑制叶芽的发育。

（3）立柱：接活的木荷生长较快，遇大风易从接口处折断，一般在嫁接后 90～100 天接穗生长 30～40cm 时，立支柱引缚嫁接苗，同时解除接口处的绑缚物，否则不利于接口处加粗生长。

（4）追肥：5～8 月追肥 1～2 次，每次每株施复合肥 100g 左右。

（5）病虫害防治：木荷嫁接苗幼嫩，极容易发生根腐病、蚜虫等病虫害，应以预防为主，积极防治。移栽后及时喷施 800 倍甲基硫菌灵或 500 倍福美双等防治。虫害一般是食叶害虫，可用辛硫磷、阿维菌素和菊酯类乳油等进行防治。杀虫、杀菌同时进行，效果较佳。

三、园址选择和林地整理

1. 园址选择

园址选择是种子园营建中的重要考虑因素，园址在相当大程度上决定了未来十几年甚至几十年种子园种子的产量。建园材料自身遗传特性和外界环境是影响种子园稳定与高产因素的两个主要方面。适宜的园址不仅可以提高种子园整体效益，还有利于生产管理，对种子园今后的产量和品质都具有重要意义。因此，种子园应建立在适宜于木荷生长的生态范围之内，生态环境应有利于大量结实的地区，保证木荷的正常生长与发育，并有效防止外源花粉的污染。选择园址的关键应考虑两个方面的条件。一是园址所在地区的气候条件，对种子园母树的开花结实与种子生产，不致造成气象灾害。影响木荷开花结实能力的主要生态条件包括温度、降水量和海拔等，尤其是有效积温、日照时数、早晚霜、花期的降雨和温度等气候条件，是影响木荷种子园花期物候的重要因素，当气候条件不成为木荷开花结实的限制因素时，可就地建园。如气温较低，影响到开花结实，则可在供应繁殖材料地区的南方或在海拔较低的地段建园。二是园址要有适于母树生长的立地环境，要求地势较平坦或低缓山坡，光照充足，立地中等，海拔 50～350m。同时，种子园选择应建立在交通便利、管理方便，且集中连片的地区；种子园的位置与同树种林分需相隔 1km 以上的距离，避免园外遗传品质低的花粉侵入园内，将外源花粉的污染降低到最小程度。种子园每 10～15 亩区划为一个小区，小区与小区之间修建林道，宽度 1.0～1.5m，要求高于地面 15～20cm，林道两侧开排水沟。为防止种子园遭受人畜破坏，在种子园周围可设置生物绿篱，也便于种子园集约经营管理。

2. 林地整理

种子园的营建首先是选址和整地。通过选址以求建园地适于树种生长结实，通过整地改善土壤条件，促使土层深厚均匀而疏松，增强蓄水保肥性能，以利结实母树根系发展，充分吸收养分，提高种子产量与质量。我国南方林地坡陡，地面不平，土层深浅不一，土质贫瘠不均，缺乏灌溉水源等，建园时应针对这些特点，通过整地以改善地面不平、土壤结构和水分条件。近几年各地开展了很多种子园保墒的实践，木荷种子园的"两带一沟"保墒模式被认为具有良好的效果。整地时间一般在定砧和嫁接定植前一年的秋天。整地前全面清除杂树、杂灌和杂草。要求山场内清除所有林木，林木伐蔸在 10cm 以下，灌木尽量挖除树蔸，但禁止炼山。整地方式为水平整地，采用挖掘机施工作业，挖土填方，修筑成 1.5～2m 宽的水平栽植条带，深度 50～60cm，带间距 5～6m，水平条带地面平坦，土层深厚，改善了种子园的土壤条件。同时在两条水平栽植带之间的斜坡地面，劈抚不动土，保持生草带，最大限度地减少水土流失，并在水平栽植带面覆盖从斜坡地面劈抚的杂草，以增强土壤的持水保墒性能。

四、密度控制

相较过去营建的种子园密度，现在建园多采用宽行窄距（图 5-3）。多年实践证明，木荷种子园应当根据树种特性确定栽植密度。具体应根据以下几个方面的情况来确定：①木荷是喜光性树种，光照不足，生长受影响，栽植株行距大才有利于生长结实；②木荷花朵分布在整个树冠，培养大树冠扩大结实面，提高产量；③种子园母树矮化后，结实层下移，便于树体管理和种实采收，树高生长受到限制，而树冠横向扩展；④木荷为虫媒传粉，树体矮化后，增加树冠的横向生长，可提高授粉成功率，有效解决木荷花量大而结实产量低的问题。

具体实施方法：初春定砧和嫁接苗移栽前，带面中间开大穴，栽植穴规60cm×60cm×50cm，株行距(5～6)m×(7～8)m。栽植穴呈"品"字形排列。

图 5-3 木荷栽植密度（宽行窄距，彩图请扫封底二维码）

五、无性系配置

林木种子园无性系栽植有多种配置方式，生产中常用的有随机排列、分组随机排列、顺序错位排列、固定或轮换排列区组、棋盘式排列和计算机配置设计等。不论采用哪种配置方式，都应考虑下列几点原则：①花期一致的无性系应配置在同一生产小区，亲缘关系相近的无性系配置在不同生产小区；②同一无性系的分株应保持最大间隔距离，尽量避免自交和近交；③避免无性系间的固定搭配，使种子园各无性系之间充分随机授粉，扩大所产种子的遗传多样性；④采用的设计方式应便于施工及今后的经营管理。根据以上配置原则，新建木荷种子园可采用随机排列方法设计各小区的无性系配置，相同无性系间隔 20m 以上。具体实施方法：种子园建园无性系一般为 40 个左右，根据无性系产地来源、花期和花量等将其分成 2 组，在不同小区之间相间排列，表现优良和遗传品质高的无性系其分株数可多配置些。

第二节　园地管理和树体管理

林木种子园又称为"林木果园"，为促进种子园种子优质丰产，便于采种和生产等作业管理，降低经营管理费用，大多数树种的种子园都采取了截干矮化和精细化培育等技术措施，尤其针对结实周期长的树种，能显著提高林木结实量和经济效益。第一，早期对种子园及时加强园地和树体经营管理，促进开花结实和尽早投产，加速良种生产。第二，与传统种子园相比，矮化种子园的株间距较小，行间距增大，无性系栽植密度增加，单位面积结实母树数量增多，单位面积结实产量提高。但随着时间的推移，种子园仍会出现树冠间距逐渐减小的问题，为避免对开花结实的负面影响，对树体进行整枝、修剪和树形控制是非常必要的。同时，过于频繁的对树体进行修剪，会影响树体生长和开花结实量。加强科学施肥等经营管理，有助于保持树形和树冠，稳定种子园的结实产量。第三，因为树冠矮化，更便于球果采摘和病虫害管理等集约化经营管理，节约生产成本。第四，种子园无性系配置，亲本来源清晰，树体矮化便于进行人工辅助授粉，有助于育种改良工作。

一、园地管理

1. 抚育管理

种子园建成头两年，每年于 5～6 月和 9～10 月各抚育 1 次。5～6 月全面锄草、扩穴和培土，并除去木荷基部萌条。带间劈草抚育，将劈抚的杂草覆盖在树冠下，可起到土壤保墒作用，腐烂之后又是很好的肥料，提高土壤肥力，促进母树生长和结实。带面松土除草，松土深度为 5～10cm，培土高度为 5～10cm；9～10 月全面锄草和劈除杂灌木。第 3 年后，每年于 7～8 月进行全面劈草砍杂 1 次。

2. 水肥管理

根据园地土壤元素缺失情况和肥力来确定施肥种类和用量。一般以有机肥为底肥，配施复合肥。南方森林土壤有效磷含量很低，可适当多施磷肥。定植前，定点挖穴回填表土时，先每穴施 20kg 厩肥+0.5kg 氮磷钾复合肥或 0.5kg 过磷酸钙作基肥。建园初期每年 3～4 月和 6～7 月各施一次氮含量较高的三元复合肥，用量 100～200g/株次，11 月施一次腐熟厩肥，用量 10～15kg/株。进入投产期后，相应调减氮肥量。在每年采种后的 11 月至翌年 1 月，每株施 N、P、K 复合肥 0.5～1.5kg，11 月施厩肥 15～30kg/株。施肥采用树冠外围环状沟施法，施后覆土。利用抚育管理过程中劈除的杂草灌木和以耕代抚的作物秸秆覆盖树冠下保墒，夏季高温干旱时可在早、晚对种子园母树进行浇灌或喷（滴）灌。

3. 防治病虫害

木荷无性系种子园病虫害时有发生，应及时观测并针对性防治。主要病虫害及防治措施如下所述。

（1）褐斑病，可用50%多菌灵粉剂300～500倍液或70%甲基托布津500～800倍液或50%退菌特粉剂800～1000倍液，10～15天喷洒1次，连续2～3次进行防治。

（2）木荷空舟蛾，一般9～10月危害种群数量较大、虫口密度较高，可选用4.5%高效氯氰菊酯或1.8%阿维菌素乳油或20%吡虫啉乳油2000倍液，或25%灭幼脲Ⅲ号35倍滑石粉或"森得保"粉剂进行防治。

（3）大袋蛾，一般7～9月危害，可人工摘除虫袋，或在幼虫卵孵化盛期用90%敌百虫1000倍液或50%敌敌畏乳剂800倍液或40%乐果乳剂800倍液或25%杀虫双500倍液进行喷雾防治。

（4）樟刺蛾，在幼虫危害期可用90%敌百虫乳剂1000～1500倍液进行喷杀防治。

（5）茶长卷蛾，可在5月上旬幼虫1～2龄时用40%乐果乳剂1000～1500倍液或2.5%溴氰菊酯2000倍液喷雾防治，同时在冬季摘除虫苞。

（6）茶须野螟，可在幼虫发生期选用40%乐果乳剂1000～1500倍液或50%敌敌畏乳剂1000倍液喷雾。

（7）木荷叶蜂，可用50%敌敌畏乳剂1000～1500倍液喷雾，或于4龄幼虫前用林用烟剂熏杀。

4. 开花结实习性调查

木荷无性系种子园进入开花结实期后，要观测各无性系的开花期早晚、花量、花分布和球果产量及年变化，测定各无性系的种子品质。

5. 辅助授粉

木荷花量充足，但结实产量低，其中花期不一致、传授粉遇阻和落花落果是很重要的原因。一般采取一定的人工辅助授粉。具体的操作方式如下：①在种子园营建初期，充分掌握种子园亲本来源及开花结实习性等特征，优化种子园无性系亲本配置，保证无性系种子园的花期一致性；②中华蜜蜂是木荷最有效的传粉者，每年在开花初期，根据花期观测，及时组织养蜂户放蜂，促进授粉以提高坐果率和种子丰产；③掌握无性系开花期早晚，在生长、发育和繁殖的各个时期，通过喷施植物生长调节剂，调控种子园无性系的花期一致性，防止落花落果，增加种实产量。

6. 种子采收和处理

木荷种子每年 9 月下旬至 11 月上旬采收，当蒴果由青色变成黄褐色、有少量微裂时及时采收。可采用人工采摘或摇树采种。采回的蒴果先堆放 3～4 天，再摊晒取种，去除果壳等杂质，净化种子。收集的种子干燥、装袋和密封后宜放入 0～5℃的冷库或冰箱内储藏，也可在常温下室内凉爽干燥处储藏。

二、树体管理

1. 树体管理的目的

修剪是通过截顶、剪枝、除萌、弯枝和断根等一系列技术措施，使树体形成合理树形和调节果树的生长与结实，使其在一定条件下达到丰产、优质、低耗和高效的栽培技术。木荷为喜光性树种，要有充足的光照，使树体通风透光，以利于开花结实，而树体管理是达到这一效果的有效措施。树体管理主要解决以下问题。①调节生长和结果、衰老和更新的矛盾，合理的树形结构和良好的修剪可使树体生长良好，适时结果和高产，延长结果年限，更新复壮和推迟衰老过程。②调节水分和养分的运输和分配，提高树体各部分的生理活性。枝条的生长势或从生长向结果方向的转化，与养分、水分的运转方向、利用与消耗有密切的关系。木荷解除顶端优势后，树干基部休眠芽大量萌发，导致萌条丛生，消耗大量养分。修剪就是通过对枝条的剪留，促控局部或整体的生理活动状况，调节水分和养分的利用，达到调节树势、保证树体健壮，连年稳产高产的目的。③改善树冠通风透光条件，适当保留树冠基部和内膛结果性枝条，合理分配营养物质，降低无效消耗，增加结实体积，缓解木荷"花多、果少"的问题。同时，整形修剪必须结合施肥、灌水、防治病虫害等园地管理才能发挥应有的作用，达到早果、丰产、稳产、优质和生产期长的目的。已有研究表明，通过修剪、截顶等措施后，木荷结实能力显著提升。

2. 定干

种子园定植后，选留一个直立生长、长势健壮的主干于 80cm 处定干，并进行插杆绑扶，其余杈干全部剪除，及时抹除嫁接苗基部和定干剪口以下的萌条或萌芽。

3. 树形培养

采用疏散分层形树形，全树有主枝 5～6 个，分 2～3 层。第一层主枝 3 个，第二层主枝 2～3 个，每层主枝间距 80～100cm。疏除着生在主干上的过低、过密、细弱和重叠枝条，培养好健壮的一级主枝。同时，疏除拟保留主枝上的背上直立枝以及下垂枝（图 5-4）。

A 修剪前   B 修剪后

图 5-4　树体修剪前后对比（彩图请扫封底二维码）

4. 整形修剪

每年的 11 月至翌年的 2 月，待树干高度达 2.5～3m 时截顶。逐年疏除主干基部 60cm 以内的枝条，使树形呈下宽上窄的宽圆锥形或广卵形。短截一级主枝和主干过长枝，促进二段主枝的发育，疏除一级主枝的背上枝和主干上的辅养枝，短截长势旺盛的一级主枝的顶梢，通过控枝和拉枝等调整一级主枝的分枝角度至 60°左右。进入结果期后，适当疏除过密和过弱的结果枝，保持树冠内膛通风透光（图 5-5）。

图 5-5　树冠内膛结果枝（彩图请扫封底二维码）

第三节　遗传管理

种子园生产的种子为生产造林提供大量的用种，而种子园种子的遗传品质，对种子育苗的成活率及造林质量具有很大影响。然而，种子品质涉及多种因素，花期同步性和交配系统是影响种子园种子产量和遗传品质的重要因素。树种的遗传学特性决定了其交配系统的模式和作用机制（赖焕林等，1997）。木荷为雌雄同花、异花授粉植物，传粉方式不同于其他风媒传粉树种，其种子生产必须依靠昆虫传粉。研究表明，虫媒传粉树种的交配系统受传粉昆虫行为和效率的影响，因此，开展种子园遗传交配系统及传粉生物学研究对木荷遗传品质改良具有重要的实际指导作用。种子园亲本间花期同步性的高低影响种子产量和质量，亲本花期同步性低，导致亲本间基因交流不充分，从而降低种子园种子的产量和遗传品质（Torimaru et al.，2009）。木荷具有"花多、果少"的产量格局，无性系的开花物候特征是影响生殖成功率和坐果数的关键因子之一（Ollerton and Lack，1992；Abe，2001；Primack，2003）。分析种子园花期同步指数能有效评估种子园的随机交配状况及遗传增益水平，对种子园辅助授粉工作及去劣疏伐提供重要的理论基础和实践指导（陈晓阳和黄智慧，1995；Torimaru et al.，2009）。目前，国内外许多建园树种，如油松（*Pinus tabulaeformis*）（李悦等，2010）、马尾松（*P. massoniana*）（谭小梅，2011）、北美红栎（*Quercus rubra*）（Alexander and Woeste，2016）、辐射松（*P. radiata*）（Codesido et al.，2005）、柚木（*Tectona grandis*）（Lyngdoh et al.，2011）和杉木（*Cunnighamia laceolata*）（方乐金和施季森，2004）等都开展了种子园花期同步性和交配系统相关研究，并为种子园经营管理提供了切实有效的科学指导。

一、无性系开花结实规律和无性系同步性

1. 无性系花期观测结果

作者通过对各无性系花期物候分析（图 5-6），发现浙江省兰溪市苗圃木荷种子园无性系与保存在浙江省龙泉市的优树无性系的开花持续时间基本一致，但种子园无性系的始花时间早于浙江省龙泉市的同一无性系，这可能与两地不同的土壤环境、海拔和降雨量等气候条件有关（辛娜娜，2014）。在整体水平上，2016 年种子园各无性系的始花期、盛花期和末花期较 2015 年存在较为明显的延迟现象。2015 年仅存在一个开花高峰时段（5 月 27 日），降雨量仅 4.4mm，而 2016 年存在两个开花高峰时段（5 月 25 日和 6 月 3 日），其中第 1 个开花高峰时段降雨量与 2015 年基本相同，为 4.1mm，而第 2 个开花高峰时间降雨较多，

为 33.2mm（图 5-7）。2016 年降雨量相对较多，阴雨天气和较低的温度是决定木荷开花模式及造成花期延迟的重要环境因素。

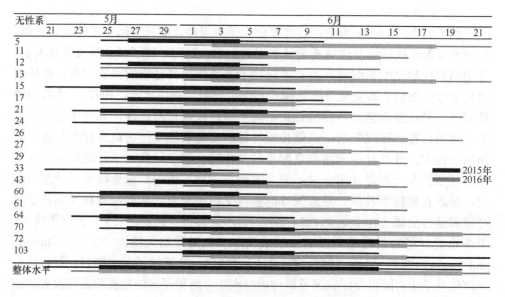

图 5-6 木荷种子园无性系花期观测结果

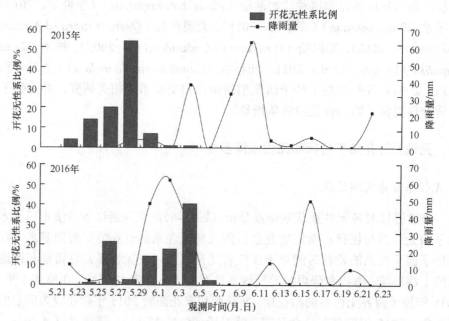

图 5-7 种子园无性系在各时段开花比例与降雨量

相对开花强度能有效衡量植物的花资源时空分布，也能对花粉的散布动态产生影响，其计算方法为：相对开花强度=N1/N2，其中 $N1$ 表示某无性系单株在其开花高峰日开放的花朵数量，$N2$ 表示种子园中的无性系单株在其开花高峰日开放的单株最大花朵数量（Herrera，1986）。另外，相对开花强度的偏斜度（g）是对相对开花强度频率分布偏斜方向及程度的度量（杜荣骞，2009）。与大多数植物一样，木荷种子园无性系具有较低的相对开花强度，分布频度集中在 10%～30%（图 5-8）。种子园无性系个体开花强度的偏斜率为 1.88，其中 10.0%左右的相对开花强度分布频度最高，达到总频度的 42.4%，表明在种子园内具有相对开花强度极高的无性系 （21 号和 29 号无性系）。

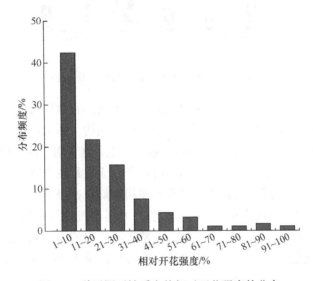

图 5-8　种子园无性系个体相对开花强度的分布

2. 开花指数与生殖成功的相关分析

开花物候直接影响植物授粉受精的成功率（Rathcke and Lacey，2003）。木荷种子园无性系的坐果数与花量和花期长度均有着极显著的正相关关系。对木荷种子园无性系而言，开花数量大、花期持续时间长有助于吸引更多的传粉昆虫，增加传粉机会，提高传粉效果，从而提高花朵的授粉成功率，增加坐果机会。

3. 无性系组合间花期同步指数变化

种子园无性系花期同步性分析能有效地指导种子园的经营管理和无性系的再选择（李悦等，2010）。75%左右的无性系与其他无性系间的花期同步指数大于 0.6，表明这些无性系之间的花期同步性较高（图 5-9），但仍有约 14%（2015 年）和 13%（2016 年）的无性系间的同步指数低于 0.5，这不利于木荷种子园内无性系之间充分的随机交配。而不同产地间无性系的花期同步指数的差异较大（表 5-1），

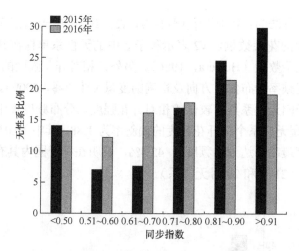

图5-9　花期同步指数范围内无性系所占比例

如17号和21号（福建建瓯）与来自相同产地的（如福建建瓯的12号和13号）无性系的花期同步指数均较高，而与来自其他产地的（如来自浙江龙泉的5号和福建南平的72号）无性系的花期同步指数均较低，这表明产地温度、海拔和经纬度等地理气候因子和遗传特性是影响木荷种子园无性系花期同步性的重要环境和遗传因素。种子园年度内的无性系花期同步指数均存在极显著变异，变异系数为25.8%，表明根据花期同步指数对木荷无性系种子园进行筛选和优化的潜力较大。种子园无性系之间花期同步稳定性使得在整个花期内的每个无性系均有机会接受其他无性系的花粉，同时也能为其他无性系提供花粉（Codesido et al.，2005）。

4. 年度内和年度间花期同步指数变化

2015年度内各无性系的花期同步指数主要集中在大于0.8的范围内，其中大于0.9的无性系相对较多；而2016年度内各无性系的同步指数在大于0.6的各个范围内分布较为均匀，0.8～0.9范围内分布的无性系相对较多。2015年和2016年平均花期同步指数变动系数分别为12.02%～46.48%和15.38%～51.20%，平均为25.21%和26.28%（表5-2）。单因素方差分析表明，种子园2015年和2016年年度内花期同步指数均存在极显著变异（2015年：$F_{18, 341}=5.84$，$p<0.01$；2016年：$F_{17, 305}=4.82$，$p<0.01$）。

从整体来看，年度间花期平均同步指数变化范围为0.406～0.857，平均为0.737。单因素方差分析结果显示，年度间花期同步指数间不存在显著变异（$F_{1, 35}=1.387$，$p=0.247$），2015年与2016年的花期同步指数呈正相关（$r=0.229$；$p=0.361$），说明木荷种子园无性系间的花期同步性具有一定的年度稳定性。

表 5-1　木荷种子园各无性系之间的花期同步指数（下方为 2015 年花期同步指数，上方为 2016 年花期同步指数）

无性系	整体水平（2015年）	5	11	12	13	15	17	21	24	26	27	29	33	43	60	61	64	70	72	103	整体水平（2016年）
5	0.558		0.449	0.308	0.879	0.394	0.308	0.656	—	0.813	0.474	0.505	0.080	0.777	0.512	0.385	0.786	0.918	0.857	0.917	0.589
11	0.797	0.636		0.849	0.553	0.906	0.892	0.761	—	0.682	0.865	0.931	0.645	0.604	0.793	0.676	0.735	0.537	0.640	0.468	0.705
12	0.822	0.500	0.913		0.591	0.929	0.984	0.753	—	0.715	0.928	0.881	0.662	0.659	0.884	0.905	0.659	0.546	0.594	0.327	0.716
13	0.831	0.511	0.820	0.920		0.632	0.577	0.842	—	0.950	0.719	0.677	0.246	0.936	0.706	0.646	0.879	0.988	0.917	0.822	0.739
15	0.811	0.432	0.880	0.926	0.919		0.975	0.876	—	0.762	0.980	0.978	0.570	0.695	0.829	0.748	0.773	0.595	0.701	0.422	0.751
17	0.857	0.702	0.881	0.924	0.961	0.886		0.789	—	0.709	0.956	0.932	0.642	0.640	0.852	0.827	0.681	0.534	0.620	0.325	0.720
21	0.854	0.645	0.872	0.906	0.969	0.933	0.981		—	0.922	0.907	0.902	0.377	0.911	0.796	0.685	0.951	0.814	0.856	0.710	0.795
24	0.844	0.503	0.869	0.962	0.982	0.955	0.951	0.963		—	—	—	—	—	—	—	—	—	—	—	—
26	0.737	0.779	0.838	0.828	0.744	0.707	0.881	0.804	0.748		0.844	0.798	0.323	0.982	0.817	0.737	0.949	0.938	0.925	0.832	0.806
27	0.831	0.435	0.789	1.000	0.990	0.900	0.931	0.943	0.972	0.698		0.958	0.504	0.788	0.879	0.786	0.826	0.684	0.749	0.526	0.787
29	0.591	0.074	0.704	0.721	0.698	0.848	0.599	0.700	0.761	0.333	0.722		0.524	0.731	0.821	0.706	0.831	0.656	0.766	0.549	0.773
33	0.798	0.297	0.814	0.936	0.909	0.927	0.825	0.871	0.946	0.559	0.925	0.887		0.282	0.582	0.633	0.360	0.204	0.271	0.000	0.406
43	0.788	0.750	0.879	0.882	0.841	0.790	0.917	0.861	0.860	0.897	0.781	0.435	0.701		0.791	0.727	0.942	0.916	0.869	0.831	0.770
60	0.804	0.368	0.870	0.937	0.951	0.946	0.892	0.915	0.966	0.671	0.953	0.851	0.965	0.772		0.881	0.805	0.679	0.654	0.579	0.756
61	0.769	0.299	0.754	0.908	0.960	0.908	0.872	0.895	0.963	0.606	0.973	0.798	0.949	0.729	0.967		0.648	0.600	0.559	0.393	0.679
64	0.791	0.412	0.841	0.893	0.902	0.958	0.864	0.922	0.930	0.670	0.915	0.853	0.929	0.705	0.922	0.892		0.868	0.879	0.841	0.789
70	0.808	0.838	0.877	0.851	0.847	0.773	0.953	0.908	0.838	0.942	0.811	0.454	0.679	0.899	0.771	0.714	0.769		0.926	0.863	0.722
72	0.552	0.882	0.591	0.525	0.510	0.462	0.681	0.631	0.514	0.759	0.441	0.132	0.320	0.703	0.384	0.342	0.430	0.781		0.804	0.740
103	0.567	0.975	0.656	0.515	0.523	0.443	0.719	0.659	0.516	0.800	0.444	0.076	0.305	0.774	0.378	0.307	0.421	0.834	0.857		0.601

"—" 表示该无性系已死亡或未开花。

表 5-2　种子园无性系的平均花期同步指数变异系数　（单位：%）

无性系	观测年度		无性系	观测年度	
	2015 年	2016 年		2015 年	2016 年
5	42.24	43.33	29	46.48	19.78
11	12.02	21.75	33	37.47	51.20
12	19.11	28.34	43	14.53	22.07
13	19.96	25.88	60	26.42	15.38
15	22.32	24.56	61	30.20	21.15
17	12.78	29.13	64	23.64	18.46
21	13.61	17.43	70	14.20	28.85
24	19.98	—	72	36.36	23.27
26	19.19	19.45	103	41.29	42.62
27	27.14	20.39	平均	25.21	26.28

二、木荷主要传粉昆虫的传粉行为和传粉效率

1. 主要传粉昆虫及其传粉行为

　　木荷种子园的有效传粉者有多种，属于泛化传粉。观测发现，主要稳定的传粉昆虫为中华蜜蜂（*Apis cerana*）、白星花金龟（*Protaetia brevitarsis*）和棉花弧丽金龟（*Popillia mutans*）（图 5-10）。除上述 3 种主要的传粉昆虫外，木荷花还有少量的蝶类等传粉昆虫，如种子园内偶尔还可以观察到菜粉蝶（*Pieris rapae*）、云豹蛱蝶（*Nephargynnis anadyomene*）、榆凤蛾（*Epicopeia mencia*）及家蝇（*Musca domestica*）等昆虫访花。在木荷与传粉昆虫间未形成稳定的组合，说明木荷缺乏忠实的传粉者功能群（李俊兰等，2011）。

图 5-10　主要访花昆虫（彩图请扫封底二维码）
A. 中华蜜蜂；B. 棉花弧丽金龟；C. 白星花金龟

　　中华蜜蜂（图 5-10A）在单花上停留时间差异较大，停留时间短者只有 1～2s，而长者可达 68s，平均为 10.83s。中华蜜蜂在访问花朵时，伸出长喙至花蜜腺吸食花蜜。由于花盘基部着生大量雄蕊，中华蜜蜂胸部腹板、腹部腹板、足与尾部与

花药接触面积较大而携带大量花粉。当访问过一定数量的花时，它会停在木荷叶片或者地上，用前足清扫身体上的花粉。中华蜜蜂通常通过飞行在不同的花朵中吸食花蜜，其胸腹部为最常接触雄蕊花药和雌蕊柱头的部位，同时也是接触柱头力度最大的部位。因此，中华蜜蜂对木荷花的传粉方式为腹触式传粉。棉花弧丽金龟（图 5-10B）和白星花金龟（图 5-10C）体型较大，被较丰富的刚毛，易携带大量花粉，且种群数量较大，因此，也有利于木荷的传粉。棉花弧丽金龟和白星花金龟以花粉作为报酬，有时也会伸入花盘底部，试图取食花蜜。由于长时间停留在同一花朵或花序上进行交配，因此木荷为金龟类提供的酬物还包括繁殖场所（图 5-10C）。棉花弧丽金龟和白星花金龟口器附近、足及胸腹板均黏附大量显眼的花粉，它们在花朵间飞行取食，经过雌蕊柱头时，其足、胸腹部均能与柱头接触，因此棉花弧丽金龟和白星花金龟对木荷的传粉方式也为腹触式传粉。

中华蜜蜂、白星花金龟和棉花弧丽金龟均为泛化传粉昆虫，能够对多种植物的花进行访问并采集花粉。3 种传粉昆虫携带花粉的同质性，可能与金龟类甲虫飞行能力较弱，而中华蜜蜂访花具有一定的恒定性有关（孙士国，2005）。金龟类传粉昆虫口器的外颚叶末端上有起伏的刚毛，利于取食花粉；虫体上被长且密的刚毛，有利于携带花粉；而木荷花具有个体较大且聚集成总状花序、子房下位、雌蕊先熟等特点，借助着这种形态上的相互适应，木荷为金龟类昆虫提供食物和栖息场所，金龟类昆虫为木荷传授花粉，以助木荷异花受精。

2. 传粉昆虫体毛及携粉情况

中华蜜蜂周身密生绒毛，其头部周围密被绒毛（图 5-11A、D、G），足部的毛为刚毛状（图 5-11P），较易携带花粉。胸部与腹部的毛呈羽状分叉，易于黏附大量花粉（表 5-11，图 5-11J、M）。棉花弧丽金龟和白星花金龟喙部覆盖稀疏的刚毛（图 5-11B、C、E、F、H、I），足部覆盖稀疏的较长刚毛（图 5-11Q、R），同样也能携带花粉。金龟类的体壁光滑，胸部中间光滑，两侧密布较短刚毛，腹部光滑，被少量较短刚毛，从图 5-10 中可观察到白星花金龟和棉花弧丽金龟的体表均携带有大量的花粉，腹部缝隙也能黏附花粉（表 5-3，图 5-11K、L、N、O）。

电镜扫描结果显示这 3 种昆虫体表以及雌花柱头表面花粉均为木荷花粉。携粉量高的传粉昆虫通常可以带给雌花柱头更高的花粉落置量（罗长维，2012）。中华蜜蜂、白星花金龟和棉花弧丽金龟 3 种昆虫的体表均能携带花粉，携粉量存在一定的差异，主要与传粉昆虫的体型大小与体毛的数量、密度及形状有关。其中白星花金龟的携粉量显著高于棉花弧丽金龟（$F_{1, 135}$=290.17，$p<0.001$）和中华蜜蜂（$F_{1, 135}$=589.86，$p<0.001$），棉花弧丽金龟的携粉量显著高于中华蜜蜂（$F_{1, 135}$=109.86，$p<0.001$）。

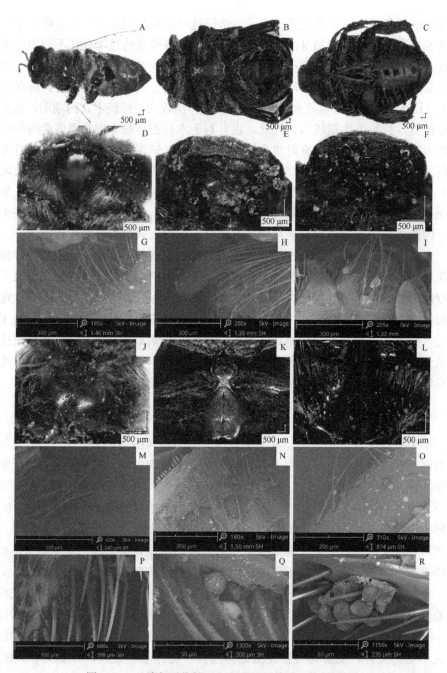

图 5-11　三种主要传粉昆虫不同部位体毛及携粉情况

中华蜜蜂（A. 中华蜜蜂携带花粉情况；D. 头部携带花粉；G. 头部刚毛；J. 腹部携带花粉；M. 腹部绒毛；P. 足部刚毛携带花粉）；白星花金龟（B. 白星花金龟携带花粉情况；E. 头部携带花粉；H. 头部刚毛；K. 腹部携带花粉；N. 腹部刚毛及携带花粉；Q. 足部刚毛携带花粉）；棉花弧丽金龟（C. 棉花弧丽金龟携带花粉情况；F. 头部携带花粉；I. 头部刚毛；L. 腹部携带花粉；O. 腹部刚毛及携带花粉；R. 足部刚毛携带花粉）

表 5-3 中华蜜蜂、白星花金龟与棉花弧丽金龟的携粉部位及其携粉量（单位：粒）

昆虫种类	中华蜜蜂	白星花金龟	棉花弧丽金龟
体长 /mm	12.64±0.52	20.60±0.99	12.48±0.53
AH	53.9±10.1	48.6±8.6	29.1±7.2
PS	13.7±3.4	38.0±7.5	27.3±6.8
MS	41.5±5.8	144.2±25.0	84.9±13.8
AS	89.6±2.0	151.9±28.1	142.8±37.2
LFL	29.5±5.8	72.1±13.2	35.5±4.4
RFL	31.2±5.3	66.6±16.9	39.4±6.5
LML	50.0±17.0	96.1±16.8	68.4±11.1
RML	51.1±13.0	97.0±15.0	63.1±10.3
LHL	56.3±6.7	106.6±10.6	87.1±14.6
RHL	67.6±7.2	104.2±13.7	67.9±13.8
总计	484.4±76.1[c]	925.3±79.1[a]	645.5±61.7[b]

注：AH. 头部；PS. 前胸腹板；MS. 中胸腹板；AS. 腹部腹板；LFL. 左前足；RFL. 右前足；LML. 左中足；RML. 右中足；LHL. 左后足；RHL. 右后足。不同小写字母表示不同传粉昆虫携粉量差异显著。

同一类传粉昆虫，携粉量与其体型大小存在正相关关系，如白星花金龟体型大于棉花弧丽金龟，其携粉量也要高于棉花弧丽金龟，在其他传粉昆虫中也存在类似的规律（Robertson，1992）。而不同种类的昆虫，携粉量与主要携粉部位有关。中华蜜蜂的携粉部位主要位于腹部腹板与足部，前胸腹板的花粉数量较少，与扫描电镜下的观测结果一致。白星花金龟和棉花弧丽金龟的携粉部位主要位于中胸部腹板和腹部腹板，喙部周围与足部的携粉量相对较少（表 5-3）。而中华蜜蜂喙部携粉量高于金龟类喙基部携带的花粉量，其可能原因为中华蜜蜂喙部刚毛数量明显多于白星花金龟和棉花弧丽金龟，具有携带大量花粉的可能。

3. 传粉效率

在正常气候条件下，中华蜜蜂和棉花弧丽金龟的访花高峰期均发生在 10:00～11:00，而白星花金龟访花频率低且较为平缓。中华蜜蜂在访花高峰时段的访花频率显著高于 08:00～09:00（$F_{1, 29}=11.24$，$p<0.001$）和 13:00～14:00 时段（$F_{1, 29}=16.51$，$p<0.001$），而与 16:00～17:00 时段无显著差异（$F_{1, 29}=1.31$，$p=0.262$）。白星花金龟（$F_{3, 59}=0.39$，$p=0.423$）和棉花弧丽金龟（$F_{3, 59}=2.07$，$p=0.06$）各时段的访花频率均无显著差异。白星花金龟和棉花弧丽金龟的访花频率差异不显著（$F_{1, 119}=8.17$，$p=0.053$），而中华蜜蜂在各个时期的访花频率均显著高于白星花金龟（$F_{1, 119}=393.76$，$p<0.001$）和棉花弧丽金龟（$F_{1, 119}=237.33$，$p<0.001$）。就平均访花频率而言，中华蜜蜂[（5.8±2.1）朵/min]也显著高于白星花金龟[（0.2±0.1）

朵/min]和棉花弧丽金龟[（0.7±1.3）朵/min]，中华蜜蜂无论在各时间段还是平均
访花频率上均占有绝对的优势。

传粉昆虫的传粉效率可通过昆虫访花后从花朵移出和沉降在柱头上花粉数目
以及昆虫的访花频率来推算（Suzuki et al.，2007）。白星花金龟和棉花弧丽金龟的
平均单次花粉移出量分别为中华蜜蜂的 1.20 倍和 1.24 倍，白星花金龟和棉花弧丽
金龟间没有显著差异。对于一朵新花，经棉花弧丽金龟和白星花金龟分别访问一
次后沉降在该花柱上的花粉数目分别为中华蜜蜂的 1.81 倍和 1.45 倍。单因素方差
分析结果显示，3 种传粉者间的花粉移出量（$F_{2, 37}$=0.71，p=0.501）和柱头沉降量
（$F_{2, 46}$=1.12，p=0.337）差异均不显著。棉花弧丽金龟的传粉者效率分别为中华蜜
蜂和白星花金龟的 1.08 倍和 1.03 倍，三者之间的差异不显著（图 5-9）。从单次访
问的花粉移出、沉降量和传粉者效率上看，这 3 种传粉昆虫没有显著的区别。这
可能与访花昆虫的体型大小及单花停留时间有关。当传粉昆虫的花粉移出率不同
时，哪种传粉昆虫更具优势不仅取决于柱头花粉沉降数目，还取决于访花频率等
因素（Thomson and Goodell，2001）。根据蒙艳华等（2007）的方法进一步比较传
粉昆虫平均花粉移出能力（平均访花频率×平均单次花粉移出率）和平均花粉
沉降能力（平均访花频率×平均单次花粉沉降量），结果显示：1min 内，平均 1
只中华蜜蜂、白星花金龟和棉花弧丽金龟分别移走相当于 2.48 朵、0.11 朵和 0.36
朵花的全部花粉，从统计意义上可以认为，一只中华蜜蜂的花粉移出能力分别是
一只白星花金龟和一只棉花弧丽金龟的 21.58 倍和 6.83 倍，说明中华蜜蜂的平均
花粉移出能力显著强于白星花金龟和棉花弧丽金龟；1min 内，平均 1 只中华蜜蜂、
白星花金龟和棉花弧丽金龟的花粉沉降量分别为 2124.7 粒、118.8 粒和 455.3 粒，
从统计意义上可以认为一只中华蜜蜂的花粉沉降能力分别是一只白星花金龟和一
只棉花弧丽金龟的 17.88 倍和 4.67 倍，中华蜜蜂的平均花粉沉降能力比白星花金
龟和棉花弧丽金龟的强。与其他传粉蜂相比较，木荷的主要传粉昆虫中华蜜蜂的
平均花粉移出量和沉降量均高于塔落岩黄芪（*Hedysarum laeve*）（蒙艳华等，2007）
和锦鸡儿（*Caragana sinica*）（皮华强等，2016）等的主要传粉蜂类，这可能与木
荷花朵较大、产生的花粉量多有关，使得中华蜜蜂在短暂的访花过程中能够携带
大量的花粉；还可能与不同传粉蜂的访花行为有关。白星花金龟和棉花弧丽金龟
的平均花粉移出量和沉降量区别不大，它们的访花频率也无显著的区别，可认为
它们对木荷的传粉效率无显著的区别。中华蜜蜂的平均单次花粉移出量和沉降量
与白星花金龟和棉花弧丽金龟差异不显著，但在访花频率上具有很明显的优势。
一般而言，传粉昆虫的数量越多、访花频率越高，即意味着更多的花能够完成授
粉受精并结实（Thomson and Goodell，2001）。因此，作者认为中华蜜蜂是木荷最
为有效的传粉昆虫。

三、木荷无性系种子园的传粉规律

1. SSR 标记和子代父本分析

传粉者类型和质量、种植密度及无性系间亲缘关系等是影响种子园异交率的重要环境因子（Moran et al.，1989；Yuskianti and Isoda，2013）。利用 13 对 SSR 引物在亲本和子代群体中检测，结果表明亲本和子代群体存在杂合子过剩的现象（表 5-4）。11 个母树的异交率变化范围为 89.7%～100%，平均为 98.5%，说明自由授粉状况下，木荷种子园无性系的交配方式以异交为主。与其他虫媒树种种子园具有相似的高异交率（Moran et al.，1989；Chaix et al.，2003），表明种子园无性系的选择和配置较为合理，园地环境条件良好。

表 5-4　木荷 SSR 引物的多态性

位点	N_a	H_o	H_e	PIC	Null	HWE
ss02	6	0.401	0.666	0.603	0.265	*
ss10	8	0.668	0.757	0.728	0.060	ns
ss12	8	0.752	0.764	0.726	0.006	ns
ss13	7	0.866	0.645	0.583	−0.163	*
ss16	11	0.798	0.730	0.686	−0.050	ns
ss18	7	0.973	0.730	0.683	−0.153	ns
ss19	10	0.833	0.802	0.774	−0.022	ns
ss22	13	0.984	0.816	0.791	−0.099	ns
ss24	6	0.237	0.600	0.516	0.438	*
ss26	6	0.804	0.727	0.682	−0.058	ns
ss30	9	0.068	0.670	0.613	0.817	*
ss32	11	0.976	0.834	0.812	−0.083	ns
ss42	10	0.927	0.682	0.626	−0.170	ns
平均	8.615	0.714	0.725	0.679	0.061	

注：N_a. 等位基因数；H_o. 观测杂合度；H_e. 期望杂合度；PIC. 多态性信息含量；Null. 无效等位基因频率；HWE. 哈迪-温伯格平衡；ns. 无显著性；*显著性，$p<0.05$。

SSR 标记和子代父本分析已被广泛利用于评估林木种子园雄性繁殖贡献率遗传变异（Funda et al.，2008）。子代父本分析结果显示，在 95% 置信度水平下可为 203 个子代确定花粉来源，即为 61.89% 的子代确定其父本（表 5-5）。与其他虫媒或风媒树种种子园的相关研究结果类似，木荷种子园内候选父本繁殖贡献率为

0.49%～7.77%，平均为 2.44%，其中 23.8%的候选父本产生的子代占子代总数的 50%以上，而有 40.0%的候选父本产生的子代仅为子代总数的 9%，表明园内父本繁殖输出处于不平衡状态。

表 5-5   11 个母树的子代父本分析结果

母树	N	N1	N1/N/%	N2	异交率/%
1	30	11	36.7	1	96.7
2	29	28	96.6	3	89.7
5	30	6	20.0	0	100.0
7	30	15	50.0	0	100.0
9	30	22	73.3	0	100.0
11	30	15	50.0	1	96.7
26	30	21	70.0	0	100.0
31	30	24	80.0	0	100.0
35	30	20	66.7	0	100.0
37	29	17	58.6	0	100.0
48	30	24	80.0	0	100.0
总计	328	203	—	5	—
平均	—	—	61.9	—	98.5

注：N. 分析的子代数目；N1. 确定父本的子代数目；N2. 自交产生的子代数目。

木荷种子园中低的传粉效率（金龟类甲虫数量大但访花频率极低，蜜蜂访花频率高但数量相对较少）和无性系间花期不同步是造成种子园父本繁殖输出不平衡的主要原因。基因流通过花粉和种子动态散布有助于植物群体遗传变异的发生（Ottewell et al.，2012）。木荷种子园内花粉散布范围较宽，与其他虫媒树种种子园具有类似的传粉模式，如巨桉（*E. grandis*）和马占相思树（*Acacia mangium*）种子园（Chaix et al.，2003；Yuskianti and Isoda.，2013）。而与虫媒树种天然群体的传粉模式有所不同（Ottewell et al.，2012），木荷种子园传粉模式为在虫媒和风媒种子园中普遍存在的厚尾性散布中心模式（fat-tailed dispersal kernel）（Yuskianti and Isoda，2013；Dering et al.，2014），其原因可能为种子园中植株密度显著高于天然群体。

2. 种子园传粉规律

种子园内花粉在无性系间的传播是随机的，没有固定的传播方向（图 5-12）。花粉供体对母树的散粉行为与它们在园内的位置相关联，花粉供体随机分散在母树周围，在其最远传粉距离范围内均有授粉现象的发生。随着与母树距离的增加，父本相对繁殖贡献率迅速降低（图 5-13）。木荷种子园无性系的有效传粉范围较宽，

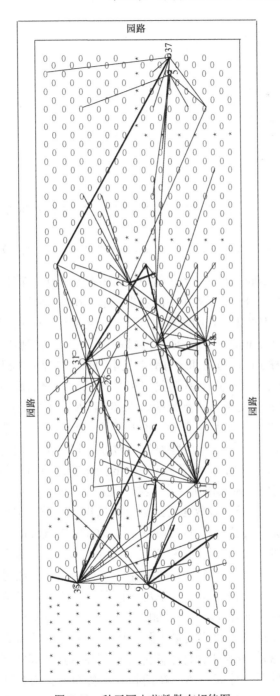

图 5-12　种子园内花粉散布规律图

圆圈（O）表示母树，线条表示花粉散布途径，粗线表示花粉供体与母本至少产生 2 个子代，
0 表示花粉供体，★表示没有植株

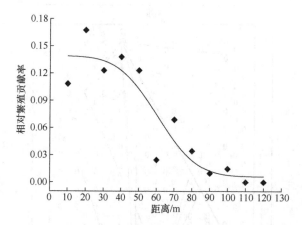

图 5-13　父本相对繁殖贡献率与父母本距离之间的相关关系

其传粉距离为 0～120m，但主要的传粉距离集中在 0～60m 范围内，其中，0～20m 产生子代数量最多，30～50m 处于中间水平，超过 60m，候选父本虽可为母树提供花粉并产生子代，但产生子代的数量明显减少。父本与母树距离为 20m 的父本相对繁殖贡献率分别为 30m 和 60m 的 2.2 倍和 10 倍以上。检测到的平均有效传粉距离为 70.91m，与种子园内母树和所有潜在父本的平均物理距离相近（66.59m）。

　　木荷种子园父本繁殖贡献率随父本和母树距离的增加而不断降低，但父本和母树距离为 70m 的父本繁殖贡献率为 6.90%，高于 60m 的父本繁殖贡献率，种子园内传粉者的访花行为是造成这种差异的主要原因。传粉者会集中访问报酬物较多的部位，当它们访问这些部位的时候，很少会中途离开去访问其他花朵或植株（Richards，1997）。种子园 0～60m 的传粉距离内产生的子代数量占已确定父本子代群体的 80% 以上，与巨桉（*Eucalyptus grandis*）和马占相思树（*Acacia mangium*）种子园有效传粉距离分析结果相一致，但明显低于蜂类传粉树种天然群体的花粉传播距离（Chaix et al.，2003；Yuskianti and Isoda，2013；Hanert et al.，2018），这可能与传粉蜂在不同环境条件（温度和降雨量）下不同的传粉行为和效率有关。风媒传粉树种花粉的远距离传播极易受到限制，特别是在生产小年，种子园内花粉产量不足的情况下，难以满足花粉受体的需求，从而导致种子产量的下降（Gerry et al.，2013）。而虫媒树种种子园则不会出现因传粉距离受限而造成产量或质量下降，因为传粉者的传粉距离可长达上千米（Chaix et al.，2003）。虫媒树种种子园的传粉规律直接或间接受生物和非生物因子的影响，如无性系个体间距离、花期物候、传粉者行为和环境因素都会对种子园花期同步性和传粉群体的传粉行为和效率造成影响，进而影响种子园花粉散布动态、种子产量和质量（Silva et al.，2014）。

3. 花粉污染源距离控制

种子园外源花粉污染会显著降低种子园遗传增益（Adams et al.，1996）。木荷无性系种子园中存在一定的外源花粉污染，为 7.01%，但种子园外源花粉污染水平低于大部分风媒和虫媒树种种子园。当然这些花粉也有可能来自种子园开花结实的其他小区，因此实际污染率可能会低于 7.01%。研究表明，种子园花粉污染率一般为 20%～90%（Bilgen and Kaya，2014），仅有少部分松树种子园具有相对较低的花粉污染率，如道格拉斯松（*Pseudotsuga menziesii*）花粉污染率为 10.4%，欧洲赤松（*Pinus sylvestris*）的花粉污染率为 4.89%～7.29%（Lai et al.，2010；Funda et al.，2015）。由于传粉蜂的存在，花粉的传播距离可长达上千米（Chaix et al.，2003）。因此，种子园减少外源花粉污染的最小隔离距离是必需的。Timyan（1999）认为 100m 的隔离距离能够有效降低花粉污染率。Barbour 等（2006）研究发现，亮果桉（*Eucalyptus nitens*）商用林与本地卵叶桉（*E. ovata*）群体距离为 100m 时，其花粉污染率为 7.2%；而当隔离距离增加到 200～300m 时，其花粉污染率降低到 0.7%。因此，研究结果表明木荷种子园与花粉污染源的隔离距离应在 60m 以上，120m 以上最佳。

四、木荷无性系种子园子代遗传多样性和交配系统

1. 亲本与子代遗传多样性分析

木荷为虫媒传粉阔叶树种，木荷的物种以及种群水平均具有较高的遗传多样性，是遗传多样性较高的物种（金则新等，2007；辛娜娜，2014）。杨汉波等（2016a）利用 13 对 SSR 引物对亲本群体（44 个无性系）基因分型结果显示：在亲本群体（表 5-6）中检测到 5～9 个等位基因（N_a），平均为 6.286，有效等位基因数（N_e）平均为 3.097，其中 ss32 位点的 N_a 和 N_e 均最大，分别为 9.000 和 5.939，其次为 ss42 和 ss22。亲本群体的 Shannon 信息指数（I）和 Nei's 基因多样性指数（h）分别为 1.230 和 0.640；亲本群体观测杂合度（H_o）和期望杂合度（H_e）的均值分别为 0.707 和 0.632。13 对 SSR 引物对子代群体（328 个子代个体）基因分型结果显示：在子代群体（表 5-7）中检测到等位基因数（N_a）变化范围为 5～11，平均为 7.786，较亲本群体高出 1.5 个等位基因。子代群体的有效等位基因数（N_e）变化范围为 2.506～5.914，平均为 3.751，较亲本群体高出 0.654 个有效等位基因。Nei's 基因多样性指数（h）和 Shannon 信息指数（I）均与亲本群体基本保持一致，分别为 0.611 和 1.152，说明子代能保持亲本所具有的高遗传多样性。

表5-6　木荷种子园亲本群体的遗传多样性

位点	等位基因数 (N_a)	有效等位基因数 (N_e)	Shannon 信息指数(I)	Nei's基因多样性指数(h)	观测杂合度 (H_o)	期望杂合度 (H_e)	固定指数(F)
ss16	6	3.619	1.461	0.732	0.795	0.724	−0.099
ss12	6	2.378	1.147	0.586	0.659	0.580	−0.137
ss19	7	4.341	1.624	0.778	0.886	0.770	−0.152
ss42	9	4.711	1.729	0.797	0.932	0.788	−0.183
ss30	7	1.300	0.582	0.234	0.0205	0.231	0.114
ss10	6	2.199	1.150	0.552	0.605	0.545	−0.109
ss02	5	1.713	0.856	0.421	0.409	0.416	0.017*
ss22	9	4.745	1.783	0.798	1.000	0.789	−0.267
ss18	6	3.355	1.354	0.710	0.977	0.702	−0.392*
ss26	6	3.187	1.387	0.695	0.650	0.686	0.053*
ss13	5	2.558	1.098	0.616	0.932	0.609	−0.530*
ss32	9	5.939	1.911	0.841	0.977	0.832	−0.175
ss24	5	2.220	0.954	0.556	0.159	0.550	0.711*
平均值	6.286	3.097	1.230	0.640	0.707	0.632	−0.089
标准差	1.899	1.437	0.482	0.048	0.081	0.047	0.082

*$p<0.05$，显著偏离 Hardy-Weinberg 平衡。

表5-7　木荷种子园子代群体的遗传多样性

位点	等位基因数(N_a)	有效等位基因数(N_e)	Shannon 信息指数(I)	Nei's基因多样性指数(h)	观测杂合度(H_o)	期望杂合度(H_e)	固定指数(F)
ss16	11	3.684	1.251	0.665	0.797	0.654	−0.202*
ss12	8	4.380	1.151	0.637	0.764	0.626	−0.220*
ss19	10	4.817	1.517	0.736	0.827	0.724	−0.141
ss42	9	2.865	1.122	0.630	0.926	0.619	−0.512*
ss30	6	3.176	0.663	0.393	0.050	0.386	0.804*
ss10	8	4.387	1.250	0.643	0.676	0.632	−0.061
ss02	6	3.047	0.803	0.444	0.399	0.437	0.108
ss22	13	5.475	1.406	0.716	0.981	0.704	−0.406*
ss18	7	3.675	1.285	0.697	0.979	0.685	−0.435*
ss26	6	3.622	1.282	0.683	0.822	0.672	−0.222
ss13	7	2.845	1.100	0.618	0.857	0.608	−0.417*
ss32	10	5.914	1.623	0.772	0.975	0.759	−0.289*
ss24	5	2.506	0.518	0.304	0.248	0.299	0.139
平均值	7.786	3.751	1.152	0.611	0.715	0.600	−0.143
标准差	2.636	1.119	0.033	0.015	0.027	0.015	0.033

木荷种子园子代的遗传多样性较高（h=0.611，I=1.152），与其他成功建园的虫媒传粉阔叶树种子园的遗传多样性水平相似，如桉树（*Eucalyptus grandis*）（H_e=0.762）（Chaix et al.，2003）、马占相思树（*Acacia mangium*）（H_e=0.606，0.610）（Yuskianti and Isoda，2013），说明木荷种子园营建时优树亲本无性系选择和配置相对合理。种子园亲代、子代群体与木荷育种群体部分材料的遗传多样性基本一致（辛娜娜，2014），表明选择了子代生长表现良好的部分优树营建的种子园，种子园内亲本数量相对育种群体有所减少，但在减少数量的同时遗传多样性并未降低，种子园亲本群体遗传基础比较广泛（Wheeler and Jech，1992）。

2. 种子园交配系统分析

利用 MLTR 程序对木荷无性系种子园 11 个母本单株的 328 个子代进行分析（表 5-8），13 个位点估算出多位点异交率（t_m）为 1.000，单位点异交率（t_s）为 0.939。木荷种子园的双亲近交水平较低，t_m–t_s 为 0.061。表明种子园存在高度异交机制，双亲近交水平较低，主要通过异交产生种子。与成功营建且投入生产的桉树种子园，如王桉 t_m=0.911（Moran et al.，1989）、尾叶桉 t_m=0.930（Gaiotto et al.，1997）和巨桉 t_m=0.967（Bradbury and Krauss，2013）等相比较，木荷种子园异交率相对较高；这可能是物种不同造成的差异，也可能是分析方法的不同，SSR 标记能显示同工酶、RAPD、AFLP 等标记所检测不出的等位基因。通过对比分析反映出种子园高的异交水平，没有出现建园时因亲本间亲缘关系的存在等使得异交率降低、近交率增加的现象，这从子代群体的近交系数（t_m–t_s=0.061）和固定指数（F=–0.143）接近或小于 0 均可看出。对木荷的繁育系统研究发现，木荷具有雌蕊先熟的特征，并且花粉失活快，有利于异交授粉的发生，是造成该种子园异交率高的其中一个原因。木荷无性系种子园家系表现为高度异交，不同家系异交水平存在一定的差异，这可能与亲本的自交可育程度、自身花粉的充裕程度以及在园内所处的位置不同有关。

表 5-8　木荷种子园交配系统参数

参数	估计值
多位点异交率（t_m）	1.000（0.000）
单位点异交率（t_s）	0.939（0.014）
双亲近交系数（t_m–t_s）	0.061（0.089）
多位点父本相关性（$r_{p(m)}$）	0.429（0.043）
单位点父本相关性（$r_{p(s)}$）	0.441（0.041）
$r_{p(s)}$–$r_{p(m)}$	0.012（0.005）
有效花粉供体数目（N_{ep}）	2.3

注：括号内数值为标准差。

　　研究表明，供试的 11 个家系的多位点异交率（t_m）、单位点异交率（t_s）均存在一定的差异（表 5-9），t_m 变化范围为 0.992（9 号家系）～1.073（35 号家系）。近交系数（t_m-t_s）变化幅度为 -0.198（35 号家系）～0.117（9 号家系），其中 11 号、7 号、48 号、5 号、1 号、35 号、26 号和 2 号家系 t_m-t_s 小于零，说明这些家系没有近亲交配存在。相反，31 号、37 号和 9 号家系的双亲近交系数分别为 0.107、0.062 及 0.117，都大于零，表明这些家系存在一定的双亲近交现象。整体上看，供试的 11 个家系间的异交率均较高且差异不显著，说明所在种子园的亲本选择和配置是比较合理的，母树接受的花粉组成的多样性越高，越能使子代产生高的遗传变异（Schemske et al.，1994；王霞等，2012）。

表 5-9　木荷种子园中 11 个家系的交配系统参数

家系	多位点异交率（t_m）	双亲近交系数（t_m-t_s）	父本相关性（r_p）	有效花粉供体数目（N_{ep}）
31	1.000（0.001）	0.107（0.033）	0.762（0.367）	1.3
11	1.005（0.001）	-0.049（0.062）	0.474（0.226）	2.1
7	1.002（0.001）	-0.181（0.026）	0.614（0.284）	1.6
48	1.002（0.001）	-0.069（0.051）	0.210（0.097）	4.8
37	1.006（0.001）	0.062（0.058）	0.474（0.227）	2.1
5	1.012（0.001）	-0.169（0.078）	0.377（0.184）	2.7
1	1.009（0.001）	-0.077（0.053）	0.507（0.236）	2.0
35	1.073（0.001）	-0.198（0.073）	0.261（0.128）	3.8
26	1.001（0.001）	-0.104（0.043）	0.475（0.247）	2.1
9	0.992（0.009）	0.117（0.066）	0.263（0.133）	3.8
2	1.000（0.001）	-0.005（0.026）	0.461（0.214）	2.2

注：括号内数值为标准差。

　　11 个家系的父本相关性（r_p）存在较大的差异，变化范围为 0.210～0.762，有效花粉供体的数目为 1.3～4.8，木荷种子园中平均有效花粉供体数目（N_{ep}）较少，仅为 2.3，可能与种子园内不同无性系间花期的不完全同步有关。单位点父本相关性和多位点父本相关性的差值（$r_{p(s)}-r_{p(m)}$）反映双亲关联度与交配群体结构之间的关系，$r_{p(s)}-r_{p(m)}$ 为 0.012，大于零，表明只有小部分花粉供体是近亲关系。

　　种子园花期、花量以及选择性受精现象的存在，可能是导致种子园中非随机交配发生、造成近交（自交）的原因（张华新，2000）。经交配系统分析，木荷种子园具有高的异交率，但仍有少量的近交现象发生。作者采用固定指数（F）和近交系数（t_m-t_s）对木荷种子园子代群体近交水平进行了分析，结果表明，该种子园杂合子过剩（$F=-0.143$），自交率极低，这与木荷晚期自交不亲和的特性有关，自花授粉难以产生有效后代。群体内发生近交或自交，是群体偏离哈迪-温伯格平衡的因素之一（王崇云，1998）。采用的 13 个 SSR 位点中有 8 个位点在子代群体中显著偏离哈迪-温伯格平衡，反映出种子园中存在近亲繁殖的现象；该种子园存在很低的近交水平（$t_m-t_s=0.061$）；种子园 $r_{p(s)}-r_{p(m)}$ 值为 0.012，暗示双亲关联度较低，进一步表明了其低水平的近交行为。种子园存在近交的可能原因是亲本个体间的花期不完全同步，导致开花早的个体接受异源花粉的概率降低，造成近交。

参 考 文 献

陈晓阳, 黄智慧. 1995. 杉木无性系开花物候对种子园种子遗传组成影响的数量分析. 北京林业大学学报, (3): 1-9.

杜荣骞. 2009. 生物统计学. 北京: 高等教育出版社.

方乐金, 施季森. 2004. 杉木种子园无性系结实稳定性的遗传变异. 南京林业大学学报(自然科学版), 28(1): 17-20.

金则新, 李钧敏, 蔡琰琳. 2007.不同海拔木荷种群遗传多样性的 ISSR 分析. 生态学杂志, 26(8): 1143-1147.

赖焕林, 王章荣, 陈天华. 1997. 林木群体交配系统研究进展. 世界林业研究, (5): 10-15.

罗长维. 2012. 麻疯树传粉昆虫组成及主要传粉者行为生态学研究. 中国林业科学研究院博士学位论文.

李俊兰, 潘斌, 格日勒, 等. 2011. 濒危植物柄扁桃的传粉者及其访花行为. 生态学杂志, 30(7): 1370-1374.

李悦, 王晓茹, 李伟, 等. 2010. 油松种子园无性系花期同步指数稳定性分析. 北京林业大学学报, 32(5): 88-93.

蒙艳华, 徐环李, 陈轩, 等. 2007. 塔落岩黄芪主要传粉蜂的传粉效率研究. 生物多样性, 15(6): 633-638.

皮华强, 权秋梅, 高辉, 等. 2016. 锦鸡儿(*Caragana sinica*(Buchoz)Rehd)传粉生物学研究. 生态学报, 36(6): 1652-1662.

沈熙环. 1992. 种子园技术. 北京: 北京科学技术出版社.

孙士国. 2005. 横断山区马先蒿属植物的传粉生态学研究. 武汉大学博士学位论文.

谭小梅. 2011. 马尾松二代育种亲本选择及种子园交配系统研究. 中国林业科学研究院博士学位论文.

王崇云. 1998. 植物的交配系统与濒危植物的保护繁育策略. 生物多样性, 6(4): 298-303.

王霞, 王静, 蒋敬虎, 等. 2012. 观光木片断化居群的遗传多样性和交配系统. 生物多样性, 20(6): 676-684.

辛娜娜. 2014. 木荷家系遗传及其育种亲本特性的研究. 华中农业大学硕士学位论文.

杨汉波, 张蕊, 宋平, 等. 2017a. 木荷种子园无性系花期物候及同步性分析. 林业科学研究, 30(4): 551-558.

杨汉波, 张蕊, 宋平, 等. 2017b. 木荷主要传粉昆虫的传粉行为. 生态学杂志, 36(5): 1322-1329.

杨汉波, 张蕊, 王帮顺, 等. 2016b. 木荷优树无性系种质 SSR 标记的遗传多样性分析. 林业科学, 53(5): 43-53.

杨汉波, 张蕊, 周志春. 2016a. 木荷种子园的遗传多样性和交配系统. 林业科学, 52(12): 66-73.

张华新. 2000. 油松种子园生殖系统研究. 北京: 中国林业出版社.

Abe T. 2001. Flowering phenology, display size, and fruit set in an understory dioecious shrub,

Aucuba japonica (*Cornaceae*). American Journal of Botany, 88(3): 455-461.

Adams W T, Hipkins V D, Burczyk J, et al. 1996. Pollen contamination trends in a maturing Douglas-fir seed orchard. Canadian Journal of Forest Research, 27(1): 131-134.

Alexander L W, Woeste K E. 2016. Phenology, dichogamy, and floral synchronization in a northern red oak. Canadian Journal of Forest Research, 46(5): 629-636.

Barbour R C, Potts B M, Vaillancourt R E. 2006. Gene flow between introduced and native *Eucalyptus* species: Early-age selection limits invasive capacity of exotic *E. ovata* × *nitens* F1 hybrids. Forest Ecology & Management, 228(1-3): 206-214.

Bilgen B B, Kaya N. 2014. Chloroplast DNA variation and pollen contamination in a *Pinus brutia* Ten. clonal seed orchard: implication for progeny performance in plantations. Turkish Journal of Agriculture & Forestry, 38(4): 540-549.

Bradbury D, Krauss S L. 2013. Limited impact of fragmentation and disturbance on the mating system of tuart (*Eucalyptus gomphocephala*, Myrtaceae): implications for seed-source quality in ecological restoration. Australian Journal of Botany, 61(2): 148-160.

Chaix G, Gerber S, Razafimaharo V, et al. 2003. Gene flow estimation with microsatellites in a Malagasy seed orchard of *Eucalyptus grandis*. Theoretical and Applied Genetics, 107(4): 705-712.

Codesido V, Merlo E, Fernandezlopez J.2005. Variation in reproductive phenology in a Pinus radiata D. Don seed orchard in northern Spain. Silvae Genetica, 54(54): 246-256.

Dering M, Misiorny A, Chałupka W. 2014. Inter-year variation in selfing, background pollination, and paternal contribution in a Norway spruce clonal seed orchard. Canadian Journal of Forest Research, 44(7): 760-767.

Funda T, Chen C C, Liewlaksaneeyanawin C, et al. 2008. Pedigree and mating system analyses in a western larch (*Larix occidentalis* Nutt.) experimental population. Annals of Forest Science, 65(7): 705.

Funda T, Wennström U, Almqvist C, et al. 2015. Low rates of pollen contamination in a Scots pine seed orchard in Sweden: the exception or the norm? Scandinavian Journal of Forest Research, 30(7): 573-586.

Gaiotto F A, Bramucci M, Grattapaglia D. 1997. Estimation of outcrossing rate in a breeding population of *Eucalyptus urophylla* with dominant RAPD and AFLP markers. Theoretical and Applied Genetics, 95(5): 842-849.

Gerry D, Alfas P, Jean D, et al. 2013. Common Ash (*Fraxinus excelsior* L.)//Pâques L E. Forest Tree Breeding in Europe: Current State-of-the-Art and Perspectives, Managing Forest Ecosystems. Springer Dordrecht Heidelberg New York London: Springer Science+Business Media Dordrecht.

Hanert E, Vallaeys V, Tyson R, et al. 2018. A Fractional-Order Diffusion Model to Predict Transgenic Pollen Dispersal. https://papers.ssrn.com/sol3/papers.cfm?abstract_id=3286091 [2018-12-20].

Herrera J F. 1986. Lowering and fruiting phenology in the coastal shrublands of Doñana, south Spain. Plant Ecology, 68(2): 91-98.

Kess T, El-kassaby Y A. 2015. Estimates of pollen contamination and selfing in a coastal Douglas-fir seed orchard. Scandinavian Journal of Forest Research, 30(4): 266-275.

Lai B S, Funda T, Liewlaksaneeyanawin C, et al. 2010. Pollination dynamics in a Douglas-fir seed orchard as revealed by pedigree reconstruction. Annals of Forest Science, 67(8): 808.

Lyngdoh N, Gunaga R P, Joshi G, et al. 2011. Influence of geographic distance and genetic dissimilarity among clones on flowering synchrony in a Teak (*Tectona grandis* Linn. f) clonal seed orchard. Silvae Genetica, 61(1-2): 10-18.

Moran G F, Bell J C, Griffin A R. 1989. Reduction in levels of inbreeding in a seed orchard of *Eucalyptus regnans* F. Muell. compared with natural populations. Silvae Genetica, 38(1): 32-36.

Ollerton J, Lack A J. 1992. Flowering phenology: An example of relaxation of natural selection? Trends in Ecology & Evolution, 7(8): 274-276.

Ottewell K, Grey E, Castillo F, et al. 2012. The pollen dispersal kernel and mating system of an insect-pollinated tropical palm, *Oenocarpus bataua*. Heredity, 109(6): 332-339.

Primack R B. 2003. Relationships among flowers, fruits, and seeds. Annual Review of Ecology & Systematics, 18(1): 409-430.

Rathcke A, Lacey E P. 2003. Phenological patterns of terrestrial plants. Annual Review of Ecology & Systematics, 16(4): 179-214.

Richards A J. 1997. Plant breeding systems. 2nd ed. Londres(RU): Garland Science, Chapman & Hall.

Robertson A W. 1992. The relationship between floral display size, pollen carryover and geitonogamy in *Myosotis colensoi* (Kirk) *Macbride* (Boraginaceae). Biological Journal of the Linnean Society, 46(4): 333-349.

Schemske D W, Husband B C, Ruckelshaus M H, et al. 1994. Evaluating approaches to the conservation of rare and endangered plants. Ecology, 75(3): 584-606.

Silva P, Sebbenn A M, Grattapaglia D. 2014. Pollen-mediated gene flow across fragmented clonal stands of hybrid eucalypts in an exotic environment. Forest Ecology & Management, 356: 293-298.

Suzuki K, Dohzono I, Hiei K, et al. 2002. Pollination effectiveness of three bumblebee species on flowers of *Hosta sieboldiana* (Liliaceae) and its relation to floral structure and pollinator. Plant Species Biology, 17, 139-146.

Thomson J D, Goodell K. 2001. Pollen removal and deposition by honeybee and bumblebee visitors to apple and almond flowers. Journal of Applied Ecology, 38(5): 1032-1044.

Timyan J C. 1999. Management plan for improved tree seed production from orchards and progeny/provenance trials Haiti. https://pdf.usaid.gov/pdf_docs/PNADE593.pdf[2020-1-20]

Torimaru T, Wang X R, Fries A, et al. 2009. Evaluation of pollen contamination in an advanced Scots pine seed orchard. Silvae Genetica, 58(5): 262-269.

Wheeler N C, Jech K S. 1992. The use of electrophoretic markers in seed orchard research. New Forests, 6(1): 311-328.

Williams D, Morris R. 1998. Machining and related mechanical properties of 15 B.C. wood species. Vancouver BC: Forintek Canada Grp Special publication No. 39: 31.

Yang H, Zhang R, Zhou Z. 2017. Pollen dispersal, mating patterns and pollen contamination in an insect-pollinated seed orchard of Schima superba Gardn. et Champ. New Forests, 48(3): 431-444.

Yuskianti V, Isoda K. 2013. Detection of pollen flow in the seedling orchard of *Acacia mangium* using DNA marker. Indonesian Journal of Forestry Research, 10(1): 31-41.

（张振、杨汉波、张蕊撰写）

第六章 苗木繁育技术

"林以种为本，种以质为先"，林木种苗是绿化造林的物质基础。实践表明，采用良种壮苗造林，是确保林木速生、丰产和优质的前提。随着生产力的发展，林种由一般性种子提升到良种甚至高世代良种，这是从内因层面提高种子质量。而苗木由大田裸根苗提升到容器苗，是从外因层面提高苗木质量，从而保证了"良种壮苗"。当今林业先进国家松、杉和桉等主要造林树种大多采用轻基质容器苗造林，解决了造林缓苗期长和成活率低、幼林生长慢等主要技术瓶颈（马常耕，1994；周志春等，2011；楚秀丽等，2015；Dilaver et al.，2015）。

木荷作为我国南方各省（自治区）主栽的阔叶珍贵优质用材和生态防护造林树种（阮传成等，1995），需要培育大量优质的苗木。因此，众多学者开展了其种子特性、苗木培育及无性扩繁技术的研究。研究发现，木荷种子 2 年方可成熟，温水浸泡、赤霉素浸泡及低温层积均可打破其种子休眠进行播种育苗。随着生产的发展及造林立地要求，木荷苗木培育也由传统的大田育苗转向轻基质容器育苗，作者研究提出轻基质容器育苗的关键技术体系，包括容器苗培育的理想基质为泥炭和谷壳，两者以体积比 7∶3 配比效果较佳，较为适宜的容器规格为底部直径 4.5cm、高 10cm 的无纺布轻基质容器袋，基质中施用的控释肥以 N∶P$_2$O$_5$ 比 2.25∶1 型控释肥效果较优，该类型控释肥下适宜施肥量为 3.5kg/m^3，以及水光环控等管理技术措施。研究突破了木荷扦插和组培无性扩繁技术，利用木荷大树基部带顶的萌条开展扦插扩繁，扦插成活率可达 75%以上，组培以外植体消毒脱菌环节较为关键，组培苗出圃成活率达 70%以上，加快了其资源利用及产业化发展。

第一节 种子采集和处理

种子为植物的种族延续创造了良好的条件，还形成各种适于传播或抵抗不良条件的结构。木荷果实为蒴果，种子 2 年成熟，果实内种子扁平、有翅，个体小而轻，处理后种子千粒质量 5.75～7.25g，含水量在 12%左右（曾桂清，2011）。木荷果熟时黄褐色，果熟后易开裂而使种子飞散。针对木荷种子特点，除及时采回、及时处理外，还应了解其储藏、种子发芽特性及陈旧种子的处理等，以更好地利用其资源。

一、种子采集时间和方法

应在经审（认）定的木荷优良种源、种子园和采种母树林中采种。通常树冠外层为当年幼果，树冠内层为成熟果实，采种时应加以区别和保护幼果。采种时间为 9 月下旬至 11 月上旬，当蒴果由青色变成黄褐色、有少量微裂时及时采收。高纬度、高海拔地区以及秋季遇连续阴冷天气时，采种日期稍推后，而少雨和干旱的气候，种子成熟的时间会提早。可采用人工采摘或摇树采种。

二、种子处理和储藏

木荷结实大小年现象十分明显。早些年，小年种子比较紧缺，孙时轩（2002）认为，秋冬采收木荷种子后，采用室内常温储藏，只能存放至越冬。越冬后种子生命力丧失的速度较快，一般隔年种子发芽率很低，几乎丧失发芽能力。为延长木荷种子的储藏期，伍伯良等（2003）开展室内常温储藏和低温冷藏试验，结果表明，常温储藏 8 个月和低温冷藏 7 个月的种子发芽率差异显著，分别为 3.8% 和 20.8%（表 6-1），可见，隔年常温储藏的种子发芽率极低。

表 6-1　储藏方法对木荷种子发芽率的影响及 t 检验结果　（伍伯良等，2003）

储藏方法	平均发芽率/%	标准差	t 值	
			与对照比较	两种储藏方法比较
当季采收种子（CK）	25.3	0.707		
常温储藏	3.8	0.463	71.95**	
低温冷藏	20.8	0.886	11.23**	48.08**

因此，采回的木荷蒴果先堆放 3～4 天，再摊晒取种，去除果壳等杂质，净化种子。种子干燥、装袋和密封后宜放入 0～5℃ 的冷库或冰箱内储藏。然而，冷藏时间会影响木荷种子的发芽率，其发芽率随冷藏时间按每月 0.46%～0.47% 的幅度下降（张坤洪等，2006）。采收处理后的种子，若短期保存时也可在常温下室内凉爽处干藏。

三、种子发芽特性

木荷种子本身含有发芽抑制物质和缺乏发芽促进物质，发芽率较低，一般在 20% 左右，有时更低。李铁华（2004）通过对比分析新采集的木荷种子的萌发情况验证了木荷种子的休眠特性（表 6-2）。

研究表明，木荷种子中发芽抑制物很大一部分是一些简单的小分子有机物质，其中一部分是水溶性的（彭幼芬等，1994；叶长丰和戴心维，1994）。李铁华（2004）

将新采集的木荷种子与经低温层积40天的木荷种子的连续5天水浸提取液进行白菜籽发芽测定指出，低温层积40天后，种子浸提液对白菜籽的发芽仅有微弱的抑制作用，而未经层积种子的浸提液对白菜籽的发芽有较强的抑制作用，且随着水浸天数的增加，浸提液中的抑制物质逐渐减少，对白菜籽的发芽抑制作用逐渐减弱，第5天的浸提液已没什么抑制作用（表6-3）。

表6-2　新采集的木荷种子的萌发情况　　　　　　　（李铁华，2004）

温度/℃	光暗条件	开始发芽天数/d	20天发芽率/%
25（昼夜恒温）	光	8	16.0
	暗	8	15.0
30（昼夜恒温）	光	8	14.0
	暗	7	16.0
30/20（昼30、夜20）	光	7	14.0
	暗	7	16.0

表6-3　木荷种子水浸提液对白菜籽发芽的影响　　　　（李铁华，2004）

测定项目	未经层积的种子浸提液					层积40天的种子浸提液					对照（清水）
	1天	2天	3天	4天	5天	1天	2天	3天	4天	5天	
发芽率/%	63.0	68.5	78.3	86.5	90.5	87.5	92.5	93.0	93.3	94.3	93.5

清水浸种、赤霉素浸种或低温层积的方式均能有效地解除木荷种子休眠，促进发芽，提高发芽率。李铁华（2004）将分别经过1天、2天、3天、4天和5天水浸后的新采集的木荷种子做发芽测定得出，经过水浸后，木荷种子中的抑制物质能溶于水中而去除，随水浸天数的增加，发芽抑制物质逐渐减少，20天的发芽率从16.5%提高到40.0%（表6-4），表明种子的休眠作用在一定程度上被解除。同时，李铁华（2004）还指出，对新采集的木荷种子，采用30mg/100ml浓度的赤霉素（GA_3）浸种24h，可将发芽率从16.5%提高到52.0%，而低温层积40天即能有效地解除木荷种子的休眠，促进种子萌发（表6-4）。

表6-4　新采木荷种子经不同处理方式解除休眠后发芽率　　（李铁华，2004）

处理（水浸）	20天发芽率/%	处理（赤霉素浓度）	发芽率/%	层积处理	发芽率/%
水浸1天	16.5	0	16.5	对照	18.0
水浸2天	22.3	15mg/100 ml	30.3	低温层积20天	34.5
水浸3天	33.0	30mg/100 ml	52.0	低温层积40天	44.0
水浸4天	38.5	50mg/100 ml	51.0	低温层积60天	45.3
水浸5天	40.0	100mg/100 ml	49.8	干藏60天	18.3
		150mg/100 ml	52.3	干藏60天+低温层积20天	34.0

四、储藏的陈年种子处理

播种前，取出储藏的干燥种子，用清水漂洗，除去漂浮和霉变劣种，沥干并倒入 1%多菌灵溶液中浸泡 2h，浸泡时溶液要高于种子 15cm 以上，浸泡期间每隔 15min 上下搅拌 1 次，种子消毒后不必漂洗便可催芽育苗，如此可提高经储藏的陈年种子的发芽率。

第二节　大田苗培育技术

早期特别是木荷作为生态防火树种造林时期对其苗木的培育主要以大田育苗为主。大田育苗具有自身的优点，如可提高工作效率，降低育苗成本。但培育大田苗周期长，劳动强度大，要培育出健壮合格大田苗必须把好技术关（曾桂清，2011），其中的关键技术包含了圃地选择和准备、播种时间和方法，以及苗期管理等。

一、圃地选择和准备

圃地应选择交通方便、地势平坦、排灌方便、土壤肥沃、呈微酸性的地块。播种地块应于初冬全面深翻 40cm，均匀碎土，清除杂草根和石块，经冬天熟冻后，在 3 月中旬犁耙使土壤细碎，犁耙前施入复合肥 1.5t/hm² 作底肥，并加呋喃丹 30kg/hm² 杀死地下害虫（方树平，2015）。播种前 7 天准备做床，床宽 100～120cm、床高 20～25cm、床长 6～8m 或根据圃地而定，作床时最好用火烧土作基肥，以利木荷苗木生长（吴新洪，1998）。床与床之间留有步道，步道畦沟上宽 35cm、下宽 22cm。苗床细致整平、整细后，用过筛黄心土或细河沙垫苗床。

准备做床前应先施基肥，王瑞辉等（2004）指出可采用复合肥 1200kg/hm²、堆肥（由火土灰、饼肥和人粪尿混合沤制而成）15 000kg/hm² 作基肥，在基肥中增施钙镁磷肥（750kg/hm²），所育苗木不仅苗高和地径生长量大，而且苗木主根长和侧根数占明显优势，合格苗产量也高（表 6-5）。

表 6-5　苗床施肥及不同播种方法下木荷苗木生长指标方差分析（王瑞辉等，2004）

因素	苗高	地径	主根长	侧根数	合格苗数
苗床施肥方法	309.26**	39.33**	248.84**	340.91**	16.50**
播种方法	5.98*	6.68*	42.57*	47.43**	1158.40**
苗床施肥×播种	0.90	1.81	5.27*	2.59	3.07
苗床施肥方法	增施钙镁磷肥、追施焦泥炭	增施钙镁磷肥、追施焦泥炭	增施钙镁磷肥、追施焦泥炭	增施钙镁磷肥、追施焦泥炭	增施钙镁磷肥、追施焦泥炭
较佳的播种方法	宽条播	宽条播、撒播	宽条播	宽条播	宽条播

*表示差异显著；**表示差异极显著。

二、播种

播种前将种子用温水（40℃）浸种 6～8h，或冷水浸 16h，或赤霉素浸种 12h，后适当晾干种子即可播种（吴新洪，1998）；或浸泡后放在通风背光的地方晾干，早晚用温水喷湿 1 次，并轻轻翻动，使种子能均匀吸收到水分，6～7 天后种子即可裂嘴，当有 40%的种子裂嘴时播种（谢文雷，2009）。

播种采用条播或撒播。条播可在整理好的床面上，开深 3cm、宽 2cm 的播种沟，将处理过的吐白裂嘴种子播入沟内，盖一层薄薄的火烧土即可（苏嘉强，2007）。而撒播，则将种子均匀撒播在苗床上。王瑞辉等（2004）通过比对条播、宽条播和撒播效果得出，采用宽条播培育的苗木生长量较大、质量较好（表 6-5）。

通常播种量为 8～10kg/667m²，播种后，覆盖 60%火烧土和 40%黄心土的混合土，以不见种子为度。王瑞辉等（2004）研究表明，播种量以 5kg/667m² 为佳、覆土厚度以 0.5cm 为宜（表 6-6）。之后，再盖上一层 2cm 厚的稻草，以保温保湿，防止太阳直射和暴雨冲击。种子约经 20 天就发芽出土，待当幼苗出土 30%以上时，即可选择在阴天或傍晚揭草。

表 6-6　不同播种量及覆土厚度下木荷苗木生长指标方差分析（王瑞辉等，2004）

因素	苗高	地径	主根长	侧根数	合格苗数
播种量	330.9[**]	276.8[**]	134.1[**]	444.3[**]	70.9[*]
覆土厚度	4.29[*]	2.84	1.36	8.73	222.6[**]
播种量×覆土厚度	0.64	0.61	0.4	1.08	15.26[**]
较佳的播种量	—	5 kg/667 m²	3、5 kg/667 m²	3 kg/667 m²	5 kg/667 m²
较适宜的覆土厚度	0.5 cm	0.5 cm	—	—	0.5 cm

"—"表示无内容。下同。

三、苗期管理

水是任何生物生存的第一要素。虽然木荷耐旱性较强，但在苗期特别是幼苗期不能受旱和受涝。苗圃地选择好了，需水时能及时灌溉，不需水时能及时排干净，就能保证苗木的正常生长。晴天每 7 天浇水 1 次，阴天可适当减少浇水，同时注意排水防涝（苏嘉强，2007）。

圃地杂草不仅不利于整洁、美观，而且影响苗木生长。应加强除草，除草时坚持"除早、除小、除了"原则，确保圃地无杂草。除草一般选在雨后或阴天，可结合松土进行，15 天左右可以全面除草松土一次（曾桂清，2011）。拔草时需小心，不能松动幼苗，除草后应及时浇水，使被松动的苗木根部土壤紧实，以免影响苗木生长，减少死亡。

一般圃地除草后，应开展追肥作业。当种子出土长出 1～2 个真叶时，于阴天或傍晚进行根外施肥，应勤施薄肥（苏嘉强，2007），也可选用 0.1%腐熟的人尿水溶液喷洒苗木，然后，再用清水喷洗叶面，以免烧苗。当苗木木质化后，追肥的浓度可逐渐增加，可用 0.5%熟人尿水溶液或 0.1%的尿素溶液喷洒，促进苗木生长。可 6～9 月每隔半月施 1 次人粪尿（90～120kg/hm^2），6 月中旬和 8 月上旬各施入 1 次硫酸铵（90kg/hm^2，埋入行间或以 200 倍的水兑液施入），追肥时增施焦泥炭（7500kg/hm^2）可显著提高苗木质量（表 6-5）（王瑞辉等，2004）。

圃地苗床苗木过密将严重影响苗木的出圃质量。可通过密度控制保证单位面积内有足够数量的合格苗木，间苗是密度控制不可缺少的一项工作。幼苗苗高在 10cm 左右时，就要根据实际进行间苗。间苗时要将过密苗和弱苗去掉，大田育苗密度以 35 000 株/667m^2 合格苗为例，则需留 80～90 株/m^2 为宜（曾桂清，2011）。大田育苗一般不主张补苗。

大田培育木荷苗木，期间苗木的病害不多，以根腐病比较常见。通常在出苗期和 3 月、4 月连续阴雨天气时期容易发病，可采取喷施井冈霉素等防治。施药与天气关系密切，如幼苗根腐病发生在阴雨连绵天气，用药的浓度要作适当调整，如果喷药后就遇下雨，第二天则应再喷。在幼苗期地老虎危害性大，对幼苗单株而言是毁灭性的，常将 3～5cm 的幼苗在根部剪断。除杀地老虎可用 50%辛硫磷乳油拌细土撒施，效果明显（曾桂清，2011）。

四、起苗

大田培育木荷苗木还涉及一项重要工作，即起苗。起苗前应先把圃地灌透，保护苗木根系完整性，这样可提高苗木造林的成活率。起苗时切勿伤到苗木侧根和须根及顶芽（苏嘉强，2007），剪断过长主根。起苗后，应按苗木的标准等级打捆，扎捆的苗木运送到造林地后，对叶片较多的单株均匀剪去整株 1/3 左右的叶片，将苗根蘸上黄泥浆（黄泥浆是用 99%的黄心土配 1%的钙镁磷搅拌均匀加水而制成的）即可上山造林（谢文雷，2009）。

第三节　轻基质容器育苗技术

容器育苗是先进的林木育苗方式，在林业先进国家容器苗供应量占用苗总量的 90%以上。与裸根苗比较，容器育苗具有播种量小、育苗周期短、便于工厂化生产、有效延长造林时间以及能显著提高造林成效等优点（钱辉明，1982；Landis et al.，1990；刘勇，2000）。近年对容器苗培育关键因子，如基质配比和控释肥等（金国庆等，2005；王月生等，2007；马雪红等，2010）及重要环节，如芽苗培育和移栽、分级育苗、密度控制、水分管理及炼苗等开展了系列研究。

通过研究,著者明确了培育木荷1年生优质容器苗的关键条件,如较佳的基质及其配比,分析表明基质泥炭:谷壳或珍珠岩或树皮粉等以体积比7:3配比所育容器苗不仅生长量较高、根系发育也较好;较佳的控释肥类型,N:P$_2$O$_5$比为2.25:1时,容器苗生长量高、粗壮,且养分含量高;适宜的控释肥施肥量,以施肥量3.5kg/m^{3}处理较优,该施肥量高于生产中基质施肥量,能够保证木荷1年生容器苗整个生长季的养分;合理的容器规格,比较发现直径4.5cm、高度10cm的无纺布容器袋,不仅节约成本,该规格容器袋能够满足1年生木荷容器苗养分和根系生长的空间需求;以及育苗盘育苗株数,采用边长43cm的正方形塑料育苗盘时,每盘36株为宜,所育当年生容器苗苗高、地径分别可达53.5cm、6.48cm,合格苗率可达90%以上。在此基础上,结合木荷1年生容器苗的生长节律,即木荷芽苗经移栽后60天左右即进入速生期,速生期持续90天左右,控制好生长关键期水肥等管理,以确保培育优质容器苗。

一、1年生容器苗生长节律

木荷芽苗经移栽后60天左右即进入速生期,速生期持续90天即转入木质化阶段,进而进入休眠,其1年生容器苗高生长曲线接近 "S" 形(图6-1),生长较快。对其育苗基质添加低氮量(A)、中氮量(B)、略高氮量(C)和高氮量(D)4 种类型的控释肥为底肥的容器苗,进行苗高生长节律拟合及参数估算,表明高氮量(D)控释肥可延长木荷容器苗速生期(表 6-7)。苗期水肥管理是容器苗培育的重要技术环节,应结合生长节律进行苗期供水和施肥,培育优质容器苗。例如,速生期为其提供足够的水分和养分,而木质化期前应停止施肥特别是氮肥,同时控制水分,冬季休眠期注意防冻。

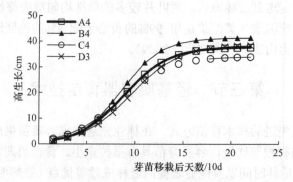

图6-1 木荷1年生轻基质容器苗生长曲线
A4、B4、C4、D3 是控释肥的代码

表 6-7 高生长节律参数

控释肥处理	曲线参数						
	k	a	b	r^2	x_1	x_2	x
A4	37.795	45.033	0.431	0.991	58	119	88
B4	41.385	62.953	0.484	0.996	58	113	86
C4	34.114	26.851	0.392	0.995	50	118	84
D3	38.577	49.648	0.408	0.996	63	128	96

注：k 为苗高极限生长量；a、b 为拟合参数；r^2 为拟合统计参数，其值越接近 1 拟合效果越好；x_1、x_2、x 分别为芽苗移栽后进入速生期天数、速生期结束天数及速生期持续天数。

二、1 年生轻基质容器苗培育

1. 基质配比

容器育苗中基质起固定和提供养分、水分的作用，一般的材料，如土壤、泥炭、珍珠岩、谷壳、锯屑、树皮粉等均可作为基质。据生产经验培育木荷 1 年生轻基质容器苗较佳的育苗基质为泥炭和谷壳，简单对比试验结果表明，两者以体积比 7：3 进行配比效果较好，其培育的容器苗不仅生长量较高，苗高为 30.60cm、地径为 4.44cm，更为重要的是其根系发育指标较好，根冠比、总根长、根表面积和根体积均较大，显著高于其他基质配比处理（表 6-8）。

表 6-8 不同泥炭和谷壳体积比下木荷容器苗生长分析

泥炭：谷壳 （V：V）	苗高 / cm	地径 /mm	根冠比	总根长 /m	根表面积 /m^2	根体积 / cm^3
7：3	30.60 ± 4.40a	4.44 ± 0.50b	0.49 ± 0.20a	22.85 ± 5.86a	0.07 ± 0.02a	17.11 ± 5.26a
8：2	28.50 ± 6.30b	4.43 ± 0.50b	0.42 ± 0.09b	20.33 ± 5.79b	0.06 ± 0.02b	14.45 ± 4.88b
9：1	31.80 ± 7.30a	5.06 ± 0.58a	0.39 ± 0.09b	21.85 ±7.51ab	0.06 ± 0.02b	14.54 ± 5.72b
p	0.0026	< 0.0001	0.0006	0.1234	0.0415	0.0088

注：表中不同小写字母表示处理间在 0.05 水平上差异显著，相同则差异不显著。下同。

2. 容器规格

容器规格包括形态和体积，不仅涉及容器苗培育成本，还将直接影响容器苗生长，尤其是根系发育。目前，生产上常采用圆柱体无纺布容器袋，容器规格亦通常指容器袋底部直径和高度大小，1 年生容器苗多采用直径 4.5cm，高度 8～10cm 的无纺布网袋容器。对容器袋高度育苗效果研究表明，容器高度 10cm 的无纺布容器袋所育木荷容器苗较优。容器高度 10cm 及以上时，容器苗苗高和地径生长量显著大于容器高度为 8cm 的容器苗，高度 10cm 的容器所育容器苗根系发育指标较好，根冠比、总根长和根表面积均达参试容器规格容器苗最值（表 6-9）。

表 6-9　不同容器袋高度对木荷容器苗质量的影响

容器高度/cm	苗高/cm	地径/mm	总干质量/g	根冠比	总根长/m	根表面积/m²
8	25.44 ± 4.11b	4.41 ± 0.51b	3.82 ± 0.90c	0.45 ± 0.15ab	20.23 ± 5.43b	0.06 ± 0.02b
10	32.15 ± 4.90a	4.66 ± 0.59a	4.25 ± 0.65b	0.47 ± 0.15a	22.93 ± 5.42a	0.07 ± 0.02a
12	33.42 ± 6.40a	4.85 ± 0.63a	4.67 ± 1.08a	0.39 ± 0.13b	21.87 ± 8.05ab	0.07 ± 0.03a
p	< 0.0001	0.0001	< 0.0001	0.0259	0.0859	0.0516

3. 育苗基质控释肥选用

控释肥因其施用方便，节约成本，且减少环境污染而成为设施育苗的首选（楚秀丽等，2012），其类型选择及施用量是容器苗养分获取的重要保证。经研究比较，容器育苗选用控释肥 N∶P_2O_5 比为 2.25∶1 时，1 年生容器苗苗高生长达 42.1cm，显著大于其他控释肥类型对应的容器苗苗高，施用此类型控释肥的容器苗地径、单株干质量、根冠比以及 N、P 含量也较高，特别是苗体 P 含量，达 1.57mg/g，明显高于施用其他类型控释肥的苗木。因此，木荷 1 年生容器苗培育基质中较适宜的控释肥 N∶P_2O_5 比为 2.25∶1（此配比即为生产上所用爱贝释肥的 N/P 值）（表 6-10，表 6-11）。

表 6-10　不同控释肥 N/P 值下木荷 1 年生容器苗生长和养分含量差异

控释肥 N∶P_5O_2	苗高 /cm	地径 /cm	单株干质量 /g	根冠比	N 含量 /(mg/g)	P 含量 /(mg/g)
1.75∶1	37.1±5.79bc	5.01±0.93ab	5.85±0.08	0.46±0.02	5.69±0.62	1.29±0.04 c
2.25∶1	42.1±6.38a	5.19±0.86ab	6.59±1.07	0.42±0.05	5.65±0.43	1.57±0.04 a
2.75∶1	36.5±5.51c	5.22±1.07a	6.24±0.57	0.37±0.03	4.90±0.26	1.17±0.04 c
3.25∶1	38.0±6.52b	4.83±0.99b	5.77±1.08	0.36±0.07	5.40±0.24	1.43±0.10 b
F 值	21.178**	2.325	1.151	0.553	0.728	30.762**

表 6-11　不同控释肥施肥量下木荷 1 年生容器苗生长和养分含量

控释肥 N∶P_5O_2	施肥量 /(kg/m³)	苗高 /cm	地径 /cm	单株干质量 /g	根冠比	N 含量 /(mg/g)	P 含量 /(mg/g)
2.25∶1	1.5	29.4±4.75c	4.62±0.76b	4.85±0.51 b	0.42±0.05	4.57±0.16 b	0.91±0.05 b
	2.5	30.7±5.63c	4.51±0.83b	5.53±0.58 ab	0.32±0.05	4.56±0.29 b	0.97±0.13 b
	3.5	39.2±5.20b	5.19±0.86a	6.59±1.07 a	0.34±0.06	5.65±0.43 a	1.57±0.04 a
	4.5	42.1±6.38a	5.01±0.99a	6.47±0.21 a	0.32±0.01	5.10±0.18 b	0.91±0.08 b
F 值		153.912**	7.109**	4.567*	2.883	9.89**	47.15**

4. 芽苗培育

培育木荷容器苗除准备齐全育苗基质、容器和控释肥外，培育优质的芽苗用于移栽至关重要。培育芽苗需在每年 12 月至翌年 2 月上旬进行播种，所用苗床，一般在温室大棚内或利用小拱棚制作。用砖块砌成高 20～25cm、宽 100～120cm 的苗床，其长度则据地形与播种量而定，床间步道宽 30～40cm。苗床内下层铺设 15～20cm 厚的沙性黄心土，每立方米土中均匀拌入 200～250g 复合肥，上层再覆盖 2～3cm 的干净细土或泥炭，或二者的混合物。

播种前可用 50%辛硫磷或 80%敌敌畏乳油 1000 倍液喷洒基质杀虫，用 1%硫酸铜或硫酸亚铁水溶液浇透基质灭菌。同时，准备种子消毒浸泡。种子消毒选用 0.2%～0.5%高锰酸钾浸种 2h，或 1.5%～2.0%福尔马林溶液浸种 20～30min，捞出用清水洗净，阴干，再用 30～40℃的温水浸种 24h，然后将种子捞出、摊开、阴干。将经过消毒浸种的种子分别按 100g/m² 的播种量均匀地撒播在苗床上，然后覆盖粉沙或沙土，厚度以不见种子为宜，上搭塑料薄膜拱棚，以提高温度和保持湿度。

播种后要注意喷水保湿，保持苗床湿润，以表层基质不干燥发白为原则。种子出土前育苗床内温度控制在 30℃左右，最高不宜超过 35℃。种子出土后，苗床温度控制在 30℃以下。可采用通风、闭风和喷水方式调节大棚（或小拱棚）温度。当种子萌生 1～2 个真叶时，可在阴天或早晚喷施 0.1%～0.2%尿素或复合肥，喷后及时用清水淋洗。芽苗易发生猝倒病（又称立枯病），种芽出土后应及时喷洒 50%多菌灵 800～1000 倍液，每隔 7～10 天喷洒 1 次，连续喷洒 3 次进行预防。如已发病，及时清除病株，并用 50%退菌特 500～600 倍液，或 5%新洁尔灭 100 倍液，或 50%多菌灵 600～800 倍液喷洒。

5. 芽苗移栽

芽苗过大或过小均会影响其移栽后的成苗和生长恢复。在芽苗长至高 5cm 左右，形成 4～5 叶时即可进行移栽。为降低水分散发，最好选择在阴天移栽，晴天移栽时应拉好自控荫棚遮阳网（遮阳网透光率 50%左右）。

移栽前苗床和容器基质均要喷水，保持湿润。移栽时，用竹签在容器中央插 3cm 左右深的孔穴，然后将芽苗放入孔穴，保持根系舒展，并挤压基质闭合孔穴，使基质与芽苗根部紧密接触，随即喷（淋）透水。因芽苗苗体较小，承受不了基质含水量过高以及雨滴的冲刷，移栽至容器袋摆放于自控荫棚的苗床后，及时采用塑料薄膜做成拱棚来适时挡水或遮雨，以防死叶烂根。

为冲掉芽苗移栽时苗体上基质等杂质，保证基质和芽苗苗体湿润，在移栽后头 2 天采用喷雾器进行清水喷雾（早晚各 1 次）；移栽 2 天后每天早上 8:00～9:00 采用自控荫棚配置的喷头进行喷水至基质湿润；第 3 天可用含腐殖酸水溶肥料进行喷雾，促进芽苗快速长出新根，恢复生长；第 7 天可用含腐殖酸水溶肥料和多菌灵进行喷雾，促其快速长出新根，并起到消毒作用；芽苗移栽后 10 天左右，对缺株或生长不正常的苗木及时补苗或换苗，补苗或换苗后应随即喷（淋）透水，移栽后如遇暴雨冲失表层基质，造成芽苗根部裸露或芽苗歪斜，应及时加盖基质并扶正芽苗；10～15 天用根萎停 15g 兑水 15 000g 来喷雾，以防治烂根；20 天左右开始喷施叶面肥并进行病虫害防治，促进芽苗生长，此时注意容器内杂草的拔除；移栽后 40 天左右芽苗已长成小苗，苗高在 8cm 左右，即可撤去小拱棚。

6. 分级分盘和密度调控

为提高苗木质量及出圃率，需对木荷容器苗采取分级分盘育苗。分盘前摆放较为稠密，一是苗体较小所用空间有限，二是苗体间较小的空间利于促进其高生长。当容器苗长至高 12～15cm 时，因苗体较大需要更大的生长空间，为培育壮苗，提高苗木出圃率，应进行分级和分盘育苗，按苗木大小分级放置在育苗盘中培育（图 6-2，图 6-3）。

分盘的目的是进行密度调控。基地科技人员采用边长为 43cm 的正方形塑料育苗盘开展密度调控试验发现，不分盘容器苗虽然苗高生长量较大，达 72.84cm，但其高径比（122.08）大于合格苗要求的 ≤100[浙江省地方标准，林业容器育苗（DB33/653.1—2007）]，且根冠比和合格苗率显著低于分盘容器苗，容器苗分盘以每盘摆放 36 株较为适宜，此时，容器苗生长量较大、根冠比较高，苗高和地径分别为 53.50cm 和 6.48mm、根冠比为 0.40，尤其地径，显著高于其他分盘处理（表 6-12）。因此，当采用边长为 43cm 的正方形塑料育苗盘时，每盘摆放 36 株容器苗，所育容器苗生长量和高径比等指标均符合合格苗要求[浙江省地方标准，林业容器育苗（DB33/653.1—2007）]，合格苗率亦高，即容器苗质量和出圃率均较高。

图 6-2　苗木分盘分级（彩图请扫封底二维码）

图 6-3　培育的 1 年生轻基质容器苗（彩图请扫封底二维码）

表 6-12　不同分盘密度下苗木生长、养分含量及利用效率比较

指标	分盘密度/（株/盘）				F 值
	25	30	36	81（不分盘）	
苗高/cm	43.25±2.36c	47.99±0.99b	53.50±1.68b	72.84±1.04a	127.26**
地径/mm	5.87±0.08b	5.96±0.19b	6.48±0.22a	5.97±0.58b	6.72*
高径比	73.66±4.48c	80.59±3.81c	82.59±1.48b	122.08±10.16a	20.656**
根冠比	0.38±0.03a	0.35±0.01a	0.40±0.02a	0.24±0.03b	26.51**
合格苗率/%	89.17±2.47a	92.53±6.81a	88.59±2.68a	23.32±4.45b	171.31**

7. 水分和光照等管理

育苗自控荫棚内配设有自动喷水喷头和自控遮阳网。苗圃地铺有黑色地布，定期挪动容器以进行空气切根，为便于苗期管理，育苗盘摆放宽度通常为 1.2～1.5m，间留宽度 30cm 左右的步道，长度因地势而定，四周挖设有排水沟。

遮阳是木荷容器苗培育的重要措施之一。芽苗移栽、补苗、换苗、分苗、分级、分盘和换袋等作业，除阴天外均应在遮阳下进行，夏季高温期也需遮阳，遮阳网透光率 50%左右。

木荷容器育苗需要有严格的水分管理要求。芽苗移栽、补苗、换苗、分级移袋和换袋移栽后均应及时喷（淋）透水。幼苗生长初期需勤喷水，速生期应遵循"不干不喷，喷必喷透"的原则，生长后期（10 月下旬以后）需控制水分。夏季喷水宜在早、晚进行，避免中午高温时段喷水。如遇雨天，降水过多时应注意容器排水。

生产中木荷容器苗培育，在生长后期往往需要追肥。育苗基质中施用适量控释肥后，后期追肥则视苗木生长的具体情况而定。所以，当基质中肥力不足，苗木偏小且长势较弱时应及时追肥。追肥应根据苗木生长节律及各个发育时期的需求确定肥料种类和用量，前期宜用尿素等高氮肥，中期宜用氮磷钾复合肥等平衡肥，后期宜用高磷、钾肥，施用时应配制成 0.2%～0.5%的水溶液，可结合浇水和病虫害防治进行。追肥应在晴天的傍晚或阴天进行，忌在午间高温时进行。

整个苗期应注意除草和病虫害防治。除草应坚持"除早、除小、除了"的原则，确保圃地包括容器内无杂草。对于病虫害，应特别注意芽苗猝倒病、地老虎、蛴螬、蝼蛄和蚜虫等的防治。

在苗木生长速生期的早晚、阴雨天，以及 10 月中下旬以后，可通过收起遮阳网和减少喷雾次数和时间的方式进行炼苗。

三、2～3 年生大规格轻基质容器苗培育

作为景观绿化、次生林改培或生态修复补植用苗，宜采用 2～3 年生大规格容器苗（图 6-4）。

图 6-4　培育的 2 年生木荷容器苗（彩图请扫封底二维码）

培育 2～3 年生大规格容器苗首先要选择生长较好的 1 年生容器苗进行换袋移栽，换袋后继续培育 1～2 年。因 2～3 年生容器苗苗体较重，为防风倒，育苗基

质中需加入黄泥，其适宜的基质配比为泥炭∶谷壳∶黄泥=4∶3∶3（按体积比），选用底部直径14～15cm、高度16～18cm的无纺布育苗袋，每立方米育苗基质中可添加美国爱贝施缓释肥2.0～3.0kg。

为保证容器苗质量，须在苗木根系开始大量生长前进行脱袋、换盆移栽，一般在苗木休眠期和生长初期的1～3月换袋移栽，最好脱去1年生轻基质容器苗的无纺布网袋，移栽至（14～15）cm×（16～18）cm的无纺布容器袋中，栽植后浇透水。

移栽后容器摆放在铺有黑色地布的苗圃地上，容器不宜摆放过密，间距2～3cm，以培育粗壮的容器苗。同时，将大小差别较明显的容器苗分开摆放。2～3年生容器苗喷水应量多次少，在基质达到一定干燥程度后再喷透水。其他遮阳等育苗措施同1年生容器苗。木荷2年生Ⅰ级容器苗苗高和地径分别70cm和0.80cm以上，Ⅱ级容器苗高和地径则分别为50～70cm和0.60～0.80cm[浙江省地方标准，木荷营造林技术规程（DB33/T 2120—2018）]。

另外，通过科学育苗，当年即可培育木荷大规格容器苗。5～6月采用木荷超级芽苗（苗高15cm左右），将其直接移栽至规格15cm×18cm的容器内并常规培育，容器苗当年即可长至常规培育的2年生Ⅰ级容器苗的规格。

第四节　扦插和组培育苗技术

扦插和组培是利用树木枝条或其营养器官的一段或一部分进行无性繁殖培育苗木的方法，用于不易获得种子或播种困难而无性繁育又易成活的树种。尽管实生容器苗是目前木荷造林的主要苗木类型，但种子繁殖后代分化严重，子代植株参差不齐，不能保持与母树一致的优良性状，而无性繁育可以保持母株的优良基因，可避免实生苗繁殖产生的材料变异，是苗木繁育的重要技术手段。

开展木荷扦插和组培等无性繁育技术研究，综合不同处理结果得知，利用大树基部带顶萌条材料，用生根剂溶液浸泡其基部处理3h，遮阳率40%，扦插成活率可达75%以上。木荷组培，以外植体消毒脱菌环节较为关键，初代、继代和生根培养基可搭配激素组合采用多种不同方式，效果均较为显著，组培苗出圃成活率在70%以上。利用组培苗材料，通过不断剪取其幼嫩茎段短穗作为插条，在植物生长调节剂、维生素混合溶液作为促根剂处理后扦插，在保持原植株优良性状的同时，可有效解决组培成本高的问题，扦插成活率在92%以上。

一、木荷扦插育苗技术

1. 木荷扦插育苗研究概况

木荷从开花到种子成熟需2年，种子大小年现象明显，加之种子难于长期储藏，陈种发芽率很低，从而影响良种供给。因此，开展木荷扦插育苗作为种子不足年份的补充尤为必要。木荷扦插技术从 20 世纪 80 年代就开始有研究，在插穗选择、扦插基质、生根剂、扦插季节及不同生长调节剂配比等方面均进行了一系列的试验研究，总结出一套较为成熟的扦插技术，可广泛用于生产（蒋宗好和郭存银，1996；王叶红，2011；陈杰连等，2017）。

此外，还开展了利用组培移栽成活的小苗，通过不断剪取其幼嫩茎段短穗作为插条，在植物生长调节剂、维生素混合溶液作为促根剂处理后进行扦插的技术（蒋泽平等，2015）。该技术不仅可以保持原植株的优良性状，同时可有效解决组培成本高的问题，可在短期内培养大量优质种苗，提高木荷优良品系的推广速度和规模。

2. 木荷扦插育苗

扦插时间 可在 3～10 月进行，夏末秋初扦插生根效果最好，春季次之。研究显示，9 月进行扦插时成活率最高，可能由于扦插时间避开了盛夏炎热天气，插条水分蒸发少，扦插后 2 个月进入冬季，此时插条已生根成活，能进行较弱的生长活动，抵御严寒（蒋宗好和郭存银，1996）。

插条选择 插条质量对扦插成活率影响较大。采条母株宜选用 5 年生以下树龄材料，通常以母株上当年生健壮的并刚开始木质化的嫩枝新梢作为扦插材料，因该类型插条营养物质丰富，生命力强，插后愈合快，萌发根系容易。插条的剪取时间一般在早上 9:00 前。插条长 8～10cm，并留有 2～3 个腋芽，1/4 的叶片，每片叶子留 1/3 左右叶面积，插条切口斜切 45°。插穗的切口采用植物生长调节剂处理一定时间，在扦插入土前将插穗每 50 根捆成 1 扎，采用 800 倍液的多菌灵浸蘸插穗基部，以避免病菌污染，最后直接扦插于消毒完的基质中，插条最好在剪取当日扦插完成（何绍斌，2015）。

利用组培苗进行扦插时，可选择在每年的 6～10 月，木荷组培苗长至 50～60cm 高时，剪取长 20～30cm 的枝条，将枝条再剪成 3～5cm 的小段，每个短穗插条保留全部叶片，在配制好的促根剂中浸蘸 2～5s 后，插入配制的基质中。

扦插基质 以 pH 为 5.0～6.5 的红壤土或地表下 30～60cm 林下土为基质，将珍珠岩和泥炭按体积比 5:3 或 1:1 的比例混合配制成扦插基质，或者以泥炭：珍珠岩：河沙＝1:1:1 的配方，用 3%硫酸亚铁或 0.1%高锰酸钾水溶液喷洒消毒后备用。

生根剂 研究指出，利用 NAA 500mg/L+KT 100mg/L 组合生根效果最佳（何绍斌，2015），或者采用吲哚丁酸 IBA 50～150mg 与萘乙酸 NAA 50～150mg 等量混合，用少量 95%的乙醇溶解后与盐酸硫胺素 5～8mg 混合，加水定容至 1L，配成促根剂溶液，备用，再或者以 1000mg/L 萘乙酸处理木荷插穗，其生根率最高。用

ABT1 号生根粉 100mg/kg 与 70%甲基托布津可湿性粉剂 800 倍水溶液浸泡枝条基部 3～4cm 处 3h，但多数研究指出，该生根粉促木荷生根效果欠佳（何绍斌，2015；陈杰连等，2017；杨逸廷等，2017）。木荷插条主要通过愈伤组织生根，皮部也可少量生根。

插床准备 在地势较高、背风向阳的地方建床，床长 10m、宽 2m、高 20cm，周围用砖块砌。插床基质厚度 15～20cm，然后用 5%辛硫磷颗粒剂 10g/m^2，均匀拌入基质后平整床面。在扦插前插床基质要经过日光暴晒，并用 0.1%的高锰酸钾或多菌灵 400 倍液喷洒消毒灭菌。平整后浇透水，以备扦插。

扦插 处理好的插穗要及时上床扦插，或者将插穗扦插在含有基质的穴盘或容器内。扦插前用清水喷洒插床，使插床基质湿透。按 5cm×10cm 的株行距垂直打眼，深度为 3～4cm。扦插宜在阴天，或晴天早晨日出前后或日落后进行，在扦插的同时喷雾保湿。

插后管理 扦插后及时搭建高 60cm 左右的小拱棚，并用塑料薄膜进行插床密封，其上搭建 200cm 高的荫棚进行遮光，荫纱透光度 40%左右，在荫纱与拱棚之间铺设喷水喷雾设施，以备降温保湿之用。在全光雾条件下，保持相对湿度85%～95%，温度控制在 20～30℃。拱棚 10～30 天内以湿润为宜，30 天后视苗床干燥情况适当浇水。12～15 天插穗基部开始产生愈伤组织，20～25 天从愈伤组织处长出根系，30 天长出新芽，45 天以后即可移栽，成活率 92%以上。

病虫害防治 为预防病虫害，在育苗中坚持"防重于治，以防为主，积极消灭"的方针，实现治早、治小、治了。扦插后每 7 天喷药 1 次，具体是在下午喷水停止后，用多菌灵 800 倍液喷洒，防止腐烂病的发生。平时要保持插床的清洁卫生，及时将落叶及死去的插穗清除掉。在苗圃地上的病害主要是根腐病和褐斑病。用 50%多菌灵粉剂 400 倍液灌根和喷雾预防，每隔 15 天喷洒 1 次，连续喷 2～3 次。木荷扦插苗在圃地常遭受小地老虎和蛴螬 2 种害虫危害。小地老虎将新发嫩茎啃断拖入土室啃食，可人工挑破土室杀灭或用泡桐叶盖毒饵诱其躲避而毒杀，同时在成虫羽化期用黑光灯诱杀；蛴螬在地下啃食木荷嫩根，可用 50%马拉松 800 倍液灌根杀灭，每隔 7～10 天灌 1 次，连灌 2～3 次（王叶红，2011）。

炼苗移栽 当插穗大部分生根后应逐渐减少喷雾次数，如根系有二次根形成时，停止喷雾，炼苗 3～5 天后及时进行移栽。经过炼苗的生根苗，装容器袋，移栽到苗圃。浇足水分，外围覆以稻草保温保湿（王叶红，2011）。

利用该方法，扦插成活率达到 75%以上，平均生根 11 条，根长 6cm，抽梢长5.56cm。无性系间扦插生根率差异显著（如Ⅰ-Y40-10 新生根 37 条，Ⅰ-Y40 平均生根 26 条，而Ⅰ-Y36 则生根较少，平均生根 3 条），在生产上需注意，选用生长表现优良，生根易的无性系（表 6-13）。

表 6-13　木荷优良无性系扦插生根情况统计

序号	无性系号	根数	分枝	根长	穗长	梢长	枝粗	序号	无性系号	根数	分枝	根长	穗长	梢长	枝粗
1	Ⅰ-L49-1	0	0	0.00	7.00	2.00	4.20	18	Ⅰ-Y25-8	17	1	3.00	7.76	0.52	2.96
2	Ⅰ-L49-10	3	1	7.10	6.60	3.30	4.48	19	Ⅰ-Y25-9	14	1	5.60	7.48	3.00	3.40
3	Ⅰ-L49-7	3	0	7.69	7.13	3.13	3.10	20	Ⅰ-Y36-10	0	0	0.00	7.06	0.20	3.63
4	Ⅰ-L49-9	51	2	10.34	7.16	6.77	4.16	21	Ⅰ-Y36-2	5	1	5.61	6.85	0.88	3.54
5	Ⅰ-Y18-10	5	1	7.10	6.95	6.70	4.11	22	Ⅰ-Y36-3	0	0	0.00	7.60	0.00	3.80
6	Ⅰ-Y18-6	7	0	7.25	5.85	1.00	4.60	23	Ⅰ-Y36-4	3	0	0.67	6.79	0.10	3.63
7	Ⅰ-Y18-7	10	1	8.85	6.90	10.10	4.37	24	Ⅰ-Y36-5	0	0	0.00	7.52	0.17	3.35
8	Ⅰ-Y18-8	15	2	14.33	6.50	19.08	4.88	25	Ⅰ-Y36-8	12	3	9.56	8.44	18.31	4.81
9	Ⅰ-Y18-9	2	1	2.22	7.33	1.92	3.45	26	Ⅰ-Y40-10	37	4	8.45	7.45	3.05	3.23
10	Ⅰ-Y19-3	0	0	0.00	6.93	0.00	3.05	27	Ⅰ-Y40-4	20	2	3.77	6.03	0.37	3.13
11	Ⅰ-Y19-4	24	2	9.02	8.74	7.85	4.20	28	Ⅰ-Y40-5	30	2	9.43	7.23	1.86	4.26
12	Ⅰ-Y19-5	0	0	0.00	6.10	1.08	3.91	29	Ⅰ-Y40-9	19	4	6.35	7.19	1.33	3.47
13	Ⅰ-Y22-1	8	2	9.05	7.26	13.25	4.04	30	Ⅰ-Y8-2	13	1	8.95	6.83	14.50	4.04
14	Ⅰ-Y22-2	0	0	0.70	5.70	0.00	3.90	31	Ⅰ-Y8-3	9	0	9.70	6.85	4.40	4.64
15	Ⅰ-Y22-7	9	3	8.20	7.75	18.15	4.41	32	Ⅰ-Y8-5	6	2	7.07	7.20	3.65	3.86
16	Ⅰ-Y22-8	2	0	2.21	6.86	1.36	3.67	33	Ⅰ-Y8-9	4	0	1.96	7.06	1.78	3.36
17	Ⅰ-Y25-4	35	3	8.30	7.97	5.86	4.01								

二、木荷组培繁育

1. 木荷组培育苗研究概况

应用组培技术繁育苗木，可大幅缩短育苗周期，使苗木整齐一致，且保持母本的优良性状。山茶科树种普遍存在组培困难的问题，其15个属中仅有山茶属、大头茶属和木荷属有组培成功的报道，这3个属中只有茶树和油茶的组培技术趋于成熟，更多的尚处于起步阶段（周丽华等，2015）。徐位力等（2006）和蒋泽平等（2015）利用特定遗传材料（基因型）开展木荷组培研究，周丽华等（2015）利用木荷家系材料开展组培及植株再生研究，均取得了一定的成功（图6-5）。鉴于植物材料的遗传背景与组培密切相关，不同基因型材料的配方差异很大，因此许多研究机构正在开发特定遗传材料的特异型组培技术。

2. 木荷组培育苗

外植体选择与消毒　采集木荷优良单株上带芽茎段，剪取腋芽尚未萌发的新梢带回实验室备用。选取木荷发育充实、半木质化的嫩梢部分，去除叶片，剪成

图 6-5　木荷组培苗（彩图请扫封底二维码）

1～2 个带腋芽的茎段，用洗洁精清洗 4～5min，流水冲洗 30min 以上。在超净工作台上用 75% 的乙醇浸泡 30s，无菌水冲洗 3 次，再用 0.1% $HgCl_2$ 消毒 8～12min，无菌水冲洗 4～5 次。也可用吐温 80+0.1% $HgCl_2$ 处理 5min 的方法消毒，处理时间视材料幼嫩程度决定。

　　初代培养　灭菌后，滤纸吸干水分后，切去茎段伤口接触消毒液部分，将枝条切成长 1～2cm 的茎段或顶梢，茎段带 1～2 个腋芽，随后接种到初代培养基 MS 中。腋芽诱导时，可采用 GD+6-BA 1.50mg/L+NAA 0.50mg/L（徐位力等，2006）、MS+BA 0.5mg/L+NAA 0.1mg/L+维生素 C 5mg/L（陈碧华等，2015）或 2/3MS+6-BA 1.0mg/L+IBA 0.02mg/L 进行腋芽诱导（蒋泽平等，2015）。

　　继代培养　待新芽长成后，将其从初代培养基中切下取出，转接到继代培养基中。继代培养基可选择 2/3MS+6-BA 3.0mg/L+IAA 0.04mg/L（蒋泽平等，2015）、GD+6-BA 1.00mg/L+IAA 0.30 mg/L（周丽华等，2015）、MS+6-BA 1.0mg/L+NAA 0.2mg/L（徐位力等，2006）或 MS+BA 0.5mg/L +NAA 0.1mg/L+维生素 C 5mg/L+维生素 B_2 5mg/L（陈碧华等，2015）。

　　生根培养　选择培养瓶中生长一致、株高 2.5cm 以上的增殖芽苗生根培养。生根培养基可选择 1/2MS+IBA 0.5mg/L+NAA 0.3mg/L（蒋泽平等，2015）、1/4MS+IBA 0.25mg/L（陈碧华等，2015）、1/4MS+IBA 1.00mg/L+IAA 0.40mg/L（周丽华等，2015）或 1/2MS+IBA 0.5mg/L+ABT 1.0mg/L（徐位力等，2006）（图 6-6）。

图 6-6　生根对比（彩图请扫封底二维码）

培养条件　经过灭菌处理后的外植体培养于 10ml 的试管中，待无菌化后接种至诱导培养基中进行培养。诱导培养基、芽苗增殖培养基的基本培养基为 2/3MS，添加蔗糖 30.0g/L。在生根阶段，基本培养基为 1/2MS，添加蔗糖 20.0g/L。培养过程中，pH 为 5.8，温度为(25±1)℃，光照强度为 2000lx，光照时间 14h/d。

炼苗及移栽管理　生根培养 1 个月后选择健壮的再生植株移栽。先在光照较强的地方炼苗 7 天，5～7 天逐渐打开瓶盖炼苗，然后将小苗取出，用水洗去根部残留的琼脂培养基，移栽于装有蛭石与珍珠岩（2∶1）混合基质的容器内，用 800倍多菌灵喷洒，移栽后保持组培苗叶面湿润，前 5 天可盖塑料薄膜保湿，并逐渐降低湿度，50 天后移栽成活率为 93.4%左右（图 6-7）。

图 6-7　炼苗及移栽（彩图请扫封底二维码）

参 考 文 献

陈碧华, 张娟, 江斌, 等. 2015. 木荷组织培养技术研究. 湖北林业科技, 44(1): 16-19.

陈杰连, 陈一群, 蓝燕群, 等. 2017. 木荷扦插不同生根剂处理效果分析. 林业与环境科学, 33(6): 39-42.

楚秀丽, 孙晓梅, 张守攻, 等. 2012. 日本落叶松容器苗控释肥生长效应. 林业科学研究, 25(6): 697-702.

楚秀丽, 王秀花, 张东北, 等. 2015. 基质配比和缓释肥添加量对浙江楠大规格容器苗质量的影响. 南京林业大学学报(自然科学版), 39(6): 67-73.

方树平. 2015. 皖南山区木荷的特征特性及育苗技术. 现代农业科技, (8): 187, 189.

何绍斌. 2015. 木荷扦插技术研究. 林业勘察设计(福建), 1: 115-123.

蒋建平, 潘林, 姜维华, 等. 2015. 木荷耐寒速生优良单株高低、培养的植株再生. 江苏林业科技, 42(4):14-16

蒋宗好, 郭存银. 1996. 木荷扦插试验. 福建林业科技, 23 (3): 72-74.

金国庆, 周志春, 胡红宝, 等. 2005. 3 种乡土阔叶树种容器苗育苗技术研究. 林业科学研究, 18(4): 387- 392.

李铁华. 2004. 木荷种子休眠与萌发特性的研究. 种子, 23(6): 15-17.

林业容器育苗第 1 部分: 苗木. 浙江省地方标准, DB33/ 653.1—2007.

刘勇. 2000. 我国苗木培育理论与技术进展. 世界林业研究, 13(5): 43- 49.

马常耕. 1994. 世界容器苗研究、生产现状和我国发展对策. 世界林业研究, (5): 33-41.

马雪红, 胡根长, 冯建国, 等. 2010. 基质配比、缓释肥量和容器规格对木荷容器苗质量的影响. 林业科学研究, 23(4): 505-509.

木荷营造林技术规程. 浙江省地方标准, DB33/ T 2120—2018.

彭幼芬, 王文章, 王明寅, 等. 1994.种子生理学. 长沙: 中南工业大学出版社: 61-295.

钱辉明. 1982.树木容器育苗. 北京: 中国林业出版社.

阮传成, 李振问, 陈诚和, 等. 1995. 木荷生物工程防火机理及应用. 成都: 电子科技大学出版社.

苏嘉强. 2007. 木荷种子育苗技术. 林业实用技术, (6): 24-25.

孙时轩. 2002. 林木育苗技术. 北京: 金盾出版社: 348-358.

王瑞辉, 谢禄山, 罗丹杰. 等. 2004. 木荷播种育苗的关键技术. 中南林学院学报, 24(2): 59-63.

王叶红. 2011. 木荷全光照嫩枝扦插繁育技术. 现代农业科技, 14: 227.

王月生, 周志春, 金国庆, 等. 2007. 基质配比对南方红豆杉容器苗及其移栽生长的影响. 浙江林学院学报, 24(5): 643- 646.

吴新洪. 1998. 防火树种——木荷种子育苗技术要点. 森林防火, (4)(总(59)): 30.

伍伯良, 李龙英, 林志洪, 等. 2003. 木荷种子贮藏方法试验初报. 广东林业科技, 19(4): 36-38.

谢文雷. 2009. 木荷种子不同方式育苗技术. 河北林业科技, (6): 63-64.

徐位力, 苏开君, 王伟平, 等. 2006. 防火树种木荷和红木荷的组织培养及植株再生. 植物生理学通讯. 42(2): 255.

杨逸廷, 钟少伟, 石建军, 等. 2017. 木荷嫩枝扦插繁殖技术研究. 湖南林业科技, 44(4): 31-33.

叶长丰, 戴心维. 1994. 种子学. 北京: 中国农业出版社: 162-188.

曾桂清. 2011. 浅谈大田木荷育苗技术. 安徽农学通报, 17(17): 216-217.

张汉永, 江彩华, 张钦源. 2015. 木荷无性繁育技术试验初报. 广东林业科技, 31(1): 68-71.

张坤洪, 伍伯良, 李肇东, 等. 2006. 冷藏时间对木荷种子发芽率影响的研究. 防护林科技, (3): 17-18.

周丽华, 蓝燕群, 何波祥, 等. 2015. 木荷优良家系的组织培养研究. 广东林业科技, 31(2): 1-6.

周志春, 金国庆, 楚秀丽, 等. 2018. 木荷营造林技术规程/DB33/T 2120—2018. 浙江省地方标准.

周志春, 刘青华, 胡根长, 等. 2011. 3 种珍贵用材树种轻基质网袋容器育苗方案优选. 林业科学, 47(10): 172-178.

Dilaver M, Seyedi N, Bilir N. 2015. Seedling quality and morphology in seed sources and seedling type of Brutian Pine (*Pinus brutia* Ten.). World Journal of Agricultural Research, 3(2): 83-85.

Landis D, Tinus R W, Mc Donald S E, et al. 1990. Container tree nursery manuals, vo.l 2: containers and growing media//Nisley R G. Agricultural Hand book No. 674. Washington: USDA Forest Service: 88.

（楚秀丽、张蕊撰写）

第七章　木荷人工用材林培育技术

我国早期的人工林以杨树、杉木、马尾松、落叶松和桉树等树种为主（孙长忠和沈国舫，2001），随着生产力的发展和人民生活水平的提高，国内乃至世界木材市场的竞争焦点将汇聚到珍贵用材上来，珍贵用材树种资源已经成为重要的战略资源。木荷在 20 世纪 50 年代就被列为国家战略树种，是我国南方各省（自治区）主栽的阔叶珍贵优质用材造林树种（阮传成等，1995）。伴随珍贵树种资源培育的推进，对木荷人工用材林的营建亦被推到一个新的高点。适生自然气候环境下，珍贵优质阔叶用材树种造林对立地条件的要求较高，营林和培育技术要求也较苛刻。

营建木荷人工用材林时，采用良种容器苗造林的林分，其幼林能够提早恢复生长、生长优势较明显。研究表明，木荷人工林适应性强，既适宜于采伐迹地更新，早期又能在林冠下很好地生长。然而，阳坡、下坡和中坡因光照充足、土壤水分等条件优异更能够促进木荷的较快生长。木荷人工林生长周期相对较长，29龄和 46 龄的人工林生长仍较快，其纯林能够保持较强的生长势和稳定的林分结构，同时，木荷又是一个竞争和拓殖能力很强的造林树种，杉荷混交林最后将发展成木荷占一定优势的林分，但与杉木适当比例（1∶3 或 2∶3）的混交将显著增大木荷的胸径、树高和冠幅，改善干形。初植密度和间伐措施明显影响木荷林分长势和林分木材的基本密度，因此，需要确定合理初植密度及适时、适度的间伐，以加快实现木荷中、大径材培育目标。

第一节　造林苗木类型选择

相对裸根苗，容器苗运输不伤根，不脱水。在栽植时，容器苗根系能较好地保持自然生长状态，移栽过程水分损失少。另外，容器苗造林无缓苗期，造林后小环境变化不大，保水性能好，造林当年苗木就能进入生长高峰期，所以栽植后成活率高，生长状况好。容器苗还具有对造林技术要求不高，造林时间不受季节限制等明显优势（钱辉明，1982；Landis et al.，1990；刘勇，2000；Dilaver et al.，2015）。当今，容器苗培育技术已较成熟，在瑞典、挪威和加拿大等林业发达国家，容器育苗已经成为主要的育苗方法（马常耕，1994），采用容器苗造林亦比较普遍（Mexal et al.，2002）。近些年，我国开始大规模采用容器苗造林（许飞等，2013）。

木荷是我国南方典型的阔叶造林树种，传统上多采用大田裸根苗造林，但因其苗木耗水多导致造林成活率低，目前主要采用容器苗造林。已有较多有关木荷容器苗培育关键技术的研究，在育苗容器类型、基质配比和缓释肥加载等方面均有详细报道（马雪红等，2010）。对木荷容器苗造林成活率、生长量、初期建成及养分吸收的跟踪研究亦表明其造林效果明显优于裸根苗（刘伟等，2009；袁东明等，2012；楚秀丽等，2015）。

一、不同类型苗木造林林分生长

据不同立地类型上的林分生长表现，木荷容器苗造林效果均明显优于裸根苗。袁冬明等（2012）选用 1 年生容器苗和裸根苗分别在采伐迹地（2008 年 2 月）、林冠下（2009 年 2 月）和防火带（2009 年 2 月）造林，造林当年年底进行成活率调查，2010 年 11 月底进行生长等指标调查，结果表明，不论何种立地类型上利用容器苗造林的成活率、保存率、树高、地径及当年生长量均显著优于裸根苗（表 7-1）。

表 7-1 不同立地类型上木荷容器苗和裸根苗造林效果比较

立地类型	树高/m		地径/cm		当年抽梢高/m		成活率/%		保存率/%	
	容器苗	裸根苗	容器苗	裸根苗	容器苗	裸根苗	容器苗	裸根苗	容器苗	裸根苗
采伐迹地	2.18a	1.72b	3.03a	2.28b	0.63a	0.50b	95.2a	70.2b	93.0a	66.5b
林冠下	1.25a	0.96b	1.43a	1.14b	0.55a	0.39b	95.3a	74.7b	93.6a	70.5b
防火带	0.77a	0.43b	1.18a	0.67b	0.34a	0.20b	93.0a	63.8b	87.9a	58.9b

注：表中容器苗和裸根苗相同指标下小写字母不同示差异显著，小写字母相同示差异不显著。

相对裸根苗，木荷容器苗造林林分幼树干物质积累量亦存在明显优势。楚秀丽等（2015）对木荷不同类型苗木造林 3 年后跟踪调查结果显示，容器苗幼树各部位及单株干物质积累量均显著高于裸根苗造林林分植株，而两种类型苗木造林林分植株的根冠比差异却不大（表 7-2）。

表 7-2 不同类型苗木造林 3 年后幼树干物质积累及分配

类型	叶/g	茎/g	根/g	单株干质量/g	根冠比
容器苗	175.96±19.27a	336.16±50.86a	220.50±20.66a	732.62±89.26a	0.43±0.03a
裸根苗	98.69±11.89b	199.30±13.38b	151.70±10.55b	449.69±10.13b	0.51±0.06a
p 值	0.004**	0.011*	0.007**	0.005**	0.09

注：表中"p 值"为 t 检验水平；*示差异在 0.05 水平显著，**示差异在 0.01 水平显著。下同。

对不同类型苗木造林 8 年后幼林进行调查表明，各类型林分幼树树高、胸径、枝下高和冠幅生长，裸根苗包括裸根截干苗造林均不如容器苗造林，但由于木荷自身生物学特性，不同类型苗木造林林分植株的分枝和通直度差异不显著（表7-3）。

表7-3　不同类型苗木造林8年后幼树生长及分枝

苗木类型	树高/m	胸径/cm	枝下高/m	冠幅/m	分枝数	通直度
容器苗	6.67±0.74a	5.61±0.40a	1.24±0.23a	1.52±0.35a	10.67±0.67	4.03±0.04
裸根苗	6.28±1.22b	5.26±0.54ab	1.17±0.38b	1.42±0.15ab	11.05±0.84	4.01±0.01
裸根截干	6.21±0.04b	5.17±0.18b	1.07±0.18c	1.30±0.11b	11.03±1.18	4.01±0.04
F值	3.694*	3.222*	15.474**	3.752*	1.301	0.29

二、不同类型苗木造林林分幼树根系发育和养分吸收

木荷不同类型苗木林分间幼树根系差异不如地上部分明显，对比分析发现，容器苗造林林分根系发育较裸根苗造林林分稍优。楚秀丽等（2015）对木荷不同类型苗木造林的4年生林分跟踪调查结果显示，容器苗林分幼树根系平均根幅和一级侧根数显著大于裸根苗造林林分，分别比裸根苗林分幼树相应指标高出14.24cm和6.75条，根系其他指标如主根长和不同类型垂生根数量等在不同类型苗木造林林分间差异不显著（表7-4）。木荷林分植株根系主根长、根幅和一级侧根数均较小，这可能与其生物学特性有关，即木荷属强竞争树种，其须根发达（马雪红等，2009），造林恢复生长后优先将养分等分配到根系，为以后生长竞争提供优势（汤景明和翟明普，2006）。

表7-4　苗木造林3年后幼树根系发育特征

类型	主根长/cm	根幅/cm	一级侧根数/条	垂生根A数/条	垂生根B数/条
容器苗	49.47±3.01	56.27±4.30a	12.67±2.57a	2.33±0.23	0.67±0.58
裸根苗	46.19±1.15	42.03±5.41b	5.92±2.27b	2.67±0.58	0.33±0.58
p值	0.153	0.023*	0.026*	0.432	0.519

注：垂生根A为容器苗经空气修根的主根造林后长出的垂向根系或裸根苗主根经截根造林后长出的垂向根系；垂生根B为容器苗或裸根苗原有的侧根系造林后转为向下生长的垂向根系。

容器苗造林的林分幼树不仅生长性状而且其养分库构建均优于裸根苗林分。研究表明，木荷不同类型苗木造林3年后，林分间幼树各部位及整株N、P含量差异均不显著，但其N、P积累量差异皆显著。由上述根系特征分析知，容器苗林分幼树根系发育较好、拓展快，利于其养分吸收，进而促进地上部分生长和干物质积累，最终使其能够积累更多的N、P。木荷容器苗造林幼树的平均N积累量（3.89g/株）较其裸根苗（2.23g/株）高出74.53%（表7-5）。

表 7-5　不同类型苗木造林后幼树各器官及整株 N、P 含量及积累量

类型	各器官及整株 N 含量/（mg/g）				各器官及整株 N 积累量/g			
	叶	茎	根	整株	叶	茎	根	整株
容器苗	11.43±0.71	3.82±0.70	2.78±0.10	5.32±0.24	2.02±0.34a	1.26±0.13	0.61±0.06a	3.89±0.42a
裸根苗	10.73±0.23	3.70±0.82	2.88±0.15	4.95±0.51	1.06±0.15b	0.73±0.14	0.44±0.04b	2.23±0.27b
p 值	0.178	0.603	0.369	0.933	0.01*	0.676	0.014*	0.022*

类型	各器官及整株 P 含量/（mg/g）				各器官及整株 P 积累量/mg			
	叶	茎	根	整株	叶	茎	根	整株
容器苗	0.63±0.04	0.34±0.04	0.25±0.03	0.42±0.04	194.96±18.92a	157.55±15.71a	39.36±8.15a	391.86±38.88a
裸根苗	0.68±0.06	0.33±0.16	0.24±0.07	0.44±0.08	139.57±9.59b	91.16±44.09b	19.90±6.00b	250.63±40.36b
p 值	0.312	0.936	0.854	0.655	0.011*	0.07*	0.029*	0.012*

三、不同时间造林效果

　　容器苗能够适应不同造林季节的天气条件，显著提高造林成效，并有效延长造林时间，实现周年造林。对此，袁冬明等（2012）开展对比试验表明，同年中在不同月份造林后，至第 3 年季末其林分生长差异明显，仍以早春时造林效果较好，林木平均树高、地径和成活率等相对较高（表 7-6）。在高温缺水的生长季节，虽然容器苗体外的环境比较干旱，因容器苗基质毛细管孔中存有的大量水分可供植物利用，造林苗木也能成活，尽管不至于同裸根苗会因缺水死亡（侯元兆，2007），但也会对其生长造成一定影响。因此，就算采用容器苗造林，亦应尽可能在最适宜的时间完成造林。

表 7-6　容器苗不同造林效果比较

造林时间	树高/m	地径/cm	当年抽梢高/m	成活率/%	保存率/%
2 月	2.18±0.39a	3.03±0.58a	0.63±0.14a	95.2±4.5a	93.0±6.8a
5 月	1.95±0.40a	2.64±0.54a	0.60±0.16a	93.0±6.6a	89.4±4.6a
9 月	1.32±0.32b	1.81+0.45b	0.45±0.15a	87.6±8.5a	82.7±9.8a

注：表中相同指标下小写字母不同示不同造林时间林分间差异显著，小写字母相同示差异不显著。

四、不同苗龄容器苗造林效果

　　生产中木荷造林多数采用 1 年生容器苗，而 2 年生容器苗苗体较大，似乎采用 2 年生容器苗造林能更见成效。然而，在采伐迹地和林冠下两种立地环境造林的幼林生长均表明，1 年生和 2 年生容器苗造林效果差异并不显著（表 7-7）。因此，木荷人工林采用 1 年生容器苗造林即可，而对于其他林木或杂草竞争较强的次生林改培或者林相改造工程，为提高改培效果，则宜采用 2 年生及以上苗龄的较大规格容器苗。

表 7-7　不同苗龄容器苗造林效果比较

立地类型	树高/m		地径/cm		当年抽梢高/m		成活率/%		保存率/%	
	1年生	2年生	1年生	2年生	1年生	2年生	1年生	2年生	1年生	2年生
采伐迹地	2.18a	2.89a	3.03a	3.56a	0.63a	0.79a	95.2a	97.6a	93.0a	94.0a
林冠下	1.25a	1.69a	1.43a	1.83a	0.55a	0.66a	95.3a	98.7a	93.6a	94.7a

注：采伐迹地造林 2 年后调查，林冠下造林 1 年后调查；表中相同立地类型下 1 年生和 2 年生苗相同指标下小写字母不同示差异显著，小写字母相同示差异不显著。

综上所述，从造林早期生长、分枝等性状可以看出，利用优质容器苗造林将显著促进木荷人工林造林初期的生长建成。容器苗根系的完整性保障其林分幼树根系的较好拓展和发育，利于造林初期对养分的吸收进而促进地上部分生长。容器苗造林效果不仅体现在当年的成活率高、缓苗快，而且造林多年后幼林的生长建成及养分吸收优势仍在。木荷容器苗造林初期林分幼树地上部分长势、根系发育、N 和 P 养分吸收及生物量积累均优于裸根苗和裸根截干苗，容器苗造林在提高造林成活率和保存率上也具明显优势。容器苗还减少了苗木在运输和栽植过程中的水分蒸发，缩短了植苗后苗木的缓苗期，降低了苗木对造林环境的依赖性。加之容器苗根系经空气切根后能形成粗壮愈合组织，接触土壤后能爆发性生根（刘伟等，2009），能更好地吸收土壤中的养分和水分，促进幼龄期树木生长，而裸根苗造林后其 2/3 以上的叶片会脱落（王月海等，2008），具有明显的缓苗期，因此容器苗造林成效明显优于裸根苗。

此外，采用容器苗造林，林分能够提早 1～2 年郁闭，通常可减少抚育次数从而降低造林成本。容器苗造林的林相从幼林期就比较整齐，防护效果较好，生态效益显著（董振成等，2006；刘伟等，2009）。裸根苗补植时不仅增加造林成本，而且难以把握造林时机，且从幼林开始其林相就不整齐，防护效果较差。

采用 2 年生容器苗造林后幼林生长并未较 1 年生容器苗造林表现出明显优势，因此，营建木荷人工用材林，采用 1 年生容器苗即可，且造林时间可适当延长；而对次生林改培或林相改造工程造林，由于林地现有的其他林木及强劲灌草的竞争，需采用 2 年生及以上苗龄的容器苗。

第二节　立地选择

木荷因其叶片等含水率高、适应性强被选为我国南方生物防火林带建设的主栽树种和高效的生态树种（骆文坚等，2006），同时还因其出材率高、材质优异被定为我国珍贵优质阔叶用材造林树种（阮传成等，1995）。适地适树是人工造林的基本原则和要求（沈国舫等，1980），为提高其人工用材林的经营成效和大径材培育，营建用材林时首先需选择适宜的立地。与松杉等针叶造林树种比较，阔叶树种对立地生境条件敏感性强。尽管木荷是适应性相对较强的阔叶树种，但仍发现立地生境条件对其生长影响显著（周志春等，2006），因此选择适应的立地生境条件对木荷优质用材林的培育意义重大。受地理气候因子和立地条件等不同因素的影响，各地现有木荷人工造林的成效差异显著，通过掌握其在不同立地条件下生长、材质及林分结构分化特征，能够为其人工用材林适宜立地选择提供理论依据，有条件的地区还可"改地适树"。

一、不同立地条件和类型下木荷造林成效

研究表明，好的立地条件能显著提高造林成效，太差的立地条件并不适宜木荷用材林的造林和生长。培育目标不同，选择立地也应不同，如以培育大径材为目的的人工用材林营建，应尽量选择条件较好的立地，而营建生态防护林和生物防火林等则可按需选择。刘伟等（2009）对不同立地条件下造林 6 年后木荷幼林生长等进行调查，3 种立地条件间造林成活率、树高和胸径存在明显差异，成活率在好的立地下达 92%，而在较差的立地却不到 70%，立地条件适宜时木荷树高和胸径能够分别达到 5.27m 和 5.28cm，而不适宜的立地条件下木荷造林后虽然多数能够成活，但生长量却大大降低，营造于枫树矿的林分平均树高和胸径仅为 2.73m 和 2.78cm（表 7-8）。好的立地条件，土壤有机质、养分和水分丰富，能很好地保证苗木成活和生长所需，造林效果好。

表 7-8　不同立地条件木荷人工幼林成活率和生长

立地条件	成活率		树高		胸径	
	均值/%	0.05 显著水平	均值/m	0.05 显著水平	均值/cm	0.05 显著水平
水库边（优）	92.14	a	5.27	a	5.28	a
大田垄（中）	85.46	b	4.40	b	4.02	b
枫树矿（差）	69.39	c	2.73	c	2.58	c

注：表中小写字母不同示相互间差异显著，小写字母相同示差异不显著。下同。

进一步研究表明，木荷早期既适生于采伐迹地的全光环境又适于林冠下生长，但作为防火带林分的早期长势却较差。袁冬明等（2012）分别选择采伐迹地（2008年 2 月）、林冠下（2009 年 2 月）和防火带（2009 年 2 月）造林，分别于造林当年年底进行成活率调查及 2010 年 11 月底进行生长等调查（表 7-9）。结果表明，不同立地类型下木荷幼林成活率和保存率基本一致，因造林年份不同，采伐迹地幼林树高、地径和当年抽梢均存在一定优势，但林冠下和防火带皆在相同时间造林和调查，而林冠下幼林长势明显较防火林带上的幼林强。

表 7-9　不同立地类型木荷人工幼林成活率和生长

立地类型	成活率/%	树高/m	地径/cm	当年抽梢高/m	保存率/%
采伐迹地	95.2±4.5	2.18±0.39	3.03±0.58	0.63±0.14	93.0±6.8
林冠下	95.3±4.5	1.25±0.28	1.43±0.30	0.55±0.15	93.6±3.5
防火林带	93.0±4.5	0.77±0.19	1.18±0.29	0.34±0.09	87.9±6.4

二、不同坡向和坡位的木荷人工林林木生长特性

相同林地的坡向和坡位因光照、土壤湿度和养分含量不同而影响木荷林分生长。王秀花等（2011）对福建建瓯 13 龄幼林研究表明，阳坡更能促进木荷树高、冠幅及分枝等生长，阴坡则更利于木荷胸径的生长发育。类似地，楚秀丽等（2014）对不同坡向、坡位的近熟龄（46 龄）林分比较指出，相对于阴坡和中坡，阳坡和下坡的木荷其树冠浓密、树高和冠幅生长量较大，干形略有改善，而阴坡因土壤水湿条件较好而有利于木荷胸径的生长。研究还指出，不同坡向、坡位林分树高、胸径的变异系数均在 20% 以下，表明这些生境下木荷人工林林分生长较整齐，变异不明显，且阴坡、下坡的变异较阳坡、上坡小（表 7-10）。

表 7-10　不同坡向、坡位木荷人工林生长及变异

林龄/a	水平	树高/m		胸径/cm		单株材积/m³
		均值±标准差	变异系数/%	均值±标准差	变异系数/%	均值±标准差
46	阳坡	13.32±1.39b	10.46	19.16±3.54b	18.49	0.197±0.08b
	阴坡	17.23±1.20a	6.95	24.09±2.67a	11.07	0.376±0.10a
Pr 值		<0.0001**		<0.0001**		<0.0001**
42	下坡	20.10±2.78a	13.84	21.43±3.77a	17.58	0.346±0.14a
42	中坡	19.13±2.65a	13.87	18.39±2.97b	16.14	0.246±0.10b
46	上坡	15.16±1.97b	13.00	19.59±3.93b	20.06	0.230±0.11b
F 值		38.589**		9.493**		12.816**

包括木荷在内的一些阔叶树种，易形成多个分杈干从而影响植株生长和优质干材形成。王秀花等（2011）研究表明，木荷人工林的分杈干率为 22.50%～35.75%，以 1 杈干为主，而 2 杈干和多杈干的比例较小，且分杈干多发生在植株的较低部位（小于 0.5m）（17.00%～28.00%），较高部位（大于 0.5m）分杈干发生的概率很小（2.00%～7.50%）。

而不同立地条件下木荷人工林的分杈干率不同，地处下坡和阳坡时木荷分杈干率相对较低，其中坡位对木荷分杈干形成的影响较大，如地处下坡的木荷分杈

干率为 27.75%，较中坡的分权干率 35.75%降低了 8.00%。与坡位比较，坡向对木荷分权干形成的影响较小，阳坡的分权干率（22.50%）仅比阴坡（24.00%）低 1.50%（表 7-11）。这一结果说明木荷分权干的形成与其生境条件有关，在立地条件好的生境中分权干率较低。

表 7-11　不同坡向、坡位木荷人工林林木分权干情况

林龄/a	水平	分权干率/%	1 权干率/%	2 权干率/%	低权干率（<0.5m）/%	高权干率（>0.5m）/%
46	阳坡	22.50	17.50	5.00	17.00	5.00
	阴坡	24.00	24.00	0.00	18.00	6.00
42	下坡	27.75	23.25	4.50	23.25	4.50
	中坡	35.75	28.00	7.75	28.00	7.50

三、坡向和坡位对木荷人工林林分结构分化的影响

径阶分布是林分结构的基本规律之一（孟宪宇，1985），其特征是衡量林分生长稳定性及林分株间竞争的主要指标（李凤日，1991）。了解林分径阶分布能够掌握其结构的稳定程度，从而可为林分经营管理提供理论依据（Nanos and Montero，2002）。研究表明，阴坡、阳坡及上坡、中坡、下坡位的木荷人工林径阶分布均为倒"J"型（图 7-1），表明不同生境条件下木荷人工林林分结构较为稳定。从表 7-12 中还可看出，木荷人工林Ⅱ级、Ⅲ级林木占 90%以上，Ⅴ级木均未出现，即不同坡向、坡位林分分化不明显。

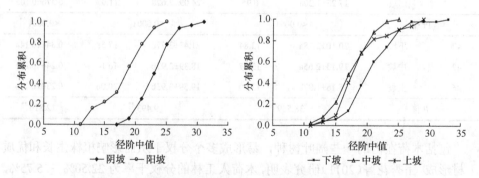

图 7-1　不同坡向、坡位木荷人工林径阶分布累积散点图

由不同坡向、坡位径阶中值与径阶分布累积散点图（图 7-1）可知，其径阶分布形状相近，阴坡径阶明显较阳坡大；下坡径阶较大，中坡、上坡林分大径阶株数较少。另外，其不同坡向、坡位的林分径阶分布累计图也表明径阶的分布均为倒"J"型，即木荷林分结构较为稳定。

表 7-12 不同坡向、坡位林分径阶分布参数及林木分级

因子	林龄/a	水平	径阶分布参数				林木分级百分比/%				
			a	b	c	r^2	I	II	III	IV	V
坡向	46	阳坡	11.730	29.100	0.595	0.872	0	50	43.8	6.2	0
		阴坡	17.770	29.990	0.520	0.897	0	40.6	59.4	0	0
坡位	46	下坡	12.598	17.952	0.753	0.871	2	38	56	4	0
	42	中坡	11.758	18.019	0.626	0.920	2	34	62	2	0
	42	上坡	12.099	17.948	0.673	0.918	9.4	21.9	65.6	3.1	0

四、坡向和坡位对木荷人工林木材基本密度的影响

木材基本密度是人工林材性利用考虑的两大关键因子之一。楚秀丽等（2014）研究表明，坡向对木荷木材基本密度的影响不显著，而坡位间木材基本密度差异显著，上坡林木的木材基本密度最大，为 $0.624g/cm^3$（表 7-13），显著大于中坡和下坡，较下坡大 14.92%。可能上坡林分生长的立地条件不如下坡（王秀花等，2011），树体生长较慢而促成的木材基本密度较大。有研究表明木荷木材基本密度与其抽提物含量高低有关（周志春等，2003）。因此，致使木荷木材基本密度升高或降低的原因有待进一步核实。有意思的是，从表 7-13 中变异系数亦可看出，其数值均较小，在 5% 左右，意味着相同坡向和坡位的木荷人工林林分木材基本密度均较为稳定，这也呼应了前述对应林分的结构稳定性。

表 7-13 不同坡向、坡位木荷人工林木材基本密度变异

林龄/a	水平	木材基本密度/（g/cm³）		林龄/a	水平	木材基本密度/（g/cm³）	
		均值±标准差	变异系数/%			均值±标准差	变异系数/%
46	阳坡	0.617±0.032	5.3	42	上坡	0.624±0.039a	6.3
	阴坡	0.630±0.035	5.6	42	中坡	0.547±0.030b	5.5
				46	下坡	0.543±0.024b	4.5
Pr 值		0.150		F 值		79.596**	

综上所述，木荷人工林适应性强，既适宜于采伐迹地更新，早期又能在林冠下很好地生长，且在不同立地类型及相同立地类型的坡向、坡位等生境条件下木荷人工林林分结构较为稳定。所不同的是，下坡和中坡因土壤水分等条件优异能够促进木荷的树高和胸径生长，进而增加其单株材积，但也可能因此而致使中坡、下坡的木材基本密度显著低于上坡，针对这种情况，需要进一步加强该方面的研究，即既能促进个体快速生长又不会导致木材基本密度的下降。同时，阳坡和下

坡的木荷树高和冠幅生长量较大，干形略有改善，而阴坡则因土壤水湿条件较好有利于胸径生长。因此，木荷人工用材林营建应尽可能选择土壤等条件较好的立地，特别是营建大径阶用材林应优先考虑水肥、光照条件较好的下坡、中坡及半阴坡和阳坡林地。在水肥条件较好的下坡及光照充足的阳坡，木荷顶端优势较强，有利于主干的高生长而抑制侧枝形成分权干。不同坡向和坡位的林分II级、III级木占主体，I级、IV级木所占比例较低，均未出现V级木，表明这些已达40龄以上的木荷人工林分仍比较稳定，也意味着为了培育中、大材阶的林木，需及时加强间伐抚育以释放林分生长所需营养空间。

第三节　造林模式及效果

木荷生长势较强，研究发现其纯林能够保持较强的生长势和稳定的林分结构（楚秀丽等，2014），而且生产上经常发现，杉荷混交林最后会发展成木荷占一定优势的林分，说明木荷是一个竞争和拓殖能力很强的造林树种。研究表明，科学的针阔混交有利于树种间理想空间结构的形成和生境条件的改善，进而提高林分的生产力（曹汉洋和陈金林，2000）。木荷是杉木理想的混交树种（林思祖等，2004），与杉木等混植时其生长竞争更为明显（姚甲宝等，2017a），与杉木适当比例的混交将显著增大木荷的胸径、树高和冠幅等，干形也有明显改善。因此，生产上较推崇营建荷杉等混交林，适宜混交比例的混交林内木荷林木不仅个体生长较快而且树干较通直、分权干率较低（王秀花等，2011）。

一、木荷生长及竞争

木荷是一个竞争和拓殖能力很强的造林树种。姚甲宝等（2017a）通过模拟异质和同质两种森林土壤养分环境，设计单植、两株纯植和两株混植3种栽植方式，结果显示，异质环境中木荷与杉木混植时两树种均具较高的苗高和干物质积累，相对杉木，木荷根系可塑性强、具有明显的生长竞争优势。

木荷是觅取异质分布养分能力较强的树种。从表7-14不难看出，异质环境下，不论单植、两株混植和两株纯植木荷的苗高和干物质积累量均较同质养分环境明显增加。为获得异质养分需要较多的干物质分配至地下部分，其根冠比亦略高于同质养分环境。无论何种栽植方式木荷均表现出较高的生长竞争优势，其生长指标皆高于相同栽植方式的杉木。混植方式同时促进了木荷与杉木的生长，也暗示了荷杉混交林的生产力优势明显。

木荷较强的生长竞争优势首先源于其强大的细根系统，因细根是吸收水分和养分的重要功能组分。其细根（直径≤2mm）分别占根系总长和总表面积的94%

表 7-14　不同养分环境下邻株竞争对木荷和杉木苗木生长的影响（平均值±标准偏差）

养分环境	栽植方式	木荷			杉木		
		苗高/cm	干物质量/g	根冠比	苗高/cm	干物质量/g	根冠比
异质	单植	29.21±5.11b	17.45±3.41b	0.85±0.58a	16.10±3.49b	3.59±1.71b	0.96±0.27a
	两株混植	36.00±4.15a	24.01±5.04a	0.78±0.21a	24.50±3.2a	4.29±1.28a	0.82±0.12a
	两株纯植	24.38±6.53b	12.57±7.06b	0.75±0.41a	—	—	—
同质	单植	21.58±3.63b	10.74±3.45b	0.66±0.26a	29.33±4.76a	8.18±2.75a	0.57±0.1a
	两株混植	28.75±5.61a	15.55±6.82a	0.72±0.14a	24.33±4.12a	4.62±0.83b	0.60±0.15a
	两株纯植	18.92±6.24b	10.39±7.03b	0.70±0.49a	—	—	—

和 80%以上，尤以 0～0.5mm 细根比例最高，因此，木荷对土壤养分资源的竞争性强烈。异质养分环境下，两株混植强烈促进了木荷各级细根生长，较单植增长了 30%～400%。与异质养分环境不同，同质养分环境中邻株竞争均未使木荷各径级细根增加，且纯植的木荷和混植的杉木因竞争激烈而影响细根的发育，其各级细根生长量反而减少（图 7-2）。细根可塑性的差异将对森林群落中种间竞争产生决定性作用（Bauhus et al.，2000），因此这种细根可塑性的差异可能是混植木荷生长竞争优势形成的原因之一。由此可以看出，异质养分环境中混植的木荷其根系生长反应敏感，特别是细根形态及根量变化大，各级细根出现大量增生，而混植的杉木细根生长对邻株竞争反应较为迟钝，造成其苗木生长和干物质积累量低于木荷。

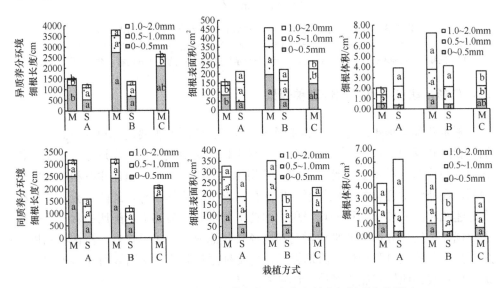

图 7-2　不同养分环境下邻株竞争对木荷和杉木细根形态的影响

图中 A、B、C 分别示单植、两株混植和两株纯植；M、S 分别示木荷和杉木受到土壤养分自上而下迅速降低的影响，异质养分环境中单植木荷细根长度、表面积和体积均随着土壤深度逐层递减，杉木则与之相反（图 7-3）。邻株竞争显著影响了木荷细根垂直分布方式，混植和纯植的细根明显较多地分布在富养第二层和第三层，采用补偿性的生长策略增加在低养分斑块（第三层和第四层）中细根的分布。除栽植土壤第一层外，相同土层的混植木荷的细根长度、表面积和体积均明显高于单植，且比混植杉木高 0.8～2.3 倍。可见因邻株对养分的激烈竞争，木荷细根改变觅养策略，由富养层向贫养层快速延伸，在更大范围内觅取养分，说明木荷细根具有较强可塑性。同时，混植木荷和杉木根系指标值皆较大，再次表明混交生产力优势。而混植杉木细根主要分布于第三层和第四层的低养分斑块中，降低了与木荷根系竞争的激烈程度，避免了两树种生长量和产量的双双下降，这种生态位分离方式可能是木荷和杉木混交林结构稳定和增产的一个原因。

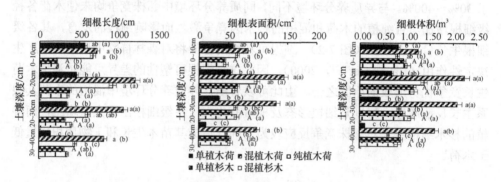

图 7-3　异质养分环境下竞争对木荷和杉木细根垂直分布的影响

括号内小写字母表示相同栽植方式下同树种细根不同土层间的差异显著性（$p<0.05$），括号外小写字母表示相同土层不同栽植方式间木荷细根差异显著性，大写字母表示相同土层不同栽植方式间杉木细根差异显著性

二、与杉木萌芽林不同比例套种效果

杉木皆伐迹地更新是浙江等我国南方省（自治区）主要造林更新方式之一，加之杉木较易萌芽，因此营建木荷杉木混交林，采用直接在皆伐迹地杉木萌芽林套种木荷成为一种主要的造林模式。选用木荷优良种源——福建建瓯和江西安福种源，在浙江省开化县五星林区开展木荷与杉木萌芽林套种模式的试验。经分析福建建瓯和江西安福两种源均表现出木荷：杉木萌芽为 6∶4 配比的套种模式效果较优，不仅林分植株的平均树高和胸径较其他两种配比模式高，植株的冠幅、枝下高及分枝数量和分枝长势均较优，建瓯种源林分还表现出 6 荷 4 杉模式下一级分枝数较其他模式显著降低，详见表 7-15。

表 7-15　木荷与杉木萌芽林不同比例套种林分生长及分枝状况

种源	套种比例	树高/m	胸径/cm	冠幅/m	枝下高/m	一级分枝数	最大分枝粗/cm	通直度	分杈干数
建瓯	6杉4荷	6.44±0.26	5.92±0.26	2.42±0.14a	0.98±0.25b	3.02±1.60a	1.17±0.53a	4.23±0.29b	0.79±0.17a
	5杉5荷	6.31±0.56	5.32±0.68	2.24±0.10b	1.01±0.06b	2.01±0.91b	0.79±0.18b	4.46±0.18a	0.43±0.07b
	6荷4杉	7.09±0.33	6.10±0.23	2.32±0.01ab	1.20±0.23a	2.08±0.68c	0.89±0.03b	4.50±0.32b	0.51±0.27a
	F值	1.177	1.528	5.470**	11.380**	8.100**	5.699**	7.147**	8.146**
安福	6杉4荷	5.61±0.14b	5.39±0.52	2.31±0.08b	0.90±0.15	1.48±0.42b	0.78±0.14b	4.26±0.30	1.07±0.18
	5杉5荷	5.65±0.15b	5.22±0.14	2.26±0.03bc	0.83±0.22	1.36±0.61b	0.67±0.20bc	4.20±0.07	0.97±0.23
	6荷4杉	6.55±0.38a	6.16±0.99	2.51±0.11a	0.91±0.12	2.70±0.32a	1.14±0.17a	4.33±0.26	0.88±0.18
	F值	13.523**	1.776	8.226*	0.176	7.592*	6.144*	0.231	0.673

三、混交林林木生长优势

竞争是混交林经营的核心问题，木荷通过其较强的竞争能力从混交林获取资源较纯林表现出更强的生长势。王秀花等（2011）对立地条件相似、林龄一致的林分进行调查分析，木荷按一定比例与杉木混交有利于木荷个体的生长，如从木荷纯林至荷杉比为1：3的混交林，或荷杉比从3：7至1：3，木荷平均胸径、树高、冠幅和枝下高分别增加了10.32%～39.19%，这意味着在生产上应提倡按适当比例营建荷杉混交林。荷杉混交有利于形成良好的种间结构和生境条件，与杉木混交对木荷的树干通直度的影响也达到显著性水平。虽然按一定比例与杉木混交有利于木荷个体的生长，但其树干通直度却有所降低。木荷树干圆满度在2组林分间差异不显著，说明木荷具有树干圆满的特性，混交育林对其影响较小。此外，未观测到木荷一级侧枝数、最大侧枝角和木材基本密度在2组林分间的变化存在明显规律性（表7-16）。

表 7-16　木荷人工混交林生长及荷杉混交比例效果比较

性状	林分类型（林龄）			荷杉混交比例（林龄）		
	纯林（15龄）	混交林（14龄）	Pr值	3：7（14龄）	1：3（14龄）	Pr值
胸径/cm	8.645 ± 2.306	9.841 ± 2.514	0.0006	8.092 ± 2.103	10.625 ± 1.862	<0.0001
树高/m	7.139 ± 1.094	8.851 ± 2.339	<0.0001	7.769 ± 1.519	8.844 ± 1.316	<0.0001
冠幅/m	2.315 ± 0.757	2.554 ± 0.932	0.0479	1.980 ± 0.682	2.756 ± 0.780	<0.0001
树干圆满度	1.271 ± 0.084	1.282 ± 0.047	0.2275	1.248 ± 0.043	1.249 ± 0.074	0.8733
树干通直度	1.960 ± 0.244	1.788 ± 0.234	<0.0001	1.875 ± 0.234	1.702 ± 0.234	<0.0001
枝下高/m	4.389 ± 1.297	5.326 ± 1.981	0.0001	4.226 ± 1.417	5.414 ± 1.649	<0.0001
最大侧枝角度/（°）	43.15 ± 14.471	37.45 ± 10.998	0.0020	39.30 ± 12.144	45.45 ± 15.077	0.0017
一级侧枝数	3.669 ± 0.604	4.121 ± 0.628	<0.0001	4.042 ± 0.661	3.787 ± 0.697	0.0085
木材基本密度/（g/cm³）	0.539 ± 0.030	0.541 ± 0.036	0.7017	0.551 ± 0.043	0.537 ± 0.053	0.0406

分杈干作为一些针阔叶树种固有的遗传特性，在不同的栽培条件下表现亦不同（张海涛等，2000），相对纯林，混交林生境条件得到改善，从而降低了分杈干率。对于1:3荷杉混交林，木荷分杈干发生概率相对较小。从表7-17可以看出，荷杉混交林个体分杈干率明显降低，在1:3荷杉混交林中，木荷的分杈干率为28.00%，较木荷纯林（33.00%）降低了5个百分点。在与杉木混交造林时，木荷为竞争有限的营养生长空间，主干生长加快而制约了分杈干的发生。因此，进行合理的混交经营及加强幼林的抹芽除萌，可有效降低木荷分杈干形成的概率以培育优质干材。

表7-17 不同模式木荷人工林林木分杈干情况

林龄/a	林分类型	分杈干率/%	1杈干率/%	2杈干率/%	低杈干率（<0.5m）/%	高杈干率（>0.5m）/%
15	纯林	24.00	24.00	0.00	18.00	6.00
14	混交林	35.75	28.00	7.75	28.00	7.50

木荷具有较强的生长势，其纯林不仅能够维持较快生长，林分结构亦较为稳定。而混交林内木荷的竞争优势更为明显，与杉木混植时2个树种的根系总长度、总表面积和总体积均高于单植，而两株纯植时木荷根系则受到抑制。木荷根系总长度的增加，使其觅养范围扩大，对移动性差的离子（如磷）的吸收尤为重要，而根系表面积与体积的增加，增大了根系与土壤接触面积以提高利用斑块养分的能力。张蕊等（2013）研究证实，这种根系反应与木荷幼苗的氮、磷吸收效率呈显著正相关，有利于对土壤养分元素的吸收。同时，氮、磷吸收效率的提高增进了木荷干物质量的积累，并最终影响木荷生长。由此看来，根系发达的植物获取的养分更多，从而使地上部分生长更加高大，树种间根系对空间异质性养分反应的差异间接影响地上部分的不对称竞争（李洪波等，2013）。竞争同样影响了细根的垂直分布，在异质养分环境中，混植木荷的细根占据了富养的土壤表层（第二层和第三层），而混植杉木细根主要分布于第三层和第四层的低养分斑块中，降低了与木荷根系竞争的激烈程度。因此，在生产上应提倡木荷与杉木或与其他树种的混交造林，但木荷混交的比例不宜过大，否则易造成种间关系失衡，难以达到理想的造林效果，而冠以适当的混交比例，则能够促进木荷人工林的生长，同时抑制分杈干的形成。

第四节　人工林经营技术

自20世纪60年代以来，福建、广东和江西等营建了上万公顷的木荷人工林，因初植密度和抚育间伐等经营措施的不同，各地木荷人工造林的成效差异显著。

我国自 2005 年开始启动实施珍贵树种基地建设示范项目，年投资 2000 万元，先后在全国 20 多个省（自治区）的 90 多个县（市）开展了 60 多个珍贵树种培育基地建设的示范工作，取得了较好的成效。珍贵优质阔叶用材树种除对立地条件要求较高外，对营林和培育技术要求也较苛刻。因此，要培育大径阶的珍贵优质阔叶用材林，必须了解不同树种在不同立地条件和营林措施下的生长规律和优质干材形成机制，因地制宜，科学营林。结合木荷人工林生长特性和竞争优势，科学的初植密度和抚育间伐等营林措施将促进木荷人工林林分生长、木材基本密度等材性均匀性提高及林分结构稳定分化，在培育优质大径材人工林的同时，尽可能地缩短培育周期、提高效益（王秀花等，2011；楚秀丽等，2014；姚甲宝等，2017b）。

一、木荷人工林生长规律

木荷为珍贵阔叶用材树种，其人工林生长周期相对较长。楚秀丽等（2014）选择生境、初植密度（2500 株/hm²）等一致的不同林龄林分，进行其生长性状分析，发现林龄较大林分的树高、胸径和单株材积均分别显著大于林龄较小的林分相应指标，46 龄林分树高、胸径和单株材积分别较 29 龄林分相应指标大 37.07%、21.48% 和 88.94%；同样地，29 龄时分别较 13 龄时相应指标大 28.53%、84.47% 和 314.58%。从不同林龄段生长量指标增幅可见，木荷人工林 29 龄和 46 龄时生长仍较快。在此期间，应加强管理，适时间伐施肥，以保证林木生长所需的养分和生长空间。也有研究表明，木荷生物量达到峰值年龄为 80～90 龄（蔡飞和张勇，1996）。

相同初植密度下（2500 株/hm²），木荷人工林不同林龄树高和胸径的变异较小。如表 7-18 所示，不同林龄木荷人工林林分树高、胸径的变异系数均小于 20%，特别是 46 年生林分树高和胸径变异系数分别为 6.95% 和 11.07%，表明该林分树高和胸径并未出现明显分化。

表 7-18　不同林龄木荷人工林生长及变异

林龄/a	树高/m		胸径/cm		单株材积/m³
	均值±标准差	变异系数/%	均值±标准差	变异系数/%	均值±标准差
13	9.78±0.83c	8.47	10.75±1.608c	14.96	0.048±0.02c
29	12.57±1.27b	10.09	19.83±2.896b	14.61	0.199±0.07b
46	17.23±1.20a	6.95	24.09±2.666a	11.07	0.376±0.10a
F 值	471.158**	—	349.019**	—	249.021**

木荷人工林木材基本密度的径向变异符合 Panshin 和 De Zeeuw（1980）所述的第Ⅲ种类型，即由髓心向树皮大体呈逐渐减小的趋势，即随林龄增大，木材基

本密度逐渐减小（表 7-19，图 7-2 左）。40～50 龄段和 30～40 龄段的木材基本密度皆显著低于 20～30 龄段，20 龄之前的两林龄段木材基本密度虽差异不显著，但仍随林龄增大而降低，这与木荷近髓心部分抽提物含量较高有关（王秀花等，2011）。此外，木荷人工林木材基本密度由髓心向树皮下降的速度还随着径生长量的增加而加快（图 7-2 左）。而木材基本密度的变异系数在林龄段内较小（均小于 2.8%），即林龄段内木材基本密度变化幅度较小。40～50 龄段时，木荷的木材基本密度最小，为 0.566g/cm³，但仍大于报道的一些其他树种，如红皮云杉（*Picea koriensis*）为 0.318g/cm³（徐魁梧等，1996），鹅掌楸（*Liriodendron chinense*）为 0.380～0.438g/cm³（李斌和顾万春，2002），酸枣（*Choerospondias axillaris*）为 0.497g/cm³（李权等，2017）等。

表 7-19　不同林龄木荷人工林木材基本密度及变异

木材基本密度/ （g/cm³）	林龄段/a					F 值
	0～10	10～20	20～30	30～40	40～50	
均值±标准差	0.640±0.017a	0.635±0.017ab	0.618±0.012b	0.595±0.017c	0.566±0.015d	22.273**
变异系数/%	2.7	2.7	1.9	2.8	2.7	—

木荷年轮宽度的径向变异规律与木材基本密度有所不同，由髓心向树皮先增大后减小（图 7-4 右），即随树龄增加其径向生长速率逐渐减慢，至中幼龄（20～25 年）阶段应加强抚育等营林措施以促进其生长。据对生长相对较慢的 45 年生 1 号木荷人工林样地的研究结果表明：在 20 年生左右其木材基本密度和年轮宽度均表现出明显减小，在中成熟龄（35～40 年）间达到最小值（图 7-4）。据此可通过加强木荷人工中龄林的间伐抚育，促进中后期的径生长，同时提高木材的径向均一性。

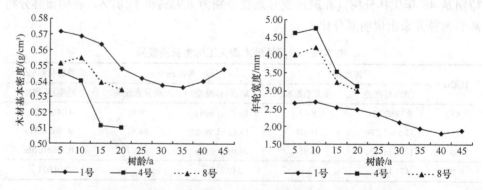

图 7-4　木荷人工林木材基本密度（左）和年轮宽度（右）的径向变化图

表 7-20 不同林龄木荷人工林林木分级显示，IV级、V级木均未出现，说明各

林龄林分结构均未出现明显分化。与 13 龄相比，随林龄增加，Ⅱ级木比例增大，同时Ⅲ级木比例减小，此现象是林分径级随林龄增大而向大径阶推进的正常表现，同时亦表明随林龄增大林分结构分化程度逐渐加大，但仍处于较稳定状态。

表 7-20　不同林龄林分径阶分布参数及林木分级

林龄/a	径阶分布参数				林木分级百分比/%				
	a	b	c	r^2	Ⅰ	Ⅱ	Ⅲ	Ⅳ	Ⅴ
13	5.580	9.932	0.654	0.875	2	38	60	0	0
29	13.613	19.742	0.582	0.916	0	40.6	59.4	0	0
46	17.772	29.990	0.520	0.897	0	40.6	59.4	0	0

同一分布累积对应的径阶中值随林龄增大显著增大，林龄段间径阶差值表明 46 龄林分生长较 29 龄稍慢，但尚处在快速生长期（图 7-5 左）。而且，不同林龄木荷人工林径阶的拟合效果较好，形状参数 c 皆小于 1（表 7-20），表明其径阶亦均为倒"J"型分布，林分结构均较稳定。尽管已达 46 龄，木荷人工林林分分化不明显，其林分生长仍较快，但若培育大径材则依然需要加强其人工林的抚育间伐和密度控制（图 7-5 右）。

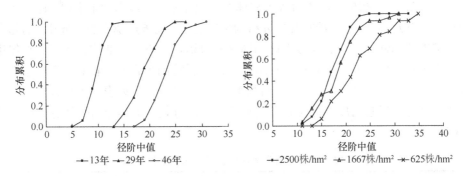

图 7-5　不同林龄（左）及初植密度（右）木荷人工林径阶分布累积

二、林分密度调控

木荷人工林林分生长及木材基本密度显著受初植密度的影响，选择合理的初植密度不仅能够促进林分个体间的合理竞争而较快生长，而且能够显著提高林木的木材基本密度。楚秀丽等（2014）研究比较了木荷人工林代表性样地的林木生长（表 7-21），结果表明林分平均树高随初植密度的减小而降低，当初植密度为 2500 株/hm² 时最高，显著高于其他两较低初植密度的林分；平均胸径和单株材积则随初植密度的减小而增大，初植密度为 625 株/hm² 时胸径和单株材积均最大，显著大于其他两较高初植密度林分的对应指标，可见，高密度利于树高生长而低密度则促进胸径发育。初植密度对木荷人工林胸径变异的影响亦较大，随着初植密度降低，林分个体胸径变异增大（标准差变大），可能因低密度条件下，个体幼年生长差异导致的不对称竞争（Pretzsch and Biber，2010）致使了生长过程中植株

表 7-21　不同初植密度木荷人工林生长及木材基本密度比较

林龄/a	初植密度/（株/hm²）	树高/m	胸径/cm	单株材积/m³	木材基本密度/（g/cm³）
	2500	19.13±2.65a	18.39±2.97b	0.246±0.096b	0.547±0.030c
42	1667	15.14±2.70b	20.03±4.47b	0.253±0.151b	0.594±0.039a
	625	15.05±2.26b	23.27±5.50a	0.337±0.187a	0.577±0.034b
F 值		34.785**	13.287**	4.425*	19.798**

间胸径生长产生了较大变异。胸径的变异大于树高，亦是同龄纯林的正常特征表现（俞益武等，1999）。

林分木材基本密度则随初植密度的降低先增大后减小，初植密度为 1667 株/hm² 时，木材基本密度最大，为 0.594g/cm³。用材林木材基本密度为最主要的材性指标，不同初植密度是影响材性差异的重要原因（Lasserre et al.，2008）。因此，对于工艺材性要求的林分，需要确定合理初植密度。

表 7-22 不同初植密度木荷人工林林木分级显示，Ⅴ级木均未出现，即以不同初植密度营建林分在 42 龄时其林分结构仍较稳定，尚未表现出明显分化。而随着初植密度的降低，Ⅰ级和Ⅳ级木比例同时明显增加，表明较低的初植密度将促进林分内个体分化。对不同初植密度木荷人工林径阶的拟合效果较好，形状参数 c 皆小于 1（表 7-22 左），表明其径阶均为倒 "J" 型分布，亦表明了林分结构的稳定性。可见，尽管密度调控影响了其林分结构的分化，但林分内个体竞争仍在稳定范围内。

表 7-22　不同初植密度林分径阶分布参数及林木分级

林龄/a	初植密度/（株/hm²）	径阶分布参数				林木分级百分比/%				
		a	b	c	r^2	Ⅰ	Ⅱ	Ⅲ	Ⅳ	Ⅴ
	2500	11.758	18.019	0.626	0.920	2	34	62	2	0
42	1667	11.555	20.007	0.677	0.924	6.3	37.5	40.6	15.6	0
	625	12.769	19.997	0.795	0.921	12.5	28.1	43.8	15.6	0

不同初植密度的径阶中值与径阶分布累积散点图（图 7-5）表明，其径阶分布形状相似，即随初植密度的降低逐渐向大径阶转移。相同累积分布，较高密度林分的累积百分比所对应的直径明显小于较低密度林分，表明密度越高的林分所对应直径越小，即林分整体直径构成越小，必将导致林木材种规格降低。综上所述，培育木荷大径阶用材林初植密度为 1667 株/hm²。

三、间伐等抚育措施

木荷生长周期相对较长，是一个与杉木等针叶树混交的理想树种，生长竞争优势强，混交增产效果明显，木荷–萌芽杉木混交林经营的目标即为培育中、大径材木荷，提高萌芽杉木中小径材出材率（姚甲宝等，2017b）。抚育间伐是人为主动促进森林生长的主要营林技术措施，通过合理间伐不仅可带来部分中间收益，而且有利于提高保留立木的径级和蓄积增长量（邓伦秀，2010；尤文忠等，2015）。姚甲宝等（2017b）设置间伐试验并调查研究指出，密度较高的中龄（18 年生）木荷–萌芽杉木混交林，宜采用中度的间伐措施，即间伐强度 35%左右，伐后林木密度 1780 株/hm^2（木荷杉木株数比由伐前 1∶3 变为 1∶2），在保持林分蓄积量不减小的情况下，能够促进木荷胸径、单株材积快速增长及林分结构稳定性，加快实现木荷中、大径材培育目标。同为中等立地条件，楚秀丽等（2014）研究的 29 龄木荷纯林平均胸径为 19.83cm，单株材积为 0.199m^3，而本间伐试验 6 年后的木荷为 24 林龄，中度 II（35%）间伐木荷林分的平均胸径和单株材积已分别达到 19.80cm 和 0.195m^3，再次表明中度 II 间伐能加速木荷林分林木生长，缩短成材年限，有利于大径材的培育。

姚甲宝等（2017b）对 18 年生木荷与萌芽杉木 1∶3 套种混交林（初植密度为 3330 株/hm^2）进行间伐，6 年后结果对比分析表明（表 7-23），各间伐处理木荷林分的平均胸径及胸径 6 年增长量均高于未间伐，弱度（15%）、中度 I（30%）、中度 II（35%）和强度（60%）间伐木荷平均胸径分别较未间伐大 8.1%、21.5%、28.5%和 21.8%，胸径 6 年增长量分别较未间伐高 77.8%、168.9%、243.9%和 178.8%，方差分析表明，中度 I、中度 II 和强度间伐木荷的两胸径指标与未间伐之间差异显著（$p < 0.05$），但三者间无显著差异。各间伐处理木荷林分的平均树高和增长量均较未间伐有一定程度的增加，但均与未间伐之间无显著差异。这表明间伐有利于加快木荷林分胸径生长，但对林分树高生长促进作用有限。相对未间伐林分，弱度、中度 I 和中度 II 间伐林分中木荷总蓄积量有所提高，分别较未

表 7-23 间伐强度对荷杉混交林木荷生长的影响

间伐强度	胸径/cm	胸径增长量/cm	树高/m	树高增长量/m	总蓄积量/（m^3/hm^2）	蓄积增长量/（m^3/hm^2）
未间伐	15.41±4.00c	2.12±0.58c	10.34±1.37a	1.00±0.10a	87.22±1.88ab	26.31±1.88ab
弱度间伐（15%）	16.66±4.55bc	3.77±0.36bc	11.05±1.78a	1.12±0.00a	121.91±9.76a	61.00±9.76a
中度 I 间伐（30%）	18.73±4.16ab	5.70±1.53ab	10.82±1.86a	1.13±0.09a	98.12±39.47ab	37.22±39.47ab
中度 II 间伐（35%）	19.80±4.90a	7.29±1.90a	11.55±2.00a	1.28±0.29a	115.37±25.79a	54.46±25.79a
强度间伐（60%）	18.77±5.25ab	5.91±0.03ab	10.61±1.08a	1.17±0.02a	57.19±0.28b	-3.72±0.28b

注：数据为"平均值±标准差"，小写字母不同表示不同间伐处理间差异显著（$p < 0.05$）。下同。

间伐林分提高 39.8%、12.5%和 32.3%，而强度间伐 6 年后木荷的蓄积量反而减少。林分的蓄积量受单株材积和单位面积株数的双重控制，虽然各强度间伐处理的木荷单株材积有所增加，但因间伐后保留木株数减少，伐后特别是强度间伐后短期（6 年）林分增长的蓄积还不足以抵消伐除木的蓄积量，造成林分蓄积量有所下降。

间伐提高了林分中木荷中、大径级的株数比例。径阶株数分布分析表明（图 7-6），随间伐强度的增加，木荷的径阶分布峰值所在的径阶依次向高径阶方向递进，间伐强度越大，递进的幅度越大。未间伐处理木荷径阶分布峰值所在径阶为 18cm，而弱度、中度Ⅰ、中度Ⅱ、强度则分别为 20cm、22cm、22cm、24cm，中度Ⅱ间伐时径阶大于 18cm 株数占 66.2%，显著地高于未间伐处理（23.5%），并且出现了 32cm 以上的径阶。

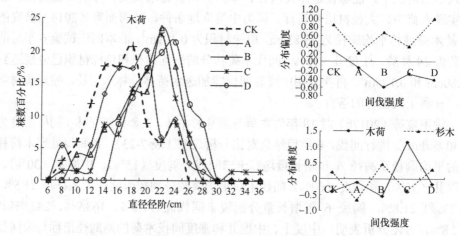

图 7-6 不同间伐强度木荷直径径阶分布及分布偏度和峰度

CK. 未间伐（对照）；A. 弱度间伐；B. 中度Ⅰ间伐；C. 中度Ⅱ间伐；D. 强度间伐

适宜强度的间伐不仅可促进木荷林分内大径阶株数增加，还可以增强其林分结构稳定性。由图 7-6 可以看出，未间伐林分木荷直径分布偏度值＞0，呈右偏，表示小径级的植株较多。经过间伐后，不同间伐强度木荷直径分布偏度值下降，且均＜0，表明间伐后木荷直径结构发生了明显的变化，径级大的株数增多。中、大径阶木荷株数多且分布集中，能有效实现中、大径级材种的培育目标。各间伐处理木荷直径分布峰度变化不同（图 7-6），中度Ⅱ间伐时木荷分布峰度为正值，即其林分直径分布曲线较正态分布尖峭，林分植株胸径阈值较窄、接近径阶中值的株数较多，其他三个间伐强度则较为平坦，预示林分植株胸径阈值较宽、小径阶和大径阶植株均占一定比例。不同间伐强度木荷直径分布的变异系数皆在 0.22～0.28 的小范围内波动，趋于一个稳定值（Minowa，1984；张鹏等 2016），且随着间伐强度的增大，先降低后升高，即林分内分化程度随间伐强度呈先降低再升高趋势，意味着中度间伐可提高林分结构的稳定性。

　　另外，木荷人工林培育不仅要重视乔木层管理，同时要兼顾林下的培育和管理，以保持人工林生态系统长期生产力和稳定性。保留密度对木荷人工林林分结构、林冠层凋落物数量和质量、林内小气候条件、土壤微生物数量和活力及林木根系生长状况等方面的影响不同，将导致林地肥力的差异。叶水西（2009）对 42 年生不同保留密度的木荷人工林林下植被和土壤肥力的研究表明，随保留密度增加，林内物种多样性指数、丰富度和均匀度均降低。密度为 675 株/hm² 的木荷人工林土壤有机质，N、P 和 K 含量及孔隙度，通气度都大于其他密度（450 株/hm² 和 900 株/hm²）的林分，利于林分生产力的长期维持。

　　因此，结合木荷人工用材林工艺成熟龄，合理控制初植密度及通过适时间伐、修枝抚育调控保留密度，不仅利于林分内木荷植株个体生长和林分结构稳定分化，提高林分蓄积量和材性均一性，而且还能改善林内小气候、维持林内物种多样性，利于林分生产力的长期维持。

参 考 文 献

蔡飞, 张勇. 1996. 演替过程中木荷种群动态的研究. 杭州大学学报(自然科学版), 23(4): 398-399.

曹汉洋, 陈金林. 2000. 杉木马尾松木荷混交林生产力研究. 福建林学院学报, 20(2): 158-161.

楚秀丽, 王艺, 金国庆, 等. 2014. 不同生境、初植密度及林龄木荷人工林生长、材性变异及林分分化. 林业科学, 50(6): 152-159.

楚秀丽, 吴利荣, 汪和木, 等. 2015. 马尾松和木荷不同类型苗木造林后幼林生长建成差异. 东北林业大学学报, 43(6): 25-29.

邓伦秀. 2010. 杉木人工林林分密度效应及材种结构规律研究. 中国林业科学研究院博士学位论文.

董振成, 王月海, 周生辉, 等. 2006. 侧柏平衡根系无纺布容器苗与塑料袋容器苗造林对比试验. 山东林业科技, (3): 35-36.

侯元兆. 2007. 现代林业育苗的理念与技术. 世界林业研究, 20(4): 24-29.

李斌, 顾万春. 2002. 鹅掌楸主要木材性状早期选择可行性研究. 林业科学, 38(6): 43-48.

李凤日. 1991. 兴安落叶松天然林直径分布及产量预测模型的研究. 东北林业大学学报, (15): 10-11.

李洪波, 薛慕瑶, 林雅茹, 等. 2013. 土壤养分空间异质性与根系觅食作用: 从个体到群落. 植物营养与肥料学报, 19(4): 955-1004.

李权, 林金国, 齐文玉, 等. 2017. 酸枣人工林木材基本密度和纤维形态径向变异研究. 西北林学院学报, 32(2): 276-279.

林思祖, 黄世国, 洪伟. 2004. 杉阔混交林杉木与其混交树种种间竞争研究. 林业科学, 40(2): 160-164.

刘伟, 周善松, 张先祥, 等. 2009. 不同立地条件下木荷容器苗与裸根苗造林对比试验. 浙江林学院学报, 26(6): 829-834.

刘勇. 2000. 我国苗木培育理论与技术进展. 世界林业研究, 13(5): 43-49.

骆文坚, 周志春, 冯建民. 2006. 浙江省优良生物防火树种的选择和应用. 浙江林业科技, 26(3): 54-58.

马常耕. 1994. 世界容器苗研究、生产现状和我国发展对策. 世界林业研究, 7(5): 33-41.

马雪红, 胡根长, 冯建国, 等. 2010. 基质配比、缓释肥量和容器规格对木荷容器苗质量的影响. 林业科学研究, 23(4): 505-509.

马雪红, 周志春, 金国庆, 等. 2009. 竞争对马尾松和木荷觅取异质分布养分行为的影响. 植物生态学报, 33(1): 81-88.

孟宪宇. 1985. 使用 Weibull 分布对人工油松林直径分布的研究. 北京林学院学报, (1): 30-40.

钱辉明. 1982. 树木容器育苗. 北京: 中国林业出版社.

沈国舫, 关玉秀, 齐宗庆, 等. 1980. 北京市西山地区适地适树问题的研究. 北京林业大学学报, (1): 32-46.

孙长忠, 沈国舫. 2001. 我国人工林生产力问题的研究 II. ——影响我国人工林生产力的人为因素与社会因素探讨. 林业科学, 37(4): 26-34.

汤景明, 翟明普. 2006. 木荷幼苗在林窗不同生境中的形态响应与生物量分配. 华中农业大学学报, 25(5): 559-563.

王秀花, 马丽珍, 马雪红, 等. 2011. 木荷人工林生长和木材基本密度. 林业科学, 47(7): 138-144.

王月海, 房用, 史少军, 等. 2008. 平衡根系无纺布容器苗造林试验. 东北林业大学学报, 36(1): 14-15, 38.

徐魁梧, 龚士干, 杨海荣. 1996. 红皮云杉人工林木材物理力学性质的研究. 南京林业大学学报, 20(4): 77-80.

许飞, 刘勇, 李国雷, 等. 2013. 我国容器造林技术研究进展. 世界林业研究, 26(1): 64-68.

姚甲宝, 楚秀丽, 周志春, 等. 2017a. 不同养分环境下邻株竞争对木荷和杉木生长、细根形态及分布的影响. 应用生态学报, 28(5): 1441-1447.

姚甲宝, 曾平生, 袁小平, 等. 2017b. 间伐强度对木荷－萌芽杉木中龄混交林生长和林分结构的影响. 林业科学研究, 30(3): 511-517.

叶水西. 2009. 密度对木荷人工林下植被和土壤肥力的影响. 安徽农学通报, 15(9): 74-76.

尤文忠, 赵刚, 张慧东, 等. 2015. 抚育间伐对蒙古栎次生林生长的影响. 生态学报, 35(1): 56-64.

俞益武, 江治标, 胡永旭. 1999. 杭州木荷常绿阔叶林的林分特征. 浙江林学院学报, 16 (3): 242-246.

袁冬明, 林磊, 严春风, 等. 2012. 3 种造林树种轻基质网袋容器苗造林效果分析. 东北林业大学学报, 40(3): 19-23.

张海涛, 薛长坤, 李艳飞, 等. 2000. 权干原理在促进结实的初步应用. 森林工程, 16(1): 39-40.

张鹏, 王新杰, 韩金, 等. 2016. 间伐对杉木人工林生长的短期影响. 东北林业大学学报, 44(2): 6-14.

张蕊, 王艺, 金国庆, 等. 2013. 施氮对木荷 3 个种源幼苗根系发育和氮磷效率的影响. 生态学报, 33(12): 3611-3620.

阮传成, 李振问, 陈诚和, 等. 1995. 木荷生物工程防火机理及应用[M]. 成都: 电子科技大学出版社.

周志春, 范辉华, 金国庆, 等. 2006. 木荷地理遗传变异和优良种源初选. 林业科学研究, 19(6): 718-724.

周志春, 李建民, 陈炳星, 等. 2003. 几种亚热带速生乡土阔叶树种的制浆特性评价. 中国造纸, 22(2): 8-12.

Bauhus J, Khanna P K, Menden N. 2000. Aboveground and belowground interactions in mixed plantations of *Eucalyptus globulus* and *Acacia mearnsii*. Canadian Journal of Forest Research, 30: 1886-1894.

Dilaver M, Seyedi N, Bilir N. 2015. Seedling Quality and Morphology in Seed Sources and Seedling Type of Brutian Pine (*Pinus brutia* Ten.). World Journal of Agricultural Research, 3(2): 83-85.

Lasserre J P, Mason E G, Watt M S. 2008. Influence of the main and interactive effects of site, stand stocking and clone on *Pinus radiata* D. Don corewood modulus of elasticity. Forest Ecology and Management, 255: 3455-3459.

Landis D, Tinus R W, Mc Donald S E, et al. 1990. Container tree nursery manuals, vo.1 2: containers and growing media//Nisley R G. Agricultural Hand book No. 674. Washington: USDA Forest Service: 88.

Mexal J G, Cuevas Rangel R A, Negreros -Castillo P, et al. 2002. Nursery production practices affect survival and growth of tropical hardwoods in Quintana Roo, Mexico. Forest Ecology and Management, 168(1/2/3): 125-133.

Minowa M. 1984. A theoretical approach to forest growth modeling (IV) : Individual tree growth and allometry derived from the log-MITSCHERLICH equation and a generalized weibull distribution, respectively. Journal of the Japanese Forestry Society, 66: 183-191.

Nanos N, Montero G. 2002. Spatial prediction of diameter distribution models. Forest Ecology and Management, 161: 147-158.

Panshin A J, De Zeeuw C. 1980. Textbook of Wood Technology (4th ed). New York: McGraw-Hill Book Company.

Pretzsch H, Biber P. 2010. Size-symmetric versus size-asymmetric competition and growth Partitioning among trees in forest stands along an ecological gradient in central Europe. Canadian Journol of Forest Resarch, 40(2): 370-384.

（楚秀丽撰写）

第八章　木荷生物防火林带和生态景观与防护林营建

森林火灾是一种突发性强、破坏性大、危险性高和处置困难的灾害。在全球总体气候变暖背景下，伴随着气候异常、气温升高和旱涝不均等自然灾害，森林火灾发生日趋频繁，21世纪以来，世界森林火灾次数及过火面积大幅度上升。因此，加强实施生物防火等森林火灾的预防措施，变被动为主动成为世界各国应对森林火灾的重要举措之一。选择抗火、耐火性强的树种，营建一定规格和结构的林带，把集中连片的森林割块、封边和形成闭合圈，起到阻火、隔火和断火的作用，提高森林自身抗御森林火灾的能力，有效减少森林火灾损失，从而达到防火减灾的目的。木荷栽培容易，生长迅速，适应能力强，树皮厚，树冠结构紧密，叶片含水量高，油脂含量低，不易燃烧，阻燃性强。大量的研究和实践表明，木荷抗火、耐火性强，是南方当家的生物防火树种，广泛应用于营建防火林带和针阔混交造林，高效阻滞林火的扩展与蔓延，有效降低针阔混交林的火险。我国南方12省（自治区）累计已建成生物防火林带达120万km，面积约160万hm²，其中以木荷为主的防火林带占70%以上，其防火效能、经济、社会和生态效益日渐显现。

防火林带建设是森林防火系统工程的重要组成部分，需要根据建设区域地形、山脉、河流自然条件、道路、森林资源结构和现有林带分布等核心要素，结合森林火灾发生、发展的规律和可控程度，进行统筹规划、优化林带网络布局配置，实现生物防火林带与自然阻隔带、工程阻隔带等紧密连接。根据实际需要和可能，规划不同类型的防火林带，形成逐级控制闭合，高效多功能的综合阻火网络。林带建设应推广应用近年来相关研究和应用的技术成果，因害设防，选择适宜的林带类型、规格和结构（垂直结构和水平结构），高标准高质量营建，集约化养护，及时提升改造和更新。

木荷对造林立地环境条件要求不严，耐干旱瘠薄，既可耐强光又可在一定的庇荫环境下生长，生长迅速，少病虫害，可飞籽成林，被喻为阔叶树种中的马尾松，成为南方林区土层浅薄、水土流失区和矿山废弃地等困难立地造林、生态修复及治理的首选树种之一。为提高造林成效，应针对困难立地土层浅薄、多石质、干旱贫瘠、植被稀少或局部阳性杂草（如五节芒、芒萁等）过多及矿渣污染等特点，因地制宜，采取选择适宜的混交树种、选用1~2年生容器苗与保湿处理、非均匀密度设计、块状清理、鱼鳞坑整地挖穴、客土施基肥、保水剂应用与地表覆盖及抚育管理等措施，加速森林植被的恢复。

针对我国南方杉木、马尾松针叶人工林纯林，树种结构单一，林分生产力普遍较低，生态功能弱，病虫害（松材线虫病等）和森林火灾风险程度高等突出问题，实施林分径级和树种结构调控，林下引入种植木荷、米槠和闽楠等地带性阔叶树种，培育针阔复层林，促进林分提质增效。木荷因其林分生长稳定，常绿，夏花，叶色光亮且随季节变化呈现出鲜红-鲜黄-鲜绿-亮绿-深绿的明显季相变化，也是优良的园林与"四旁"绿化树种，已在景观林建设中得到广泛应用，基于木荷在生态景观林构建的相关研究及应用成果，作者总结了近年来我国南方各地生态景观林构建的主要技术措施。

第一节　木荷生物防火林带营建

一、国内外生物防火林带建设现状

进入 21 世纪后，世界上森林火灾次数及过火面积大幅度上升。因此，做好森林防火工作，保护好森林资源，充分发挥森林的固碳功能，维护生态平衡，既是实现林业高质量发展的重大需求，也是减缓全球气候变暖进程的客观需要。世界各国都非常重视森林防火工作，不断探索森林火灾的特点和规律，采取各种防范措施，以提升对森林火灾的控制能力，最大限度降低火灾损失。

生物防火是指利用生物的燃烧性、抗火性和阻火性能的差异，调节森林的生物组成和结构，改变火环境，增加林分的抗火能力，阻滞林火的扩展与蔓延，从而达到防火的目的。生物防火林带就是利用木荷、油茶和杨梅等抗火、耐火性强的植物，在容易起火的田林交界处、入山道路两旁、山脊以及行政区界营造防护林带，把集中连片的森林割块和封边以形成闭合圈，起到阻火、隔火和断火的作用，提高森林自身抗御森林火灾的能力，有效减少森林火灾的损失，变被动扑火为主动防火。世界各国早就发现某些常绿阔叶树能够阻止野火的蔓延，提出营造常绿阔叶林带来阻止野火的蔓延，东南亚、欧洲各国和日本在这方面开展研究和应用较早且较多。日本在 20 世纪 30 年代的造林学中就有防火林带营造的内容。德国在 40 年代提出了营造绿色防火屏障，就是在林内营造宽 25m 以上，长度不限的阔叶防火林带。苏联农业部森林经营及护田林营造总局在 1956 年制定的《森林防火技术规程》中就规定在防火线两侧各营造 50m 宽的阔叶树的防火林缘。60年代苏联与东欧一些国家选择抗火植物与树种，提出营造防火林带，降低林分的易燃性，在有条件的地区用防火林带代替防火道。七八十年代为控制森林火灾的扩展与蔓延，欧洲南部与美国关岛等地区大力种植耐火植物带和阔叶防火林带。80 年代后半期，英国人工筛选几种新的微生物，能使枯草快速变为肥料，从而取代常规每年秋季森林可燃物的计划烧除。此后，生物防火朝着生物工程防火方向发展。到 80 年代末，苏联将防火林带的建设作为国家森林防火管理的主要对策之一，制定和实施了新的综合防治云杉、冷杉幼林森林火灾的试验，扩大阔叶林面积，划分幼林抗火灾的等级，将大面积的森林区划和分割成块状阻隔火灾的防火带。现在生物防火措施已被世界各国广泛重视，尤其是把生物防火林带列为简便有效的预防森林大火的方法，加大资金投入，推动防火林带的规划和建设，但总体上生物防火的发展仍比较缓慢。

我国开展生物防火研究和实际应用相对晚些，但发展迅速，防火林带理论研究和生产实践均位居世界各国的前列，并且系统开展了防火林带的树种选择、防火机制研究和造林经营技术构建。我国南方福建、两广等地一些国有林场于 20世纪 50 年代末为明确经营区界限，在边界山脊上营造木荷等乡土阔叶树，并发现这些阔叶树具有明显的阻火功能，60 年代末就开始用阔叶林带逐步取代生土带防火路，既可防火和阻火，又能保持水土，同时、还可提高林地生产力，一举多得。70 年代我国北方也开始营造阔叶防火林带，到 80 年代开始营建落叶松防火林带，从实践到理论纠正了针叶树不能作防火林带的传统观念。陈存及（1995）认为，由于东北林区地势平缓，风力大，火环境特殊，主林带宽度一般要求在 30～50m，副林带多在 10～20m，而在南方林区坡度较大，主防火林带多设置在山脊上，根据山地林火蔓延的特点，向上的对流热大于侧面的热辐射，所以林带宽度一般为10～15m 就能起到阻火作用（图 8-1，图 8-2）。各地从实践中逐步认识到防火

图 8-1　50 年生木荷防火林带（福建尤溪，彩图请扫封底二维码）

图 8-2　43 年生木荷防火林带（福建古田，彩图请扫封底二维码）

林带的结构和配置应因地制宜，因害设防，以营建防火林带建设和研究带动各项生物防火技术的全面发展。

从 20 世纪 80 年代开始，我国南方各省（自治区）大规模推广营造以木荷和火力楠等为主的防火林带，不断扩大生物防火阻隔网络，尤其是 80 年代末至 90 年代，我国《森林防火条例》的发布施行，尤其是南方各省（自治区）相继提出并实施了"消灭荒山"的造林绿化工程，并实施了以木荷为主的生物防火林带建设配套工程，要求成片新造林面积在 20km² 以上以针叶树种为主的人工林，均需在周界配套营建生物防火林带，实行"同步规划、同步设计、同步施工、同步验收"，强有力地推动了防火林带的建设，为有效控制森林火灾的蔓延发挥了重要作用。1995 年 7 月国家林业部在福建省三明市召开了"全国生物防火林带工程建设现场会"，推广福建省生物防火林带建设与造林绿化"四同步"的经验后，各省将生物防火林带建设纳入到林业发展规划或地方社会经济发展计划中，福建、广东和广西等南方省（自治区）把防火林带工程建设列为林业建设的重点工程之一，再次掀起防火林带建设高潮，到 2000 年我国南方建成以木荷为主的防火林带达 44 万 km，有效阻滞林火扩散蔓延的作用逐步显现，如三明尤溪县森林防火部门日志上记载着这样一起火灾案例：2000 年 3 月 28 日，玉池村一片 140 余公顷的杉木速生丰产林，因高压线断落引发林火，火焰高达十几米，飞火甚至飞过 12m 宽的公路，烧到了公路对面的林子，无法有效组织人员实施扑救，幸好该片林子在造林时按照"四同步"原则配套建设了木荷生物防火林带，肆虐的林火在烧到15m 宽的木荷林带时，遇阻而自然熄火，大火烧掉了 32hm² 的林木，但林带背后100 多公顷杉木速生丰产林却安然无恙。

自 21 世纪以来，原国家林业局发布了《关于进一步加强防火阻隔带工程建设的决定》（林安发〔2000〕222 号），尤其是国务院及各省（自治区、直辖市）的"森林防火条例"的修订实施，明确了生物防火林带等森林防火设施应当与林业工程建设项目同步规划、同步设计、同步施工和同步验收；在林区成片造林的，应当同时配套建设森林防火设施。各地均把生物防火林带建设列入当地林业建设总体规划中，森林、林木和林地的经营者（主体）根据生物防火林带建设规划组织实施，对新造林地，应当按照标准配套建设生物防火林带，推动生物防火林带建设进入标准化和法制化轨道。

党的十八大以来，全面贯彻森林防火"以人为本"和"绿水青山就是金山银山"的新发展理念，我国南方林区生物防火研究和生物防火林带建设有序推进，具有相当规模的防火林带正逐步形成生物阻火网络体系，生物防火已位居世界前列。目前，南方各省（自治区）各种防火林带已初具规模，树种从过去的较单一的木荷，发展到红荷、马蹄荷、火力楠、闽粤栲、米老排、女贞、油茶、茶树、棕榈以及经济林木果树等。据不完全统计，我国南方 12 省（自治区）累计建成生物防火林带达 120 万 km，折面积约 160 万 hm²，其中以木荷为主的防火林带占70%以上。福建和广东两省分别达 20 万 km 以上，其中以木荷为主的防火林带达90%以上；广西、江西和浙江的防火林带均达 10 万 km 以上，以木荷为主的防火林带达 80%以上。福建三明地区把防火林带建设作为"绿色防火工程"的战略措施，坚持林带建设与人工造林实行"规划、设计、施工、验收"四同步，将林带网络区划为网络区、分区、小区和网眼四级，最小网眼控制 1～3 个小班，面积在20km² 以内，这样就把网络区、行政区、权属界和小班界有机结合起来，既有利于森林防火，也有利于林政管理和森林经营，实现阻隔系统网络化，就可有效地控制大的森林火灾。

二、木荷防火林带防火机制与效能

森林火灾是在开放环境中的自由燃烧过程，受可燃物特征与分布、空气湿度和地形与风场分布等因素的影响，而所有这些因素又在森林燃烧过程中相互影响，构成了森林火灾的复杂性与随机性。所有的森林植物都能够着火燃烧，只是防火林带在遇到林火时与其他林木相比不易被点燃而发挥阻火或显著降低火势、阻滞蔓延的作用，或某些树种在过火后能够很快恢复生长。防火林带阻火能力与树种抗火性、耐火性密切相关。大量的研究和实际应用结果表明，木荷抗火能力和耐火性均强，加上具备生态适应性强（根系发达、耐干旱、既喜阳有又具较强的耐阴性）、常绿、树冠结构较紧密、栽培容易和生长快等特点，成为营建生物防火林带树种的首选。

1. 木荷的抗火性、耐火性和难燃性强

木荷为常绿阔叶树种，具有树冠浓密、树叶厚革质、含水量大、耐热性高、树皮厚、含灰分高和含油脂少的特点。相关研究结果：木荷叶片含水率 52.14%，鲜叶的着火温度 456℃，燃烧热值 4387cal[①]/g，含油脂仅 6%。与马尾松和杉木相比，木荷着火温度高，含水量大，热值小，灰分含量多，因而不易燃烧。一般常绿阔叶树在冬季含水量少，但木荷树叶为厚革质，冬季含水量也大，当遇到火时，叶片水分蒸发需要吸热，因而能降低燃烧时的温度，使之不易燃烧。木荷耐热性强，对辐射热的忍受限度大，比人体对辐射热的忍受强度大 5 倍，预热时间长，燃烧过程时而间断最终熄灭。可见，木荷具有很好的抗火性、耐火性和难燃性，阻火效果显著（图 8-3）。

图 8-3　林内山脊木荷防火林带阻火效果（福建永安，彩图请扫封底二维码）

2. 木荷林带能阻隔地表火

陈存及（1994）对木荷防火林带阻隔地表火的机制研究的结果，主要表现在如下几个方面。①成片木荷林下很少生长杂草灌木，利用木荷的他感作用，即木

————————

① 1cal=4.184J，下同。

荷与杂草共生存在种间相克关系,抑制一些易燃物种的生存,降低火险等级,从而有效阻隔地表火蔓延。对广东省怀集县下帅乡 8 年生的木荷防火林带的调查结果表明,木荷树冠茂密,郁闭度大,林下几乎不长杂草,有效地阻隔地表火。②木荷林带下存在许多微生物,可分解地被物,使林地可燃物减少,许多地方只长苔藓,当山火蔓延到木荷林带时,由于林带下可燃物少,很难造成地表火。③即使木荷林带下有枯枝落叶也不易燃烧,烧着了也很快熄灭。据试验,用堆燃方法点燃木荷枯枝落叶,燃烧不到 5min 就自动熄灭。

3. 木荷林带能阻隔树冠火

木荷树冠大,枝叶茂密,不但能抑制林带下地被植物生长,切断地面火的蔓延,而且能有效地阻断树冠火和火球火的飞越,隔火和抗火效果较好。卢柏威和袁水庆(1989)对广东省怀集县大坑山林场木荷林带调查结果,16 年生的木荷林高达 10.2m,21 年生平均树高 12.1m,胸径 13.6cm。木荷最高可达 30m,胸径可达 1.0~1.5m。木荷庞大的树冠,茂密的枝叶,除了能阻挡火焰的蔓延外,还能阻挡空气的对流,减少燃烧时氧气的补充,从而减慢燃烧的速度。同时,当火头烧到防火林带受阻而形成气枕,使火峰抬起向上形成对流柱时,防火林带可以加强热对流,使大量热能散失在林带上空,加上林冠密集,枝叶阻隔火峰辐射热和火星,能起到良好的阻火作用,有效控制树冠火的扩展和蔓延。国家林业部防火办与广东省防火指挥部办公室于 1984 年 10 月 25 日和 11 月 7 日组织国内专家分别对怀集县大坑山林场 1965 年营造的木荷防火林带进行两次抗火性能试验,参试林带坡向东北,平均树高 11m,平均胸径 14.5cm,林带内地被植物较少,两次试验从点火到燃烧结束的短短时间内,就形成了强烈的冲天火,均被林带阻挡,"山火"在林带内侧自然熄灭,而木荷林带外侧的杉木林却安然无恙。1986 年怀集县多罗山林场营造的一条 12km 木荷防火林带,带宽 10m,树高 6m。1994 年,该林场相邻的大岗镇大岗头发生山火,县、镇先后组织了 500 多人扑救,由于地形险要,风大火猛,无法直接扑救,使这场山火很快由地表火变为树冠火,当烧到山顶时幸亏被木荷防火林带阻隔,保护了林场 333hm² 松杉林木以及茶树。

4. 木荷萌芽力强,恢复生机快

木荷的生物学特性表明,其萌芽能力强,被烈火熏烤后的植株,即使树皮烧焦了,第二年还会继续萌芽长出新的枝叶,恢复生机。1984 年在大坑山林场 20 年生的木荷林带进行的抗火性能试验中,第一次试验,火烧前沿的木荷全株树冠被烧焦的有 15 株,部分树冠被烧焦的有 10 株,而被前沿火线遮挡着的 51 株木荷树冠完整无损;第二次试验,全株树冠被烧的有 18 株,部分树冠被烧的有 35 株,有 144 株树冠完整无损。这两次试验尽管有的木荷全株树干、枝叶被完全烧焦,但都没有发生着火，火头也无法穿过林带飞越其他地方。试验后第二年秋调查，混生在木荷林带的马尾松已被火熏伤枯死，而全株树冠或部分树冠被烧焦的木荷植株则长出了新的枝叶，恢复了生机。

5. 木荷防火林带生长快、寿命长

木荷树种适应性强，对土壤要求不高，耐干旱、耐瘠薄，根系发达，生长快，4～6年就可郁闭，即使是Ⅲ类立地上木荷仍可生长。据调查，1999年种植的林带到2002年调查时，平均树高达到2.8m，最高达4.2m，保存率达93%，长势良好。同时，木荷寿命长，树龄可达100年以上，能起到永久性的防火作用。实践证明，利用物种相克机制，发挥群体自然力在森林防火中的独特作用，通过营造木荷防火林带，将集中连片的林区割块封边，形成闭合圈，其阻火、隔火和断火作用好，效能高。早年种植的木荷防火林带，目前已起到防护效能，一旦发生山火，林带能起到阻隔作用（图8-4）。因此，多年来没有发生大的森林火灾，有效地保护了森林资源。

图8-4　与造林同步营建的防火林带（杉木主伐更新5年后，福建尤溪，彩图请扫封底二维码）

三、木荷生物防火林带建设规划原则和总体布局

1. 建设规划原则

一是统筹规划、优化配置。结合建设区域森林火灾发生、发展的规律和可控程度，综合考虑自然条件、山脉、道路、河流、林分树种结构和现有林带分布等

核心要素，进行优化配置林火阻隔系统网络，实现生物防火林带与自然阻隔带、工程阻隔带等紧密连接，根据实际需要和可能，规划不同类型的防火林带，形成逐级控制闭合，高效多功能的综合阻火网络。

二是因害设防、突出重点。坚持因害、因险设防，按照"先重点，后一般，先急后缓"的要求，优先配置林区火灾危险区域和重点部位（如各级行政辖区边界、林班界等），初步形成网络骨架后，再逐步进行加密。

三是因地制宜、适地适树。重视木荷防火树种的生物学、造林学和生态学特性，坚持以木荷等乡土树种为主，其他防火树种为辅，因地制宜、科学合理地选择林带造林树种。此外，如光照不足的山垄田边的林地，木荷虽适宜山垄田边林带种植，但木荷树体高大，不利于农作物的生长，需截干采取矮林经营或选择种植经济林茶果树种。

四是防火为主、兼顾效益和景观。生物防火林带营造要充分考虑树种的适生性、经济性以及林农生产的积极性，鼓励在山脚林田交界处发展常绿、耐火、抗火、速生的生态经济型防火林带，使得生物防火林带在正常发挥其防火效能的同时，产出尽可能大的经济效益。在入山路口、林区道路两侧等有效可视范围内，兼顾景观效果，合理搭配美化、彩花和香花树种。

五是分步实施、循序推进。有计划、分步骤地有效推进生物防火林带建设，优先开展高火险等级区域生物防火林带建设，并尽量与其他防火阻隔带形成闭合圈，逐步形成生物防火林带网络。

六是坚持重点林业工程与防火林带建设"四同步"。在规划和组织实施重点林业造林工程时，合理配套建设生物防火林带，做到同步规划、同步设计、同步施工、同步验收。

七是制定完善和执行防火林带建设标准。根据防火林带研究和实践的最新成果，制定和不断完善防火林带建设标准体系，重点把握好树种选择、林带宽度和结构、苗木规格质量和种植密度等关键技术环节和措施。

2. 防火林带总体布局

综合考虑建设区域林情火情、自然地理、社会经济、人类活动和现有林火阻隔网络的实际，按照"五大重点布局为主，其他一般布局为辅，尽可能形成不同级别的林火阻隔闭合圈网络"的要求，结合新建和改建措施进行生物防火林带规划布局。其中五大重点布局如下所述。

一是重点火险部位，包括山脚田边（农事活动频繁区）、山脚田边至重山山脊及其他人员活动频繁、森林火灾多发易发地段。

二是重要保护目标，包括林区内的重要军事、通信、电力、易燃易爆物品仓库和生产生活设施设备等建筑四周经营区界，以及国防林、革命纪念林和实验林等林业特殊用地边界。

三是省级以上自然保护区、国有林场、森林公园和风景名胜区外围分界线等。

四是乡（镇）级以上行政边界，以及能起关键阻火作用的主山脊。

五是除上述以外的重点生态区位的边界。

其他一般布局是指为能组成规划建设区域林火阻隔闭合圈而配套形成的一般区位。

四、防火林带的类型和结构

1. 林带类型与宽度

防火林带按其地位和所起作用可分为主防火林带（防火林带干线）和次防火林带（或称副防火林带、防火林带支线）2 种。

按防火林带设置的位置分为：主山脊（山脊）防火林带、山脚田边防火林带、道路防火林带、林缘防火林带和林内防火林带等。

按林带的优势树种可分为：木荷防火林带、火力楠防火林带、油茶防火林带、果树防火林带和防火植物带等。

防火林带的防火效能与其林带的宽度密切相关，应根据林带类型、树种自身的阻火性能、生态学特性、林龄、林分状况、林分燃烧性、造林地的地形（海拔、坡度、坡向、坡位）和气候特点等综合指标来确定。在山地条件下，林带宽度 15～20m（山脊防火线的宽度 10m）即可阻止树冠火的蔓延（图 8-5，图 8-6）。林带成独立群体时（如林缘）要考虑到边行效应，林带宽度大于 15m 时，内部林木阳光不足，生长受抑制。因此，林带内部行距应加宽，并留有 3～4m 宽的护林小路，林道不应当留在林侧，否则将形成荒草带，不利于防火。如遇陡坡、风口风道或针叶树较高地段，防火林带应适当加宽 3～5m。防火林带有效宽度的 2 个关系式如下：

$$Y=-0.461+0.0185x_1+0.2507x_2+0.367x_4;$$

$$Y=-0.0236+0.0151x_1+0.2456x_2-0.022x_3+0.014x_4+0.0001x_5$$

式中，Y 为防火林带有效宽度（m）；x_1 为可燃物载量（t/hm²）；x_2 为林带高度（m）；x_3 为可烧物的绝对含水率（%）；x_4 为风速（m/s）；x_5 为火线强度（kw/m）。

我国南方林区主要防火林带的种类和宽度要求见表 8-1。

表 8-1　防火林带的类型和宽度

林带种类	宽度/m	林带种类	宽度/m
主干线防火林带	20 以上	林区道路防火林带	10～15
支线防火林带	15～20	林缘防火林带	8～10
主山脊防火林带	15～20	林内防火林带	15～20
山脚田边防火林带	10～15		

2. 防火林带结构

1）垂直结构

防火林带的结构有三种形式：单层结构、复层结构或矮林结构及多层结构。

图 8-5　主山脊防火林带（福建建瓯，彩图请扫封底二维码）

图 8-6　林内防火林带（福建延平，彩图请扫封底二维码）

林带的垂直结构影响其阻火功能。乔木防火林带可以阻止树冠火，灌木和草本植物防火带仅能阻止地表火的蔓延。清理乔木防火林带下的枯枝落叶，就可阻止树冠火或地表火的蔓延。复层结构的防火林带具有乔木和灌木防火林带的双重特点，可以阻止树冠火和地表火的蔓延。

（1）单层结构：通常由同一树种或栽培特性相近、年龄基本一致的两种阔叶树组成单层树冠，以阻隔树冠火，比较适用于林内的防火林带。

（2）复层结构：一般由栽培特性不同的两种以上树种组成复层树冠，如阴性和阳性树种，或乔灌混交。容易发生地表火和树冠火并进的针叶人工林，特别是中幼林应尽量营建复层结构的林带。例如，山脊部位立地条件差，不适宜乔木生长，乔木可退居山脊两侧立地较好的地段，山脊中部由一些适应性强的灌木树种组成。复层结构也可用同一树种的单层结构通过不同的育林措施改造形成，如通过对部分林木平茬，形成高度不同的复层林冠。对于山脚田边的木荷等乔木型防火林带，为降低对农作物光照条件的影响，可采取截干修剪实施矮林作业。

（3）多层结构：由乔木—亚乔木—灌木或乔灌草构成复层林冠。实践证明多树种配置或乔灌结合，形成多层紧密结构的林带有利于提高林带内湿度，降低风速，阻挡热辐射，防火效果好。如条件允许，主林带应尽可能形成多层郁闭，林带中部适当加宽兼作护林小道和林带管理，这种类型可由天然阔叶林改造形成，或参照水土保持林的营造方式。

2）水平结构

水平结构是指林带树种在平面空间的配置方式，要求分布均匀，以充分利用营养空间，生长良好，冠幅浓密，更好地发挥阻火作用。水平配置有三种类型。①方形配置：株行距成正方形或长方形配置，常用于单层结构林带。②三角形配置：相邻的种植行，株行距错开，种植点构成三角形（正三角形或等腰三角形）。常用于不同树种混交的防火林带，以形成紧密型树冠结构，山脚田边种植的果木和竹子，为了充分利用光能，也应以三角形配置为好。③混合型：既有方形配置，也有三角形配置。

3）防火林带网络密度

防火林带网络密度应根据南方林区地形变化、森林植被类型的特点和火险等级及防火要求来确定林带网络的控制面积。网络密度大，林带面积占林地面积的比例就大，可把火灾控制在最小面积。网络密度小，情况则相反。南方林区林带网络密度一般以每 67hm^2 林地防火带闭合圈 3.3km 为度，对重点人工造林工程一般每 20～200hm^2 和火险较高的次生林或原始林每 2000～3000hm^2 应设置一条防火闭合网。

五、木荷防火林带营造技术

1. 林带林地准备

防火林带一般沿山脊、山坡和山脚田边延伸，线长面窄。因林地分散，地况复杂，有的地段是现有林，需进行全面林地清理整地；有的地段是需进行改造的老生土带防火道，需进行除草清理整地，不宜炼山清理林地。可用化学除草剂灭草后挖穴营造防火林带，如用 0.5L/m 的威尔柏溶液或草甘膦除草剂，灭除旧防火道上的杂草，8 个月后营造木荷防火林带已无药害，木荷成活率可达 90%以上。新造林地营造防火林带可与造林同步进行，整地方式一般为块状整地。整地时按 (1.5～2)m×2m 株行距定点挖穴，穴规为(40～50)cm×(40～45)cm×30cm，每穴施钙镁磷肥 150g 或有机肥 250g，然后再填回表土，并捡除草根和石块，回土高度应高出穴面 10～15cm。

2. 造林

一般在 2～3 月苗木顶芽尚未萌动前的雨后阴天栽植。裸根苗造林应于 4 月底前实施打泥浆沾根种植，如苗木出现抽梢，则需采取裁干措施；容器苗则于苗木地径达 0.30cm 以上、高达到 25cm 以上、形成顶芽并充分木质化时即可造林。种植时尽可能做到苗木入穴扶正、根系舒展和分层填土压实，最后培一层高出地面 10cm 左右的松土。如利用容器苗造林不能在其上踩压。

3. 幼林抚育

造林后第 1～3 年每年抚育 2 次，分别于当年的 4～5 月和 8～9 月进行一次全面除草和扩穴培土，每年结合第一次抚育剪除基部多余萌条。第 4 年于 8～9 月进行 1 次全面除草。

4. 幼林施肥

造林后第 2～3 年的 4～5 月，结合除草和扩穴培土采用环状沟施方法进行幼林施肥，每次施用常用复合肥或尿素 30～50g/株。

5. 防火林带的长期管理

木荷一般造林第 4～5 年即可郁闭，树高可达 3～5m，林带内杂草（尤其是阳性杂草）逐渐减少。然而，为发挥和提高林带的防火效能，每年秋冬季都应开展一次带内杂草或枯枝落叶的清理，对 10 年以上充分郁闭的林带，如出现林木生长分化严重时，应开展下层木的抚育间伐（或卫生伐）。

六、木荷生物防火林带维护与更新

木荷具有叶片的燃点高、枝叶含水量大、树干挺直、自然整枝良好、树皮较厚、树冠郁闭好、适应性强、燃烧热值低等特性，其抗火性能的综合评判值很高（张德值，2015），是我国南方最理想的防火林带树种。近年来一些林带的林木已逐渐进入成熟期，树木长势减弱，树叶开始稀疏，林带结构发生变化，阻火功能下降。为了使林带的防火性能得到持续发挥，必须及时对过成熟林带进行更新。30 年林龄的木荷林带为密郁闭林分，是最有效的阻火时段，维护管理较好的林带仍可保持较强的防火效能。木荷林带一般在 40 年后阻火能力开始下降，因此 40 年后可有计划地开展木荷防火林带的更新（张德值，2015）。

1. 人工更新

1）全带更新

针对衰老的成过熟木荷防火林带，采取一次性皆伐，然后在原来的迹地上，重新整地营造高标准的木荷防火林带。林带宽度（水平）15～20m。为防止水土流失，根据山场坡度，分别采取穴状或带状整地，造林密度为 167～200 株/亩，株行距为 2m×2m～1.67m×1.67m。选用地径 $D \geqslant 0.7$cm，苗高 $H \geqslant 60$cm 的良种壮苗（I 级苗）造林，有条件时选用容器营养袋苗进行造林。种植时要选择阴雨天气进行，裸根苗上山前必须用混有生根剂的黄泥浆根，种植深度要合适，种时要将植株旁边的土压实，上面要覆松土等，保证在种植季节内种好。每年扩穴抚育两次，结合松土培根每年进行一次施肥。同时要加强病虫害防治，使林带早日郁闭成林。

2）半带更新

在衰老的木荷防火林带一侧山场采伐林木时，一并先伐除靠近采伐迹地的一半木荷林带，然后采用高标准整地造林时在原地重新营造防火林带，待新建林带郁闭后，将另一半的老林带林木伐除，再进行营造林木，郁闭后就成为了一条新的林带。这种方法适合林带两侧或一侧为有林地且林木可以采伐的山场。

3）局部更新

针对局部有病、老、枯、死林木的林带和受外力影响而出现天窗的林带，应伐除这些林木，清理林地，按照适地适树的原则，进行局部整地造林更新，加强管理，等新造林带郁闭成林后就逐步形成了一条完整的林带。

4）带外更新

在原有防火林带的一侧，按照林带的规划设计要求，整地造林，重新营造一条防火林带，待新林带郁闭成林后伐除老林带。

2. 人工促进天然更新

木荷有很强的萌芽能力，对立地条件好，土壤肥沃，气候条件适宜，立木稀疏的局部地段的林带，通过在林冠下补植，适时采伐清理上层衰败的老龄树木，抚育时采取保留林带内和林带两旁的木荷及其他有阻火功能树种的幼树等人工促进措施，逐渐实现全带更新。这种更新方法可持续发挥防护效能，与全带更新造林相比可获得事半功倍的效果。

3. 天然更新

木荷种子量大、具翅、轻盈，随风飘散，条件合适可迅速发芽，可飞籽成林。对有条件的山场，在采伐林木时，沿山脊留出一定宽度林带的母树，伐除枯死林木，保留健壮常绿目的树种的幼树，每亩不少于 200 株。清理地表枯落物，就形成了一条天然的防火林带，既能阻火又可防止山脊水土流失。曾思齐等（2013）研究发现湖南省株洲市炎陵县东南部青石冈国有林场中林分 5 杉 4 荷 1 甜+马+尖-红-山将演替为木荷、甜槠和细叶青冈占优势的常绿硬阔混交林群落；林分 5 杉 3 木 1 甜 1 细-合-椆-马-山-雷-白将演替为甜槠、白栎、木荷、杉木占优势的常绿针阔混交林群落；林分 6 木 3 杉 1 茅-细在一定时期内仍为木荷、杉木占优势的常绿针阔混交林群落；林分 5 木荷 5 杉-檫-樱将演替为黄檀、杉木和木荷占优势的常绿落叶针阔混交林群落。周洋等（2015）对福建三明将乐林场栲类次生林，以幼苗层、幼树层、小树层、大树层中重要值较高的 10 个主要树种进行更新生态位研究发现，木荷、苦槠、青冈具有较大的更新生态位宽度，幼苗、幼树适应能力较强，是栲树的主要伴生树种。李婷婷等（2014）在热带林业实验中心的伏波实验场设置 3 种近自然改造作业样地，对杉木人工林近自然经营的初步效果进行分析，研究发现杉木林下天然更新树种主要是木荷、毛桐木、鸭脚木与乌桕，具有较高的重要值。

第二节 生态防护和景观林营建

由于木荷种子结实量大，生态适应性强，对造林立地环境条件要求不严，耐干旱瘠薄，既可耐强光又可在一定的庇荫环境下生长，生长迅速，少病虫害，在各种酸性红壤、黄壤和黄棕壤上均能生长，可飞籽成林，被喻为阔叶树种中的"马尾松"，成为南方林区土层浅薄和水土流失林地等困难立地造林和生态修复，以及矿山治理与植被恢复优先选择的树种之一。因其叶片和树皮较厚，含水量、含灰分高而含油脂少，成为南方构建生物防火林带的当家树种。木荷既可纯林造林，又是杉木、马尾松等较理想的混交造林树种，还可林冠下造林，有效降低针叶林火险，成林树干端直圆满，木材致密坚韧，经充分干燥后少开裂，不易变形，是上等优质用材，成为南方省（自治区）近年来林分质量提升改造的主要树种之一。木荷因其叶色光亮且随春、夏、秋、冬的季节变化呈现出鲜红-鲜黄-鲜绿-亮绿-深绿的明显季相变化，花期较长（5～6 月），花量大，花型似黄白色的小型荷花簇生于枝顶，观赏性强，落花时 6 瓣白色花瓣连同鲜黄的雄蕊整体脱落，亦具较高观赏价值，也是优良的园林与"四旁"绿化树种，已被广泛应用于困难立地造林、植被恢复与生态修复、林分质量和生态景观提升改造等。站在新的历史起点上，为满足新时代广大人民对美好生态环境的更高需求和期待，全国上下正深入贯彻落实"绿水青山就是金山银山"的新发展理念，造林绿化重心已由工程造林向困难立地造林与植被恢复（如土层浅薄干旱贫瘠石质山地、水土流失区、泥石流堆积地和矿山废弃地、高陡道路边坡和弃渣场等）、森林质量精准提升、"三沿一环"重点生态区位绿色屏障、城乡绿化一体化的"四绿工程"和森林景观与生态功能改造提升工程及创建国家森林城市等转变，以构建健康稳定优质高效的"山水林田湖草"生态系统，有序推进美丽中国建设。

木荷在南方红壤区的困难立地生态林营建与生态修复的应用，主要是基于其适应性强的特性，针对土层浅薄、多石质、干旱贫瘠、植被稀少或局部阳性杂草（如五节芒、芒萁等）过多及矿山废弃地主要污染物的特点，以提高造林成活率、促进幼林快速生长郁闭为主要目标，因地制宜，采取选择适宜的混交树种、选用1～2 年生容器苗与保湿处理、非均匀密度设计、块状清理、鱼鳞坑整地挖穴、客土施基肥、保水剂应用与地表覆盖及抚育管理等措施，加速森林植被的恢复。

近年来，木荷在我国南方省（自治区）林分质量提升改造中应用广泛，成效显著。主要是基于我国南方杉木、马尾松针叶人工林纯林，树种结构单一，林分生产力普遍较低，而且存在退化或潜在退化的危险，生态功能弱，病虫害（松材线虫病等）和森林火灾风险程度高等突出问题，转变森林培育经营方式，实施林分径级和树种结构调控，林下引入种植木荷、枫香、闽楠、米槠等地带性阔叶树种，培育针阔复层林，实现针叶人工林提质增效和生态经济可持续发展。

生态景观林建设是"发展现代林业，促进生态文明"的重要举措，也是优化森林结构、提升森林质量的切入点和突破口。充分利用木荷生态学特性和景观特点（林分生长稳定、常绿、叶色季相变化明显、夏花），通过补植套种、林分改造、封育管护等措施，改变林相破碎、色彩单一、景观效果差等不足；纯林多，混交林少；沿线针叶林或桉树多，乡土阔叶树种少；中幼林多，近熟林、成熟林、过熟林少的现状，推动森林资源增长从量的扩张向质的提升转变，构建区域林相优美、生态安全稳定的绿色屏障。木荷在景观林建设中应用广泛，可成片或带状纯林种植成为背景森林或景观带（生物防火带），也可混交造林或补植套种，还可作行道树或零星点缀种植，尤其还可适于城市公园绿地、郊野公园、乡村风景林和道路绿化美化。

一、困难立地生态林营建与生态修复

困难立地指的是工程造林难以进行的立地类型，包括土层浅薄干旱贫瘠石质山地、严重水土流失区、泥石流堆积地、矿山废弃地、石漠化山地、风沙侵蚀地、盐碱地、高陡道路边坡和弃渣场及受严重污染等类型的林地，这些立地植被大多覆盖率低，雨水或风沙等侵蚀严重，是植被恢复和生态修复的重点区域，若不重视对这些生态脆弱区域造林绿化与植被恢复，可能会进一步影响到生态安全。近年来，林业生态建设逐步成为最大的民生工程，深入开展困难立地［占各省（自治区）林地面积的 6%～15%］造林绿化与植被恢复相关研究和实践，具有重要意义。

木荷适应性强，可飞籽成林，是南方困难立地造林绿化和植被恢复的阔叶先锋树种。肖舒（2017）采用尾泥、尾渣、尾渣：尾泥 3：1、尾渣：尾泥 2：2、尾渣：尾泥 1：3 和对照土 6 种不同处理方式的土壤作为植物生长基质，选用木荷、栾树和马尾松 3 种树种作为修复树种，进行锰矿废弃地植被修复盆栽试验，结果表明：木荷和栾树在各组盆栽基质中生长状况均为良好，而马尾松的生长状况较差，对 Mn 富集量、生物富集系数和转移系数测试分析的结果表明，木荷具有很强的 Mn 富集能力，且在尾渣：尾泥 3：1 中的富集能力最强，木荷作为 Mn 耐性树种可用于锰矿废弃地的植被修复。袁斯文（2015）针对铅锌矿山开采废弃地造成严重的环境污染问题，以资兴市铅锌矿废弃地为研究对象，开展控制铅锌尾矿、废渣等废弃地的污染扩散和植被生态修复研究，采用"植物群落体系—生态拦截带—人工湿地系统"生态修复技术模式并对其工程运行效果进行分析，将治理试验场地分区设置为"生态修复区（15 480m²）—生态拦截带（2560m²）—人工湿地系统（150m²）"。生态修复区以自然植被恢复为主，人工种植优良的乡土树种（栾树、刺槐、马尾松+构树、马尾松+木荷、樟树+桂花、光皮树），并针对不同植物种类，在植物种植穴施加特制有机菌肥，促进植物生长，提高其重金属抗性和修复效果；生态拦截带采用"生态-经济型"植物（杜英、木荷、乐昌含笑、桂花、榉树、红豆杉、苦楝、杉木、香樟、红叶石楠、小叶女贞、四季桂、狗牙根草皮）的乔、灌、草组合配置，形成高效稳定的污染控制生物群落体系，阻截污染区水土流失，增强修复功能和季相景观效应，并在外围建立拦截沟和挡土防渗墙，控制污染扩散，收集土壤渗滤液与地表径流；人工湿地系统采用潜流人工湿地，通过基质与植物（木槿、女贞和麦冬）的组合配置，对土壤渗滤液与地表径流进行生态处理，出水达到《地表水环境质量标准》（GB3838—2002）Ⅲ类水质标准。该项生态修复治理工程初期，自然生长优势植物种类达 36 种，以禾本科和菊科植物为主，大部分植物体内都富集了一定重金属；生态修复 1 年后，尾矿层重金属向覆土上层迁移，自然生长优势植物种类减少至 16 种，以菊科为主，呈向浅根型植被演替规律；人工种植植物生长良好且景观效果好；人工湿地系统出水中 Pb、Zn、Cu、Cd 的含量均达到《地表水环境质量标准》GB3838—2002）Ⅲ类水质标准。

木荷作为阔叶先锋树种或混交造林树种，广泛应用于土层浅薄干旱贫瘠石质山地和严重水土流失区的造林绿化、植被恢复及景观提升改造工程，如福建省福州市鼓山风景区的两片 45 亩火烧迹地，原植被为生长不良的马尾松和杂灌，土层厚 10～40cm，坡面陡峭，坡度 30°～36°，局部岩石裸露，属Ⅳ级立地，施工难度大。由于该区域发生较严重的松材线虫病害，在不能选择针叶先锋树种马尾松造林的情况下，2016 年 2 月实施乔灌结合多树种造林，选择适应性强的乔木木荷、台湾相思（*Acacia confuse*）和灌木树种小叶赤楠（*Syzygium grijsii*）为主要树种，局部配置落叶树种枫香，采取修建蓄水池浇水等措施，当年成活率达到 85%，第 4 年基本郁闭，恢复植被，造林保存率达 80%，郁闭度 0.6 以上。总结各地困难立地造林的成功经验，采取的主要技术措施如下。

1. 树种选择与配置

在深入实地对造林地分布特点、地形地貌、土壤、植被进行调查并按立地类型划分等级的基础上，根据立地所处的地理特征和种植区立地条件，采取乔灌结合模式，选择本区域适应性强、耐干旱瘠薄的乡土树种或种植成功的外引树种，适宜的乔木混交树种有木荷、台湾相思、枫香、甜槠、米槠、无患子和柿子等，适宜的小乔木和灌木树种有山乌桕、山苍子、小叶赤楠、格药柃、山矾、黄瑞木、盐肤木、漆树等。由于困难立地的山体多坡度陡峭，立地差，土层厚度不一（多为 10～40cm 的浅薄土层），瘠薄干燥，且多存在岩石裸露、土体极不连续的状况，在树种配置上，要因地制宜，进行乔灌搭配，按立地条件的差异和在原有植被的基础上采取不同树种配置和非均匀密度设计。在土层较深厚处块状配置木荷等 1～3 种乔木树种并适当密植，种植点品字形排列，株行距 1.5～2.0m，在岩石裸露地则采取见缝插绿单株或丛状配置灌木树种或藤本植物，还可采取块状补植、播种造林（马尾松、台湾相思、千年桐、山乌桕、盐肤木等）等人工促进天然更新的方式，加速森林植被的恢复。实现困难立地绿化的同时丰富和提升景观效果。

2. 林地准备

林地准备是创造有利于林木成活和生长微环境的改地适树措施，对于降雨较丰沛的我国南方地区，在保护利用现有植被的基础上，主要采取块状清理、小鱼鳞坑整地挖穴（直径 40～60cm、深 20～35cm）或反坡水平沟整地（在水土流失严重、地形较完整、坡面较规则，坡度小、沿等高线挖反坡面倾斜度 5°～10°的种植沟），在无土层或瘠薄土层则需进行局部客土、施基肥（每穴施有机肥 1kg 或钙镁磷 0.5kg 或复合肥 0.1kg）、修建简易蓄水池等措施，为林木的生长发育创造适宜的环境，有效提高造林成活率（图 8-7，图 8-8）。

图 8-7　困难立地林地准备与种植（福建福州，彩图请扫封底二维码）

图 8-8　困难立地造林（5 年生，福建福州，彩图请扫封底二维码）

3. 选用优质容器苗

苗木是造林的基础，苗木质量好坏直接影响着造林效果，优质壮苗是在特定立地条件下能满足苗木成活和生长的前提，困难立地特殊的立地条件要求高质量、强抗性的苗木，在苗圃培育苗木过程中，严格质量标准，采取强化的调控措施以满足相应的苗木类型和规格质量要求。大量的试验研究和实际生产应用表明，容器苗与传统的裸根苗相比，根系发达，无纺布营养袋苗不需脱袋，根团完整，包装运输过程不易损伤，不仅造林成活率高，而且种植后恢复生长快（缓苗期短、无座苗现象）。但也存在苗木成本相对较高的问题，因其造林成效好，后期抚育成本也可不同程度的下降，加上新时代对生态环境建设的更高要求，造林育苗容器化和轻基质化已得到广泛推广应用。马尾松、木荷、枫香及许多珍贵树种的1年生苗木已基本实现了工厂化轻基质容器育苗，可以满足大规模的生产需求，而且一些精细化培育的苗木生长健壮，营养储备充实，成为生态工程造林的首选。因困难立地最显著的特点是土层浅薄，宜选择良种培育的中小容器苗（1～2年生营养袋壮苗）造林，有利于提高造林成活率和幼林生长。

4. 苗木处理、地表覆盖与保水剂应用

造林成活的关键是满足种植后的苗木水分平衡，因此，在调苗造林过程中，应因地制宜采取相关苗木保湿抗旱措施。一是苗木打泥浆处理：调苗前喷灌使苗木无纺布营养袋根团充分吸水（起苗时不滴水），起苗分级后30～50株1捆，将营养袋根团打上拌有磷酸二氢钾或钙镁磷的泥浆后，用塑料袋将苗木下半部分包裹后上山造林（图8-9）；二是在造林地挖简易蓄水池（可使用薄膜防渗），便于造林时浇定根水或造林当年出现连续干旱时开展浇水保苗；三是地膜或养护保湿布覆盖造林，即在造林后采用地膜或养护保湿布或包装苗木的遮阳网、编织袋等覆盖材料，以苗木为中心点覆盖50cm×50cm～80cm×80cm的面积，阻止土壤水分蒸发，促进水分横向移动，改善土壤水分状况和温度（图8-10）；四是采用保水剂（袋、颗粒）造林，即利用高或超高吸水性能的树脂制成的保水袋或保水颗粒，在种植时与苗木根系同时埋入穴内，可持续调节苗木根际土壤水分状况，其使用周期和寿命较长，在土壤中的蓄水保墒能力可维持1～4年，性能稳定。即使是极端的干旱，也不会倒吸林木的水分，虽然使用成本高，但在干旱的困难立地是提高造林成活率和保存率的有效措施之一。

5. 抚育管理

困难立地造林的主要目的是防止脆弱生态环境的进一步恶化，恢复和提升生态系统结构和功能，加强造林后第1～4年的抚育管理，是确保造林成活率和保存率高的关键。重点做好：一是每年4～5月和8～9月块状除草、扩穴培土1次并

图 8-9　木荷轻基质营养袋苗打泥浆与包装处理（彩图请扫封底二维码）

图 8-10　石质林地的养护保湿布覆盖造林（彩图请扫封底二维码）

利用杂草进行根际地表覆盖；二是造林的第一年雨季修筑布局适当的简易蓄水池，在旱季开展 1～2 次养护浇水；三是在造林的第二年结合幼林抚育的扩穴培土，每株追施复合肥 0.15kg；四是采取林业有害生物防控、禁牧、禁人为活动和森林防火等封禁保护措施，加快郁闭成林与生态修复（图 8-11，图 8-12）。

图 8-11　困难立地营造木荷混交林与植被恢复（4 年生，福建福州，彩图请扫封底二维码）

图 8-12　困难立地营造木荷生态林与植被恢复（5 年生，福建福州，彩图请扫封底二维码）

二、针叶人工林质量改造提升

改革开放以来，我国森林面积增长了 1.05 亿 hm²，森林蓄积量增加 85 亿 m³，人工林面积达 11.8 亿亩，居世界首位。在全球森林资源持续减少的背景下，我国森林面积和蓄积量实现了持续"双增长",成为全球森林资源增长最多的国家。森林覆盖率从中华人民共和国成立之初的不到 9%,到改革开放初期的 12%,再到如今的 22.96%,这也展现了我国林业建设取得的伟大成就,但目前仍存在森林生态系统稳定性差,低质化、低效化日益突出的问题,我国每公顷森林蓄积量为 89m^3,仅相当于林业发达国家单位面积森林蓄积的 1/4~1/3。全部森林中,质量好的森林仅占 19%,中幼龄林比例高达 65%,混交林比例只有 39%,与良好健康的森林要求混交林比例 60%以上差距较大,而天然林中有 51%是纯林,人工林中有 85%是纯林。每公顷森林年生态服务价值仅相当于德国和日本的 40%。木材供给和储备能力不高,我国成为全球最大木材进口国和第二大木材消耗国,木材储备欠账严重,总量不足,树种单一,结构失衡,年供给缺口 2 亿~3 亿 m^3。2016 年 1 月 26 日,习近平总书记在中央财经领导小组第 12 次会议上强调"森林关系国家生态安全",指出我国现在到了有条件不破坏、有能力修复生态环境的阶段,要着力提高森林质量,坚持保护优先、自然修复为主,坚持数量和质量并重、质量优先,要实施森林质量精准提升工程。我国林业发展进入了由恢复增长、规模扩张为主向量质并重、提升质量效益为主的转型阶段。近年来,在国家发改委、财政部等部门大力支持下,林业部门采取了一系列举措和行动。编制实施了《"十三五"森林质量精准提升工程规划》和《全国森林经营规划(2016—2050 年)》,率先在重点国有林区开展了森林经营方案编制。全面停止了天然林商业性采伐,天然乔木林得到有效保护(19.44 亿亩),创新了营造林生产管理模式,新增退化林修复等造林指标,年均完成营造林 1 亿亩、森林抚育 1.2 亿亩。创新了投融资模式,启动实施了 18 个森林质量精准提升示范项目,极大地推动了"以提质增效"为目标的森林培育经营研究与实践应用。

我国南方人工林最显著的特征是以杉木和马尾松针叶纯林为主体,树种单一、结构简单和林地退化,林分质量不高且提升缓慢,水源涵养、保持水土和防御自然灾害(如松材线虫病蔓延等)能力等生态功能弱,森林火险程度高等突出问题,成为制约林业高质量发展的最大短板之一。如何转变森林培育经营方式,提高森林质量与效益,充分发挥森林的多种功能,构建健康稳定优质高效的森林生态系统,成为亟待破解的技术难题。大量的研究和实践证明,林分质量提升的路径一是选育并推广使用遗传品质优良的良种优苗,其所产生的增益居各个营林环节之首;二是与立地环境相适应的培育经营模式与系列栽培措施;三是重大林业有害生物和森林火灾的综合防控,尤以松材线虫病除治及切实有效遏制疫情蔓延的势头为重中之重。近年来,现有杉木、马尾松林分质量改造提升重点聚焦并实施森林抚育、大径材培育、林分树种结构调整优化及系列配套措施,但要根本上解决人工林退化或潜在退化危险,实现人工林生态经济可持续,林分结构调控是人工林尤其是针叶人工林提质增效、实施生态系统经营的核心内容。木荷因生态适应性强，对造林立地环境条件要求不严，耐干旱瘠薄，既可耐强光又可在一定的庇荫环境下生长，生长迅速，少病虫害，人工林生长稳定且耐、抗火性强，木荷既可纯林造林，也是杉木、马尾松等理想的混交造林树种，更是杉木、马尾松人工纯林树种结构调整林冠下造林的优质用材和有效降低针叶林火险的优良树种。

由于我国提升森林质量工作总体上尚属起步阶段，基于南方现有杉木、马尾松人工针叶纯林的现状，质量提升的重点是调整改善林分树种结构，加大大径材和珍贵树种战略资源的培育，提高人工林的生产力、固碳能力和稳定性，进而总体提升森林的生物多样性和生态系统稳定性，有效发挥森林的多种功能。黄小兰（2017）在福建省闽清县溪镇樟洋村III类地的杉木、马尾松人工林进行试验，在相同营林措施条件下，稀疏杉木、马尾松林分内补植套种木荷、香樟、山杜英、闽楠、火力楠、檫树、枫香和山乌桕 8 个阔叶树树种，套种 5 年的林分保存率和生长量调查分析表明：8 个树种保存率没有差异，为 95.6%～97.8%，整个林分结构中杉木次生林和马尾松处于林分上层，8 个补植的树种处于林分中层并成为林分的主要树种，杂灌处于林分下层，形成明显的复层林结构。这种林分结构充分利用了林分营养和光照空间，有利于林木的各自生长。由于对原有林分进行了修复性补植，从而有利于提高林地利用率和生长力，同时在补植过程中由于只进行劈草造林，保存原有林地内的天然生长的目的树种的幼苗、幼树，从而使林分的生物群落得到充分发展，林相整齐，最大限度恢复了森林应有的功能。林堂洲（2017）对实施低效林分生态修复的福建省上杭县补植 10 个阔叶树种，结果表明木荷、枫香、闽粤栲、无患子和山杜英适应性较强，林分修复效果较好。肖立生（2015）对福建省武平县天然马尾松稀疏林分进行 4 种乡土树种造林对比试验，研究发现枫香、木荷在林分生态修复补植造林中的综合表现极佳。

杉木林下套种阔叶树种成功的关键在于现有林木抚育间伐或主伐择伐保留适当密度林木（以郁闭度 0.2～0.4 为宜），遵循适地适树原则，选择适宜林冠相对较弱光照环境下生长的乡土阔叶树种，兼顾珍贵、生长快、抗性强、耐（抗）火力高并具观赏价值的阔叶树种。陈宝林（2019）通过对杉木纯林与 15 年生杉木林下空地套种木荷 I 级容器苗两种林分生长因子进行对比分析，结果表明，林下套种木荷 3 年后，杉木木荷复层林基本形成，林下木荷生长良好，平均地径达 4.1cm，平均树高 3.1m，林分生长和主要生态因子指标与杉木纯林有极显著差异，复层林的杉木各项生长指标增幅较大，平均胸径比杉木纯林提高 8.1%，总蓄积量增加 16.8%。林下 0～20cm 土层的土壤自然含水量、最大持水量和毛管持水量比纯林分别增加 29%、31.8% 和 36.2%。此外，杉木木荷复层林有利于降低森林火灾风险和提升景观价值。

松材线虫病是全球森林生态系统中尤其是我国南方主要森林植被树种马尾松的最具危险性、毁灭性的病害，具有极强的扩散性和破坏性，被认为是当今造成我国林业损失最大的有害生物。近年来,松材线虫病呈暴发式的发生态势,为有效遏制松材线虫病的蔓延,南方各地积极采取有效措施,大力诱捕松墨天牛和及时伐除松材线虫病枯死木并无害化处理,但松材线虫的危害及除治也造成了林分的林冠稀疏和林相破败,并形成了许多马尾松人工林和天然次生林的林窗和林中空地,林分的生态和景观功能下降,成为开展林窗下造林与林分修复的重点区域,也是引入木荷、米槠和枫香等多种适应性强的优良乡土阔叶树种,调整林分树种结构的重要契机,是构建森林生态屏障抵御与阻截体系,基于植物多样性、种群时空结构及林分立地调控的生态阻抗与修复技术措施的有益尝试。2007~2017 年,浙江省临海市采取以木荷为主,适当配置种植枫香、浙江楠、浙江樟等树种,累计完成松材线虫病除治林分珍贵化改造和清理补植超过10 万亩,其中木荷占比达 70%以上,对其 10 年生木荷人工林生长调查发现,造林保存率达 90%以上,面海林地上坡平均高度 4.4m,最高达 7m,平均胸径 6.7cm,最大 10.2cm;下坡平均高度 7m,最高 9m,平均胸径 9.9cm,最大 15cm;背海山坡上部平均高度 5.3cm,最高 7.5m,平均胸径 8cm,最大 12.8cm,下部平均高度 8.5m,最高 11.5m,平均胸径 11.6cm,最大 17.8cm。综合各地的做法,主要有以下几个方面。

1. 改造的重点林分与调查规划设计

通过收集建设区域相关森林资源资料,开展林分现状调查,包括林分类型(林种或生态公益林级别及保护等级)、起源、郁闭度、林种、优势树种(或树种组成)、林龄、平均胸径、平均树高、单位蓄积、每公顷株数、林木分布状况、天然更新树种名称及幼树(苗)单位株数、森林病虫害种类及程度、森林火灾受害程度等。在林分全面调查基础上,按照先近后远、先急后缓、相对集中连片的原则,合理确定林分质量提升改造的地块,进行逐个小班施工作业设计,将改造提升任务、树种选择和具体技术措施落实到各个山头地块,以针叶纯林或由人工针叶树种混交的林分为重点,优先安排松材线虫病除治林分、森林火灾过火林分、郁闭度 0.2~0.4 的稀疏林分、发生轻度(含)以上水土流失的林分,以及长期失抚、杂灌丛生的幼林。

2. 采伐作业设计

松材线虫病林分在首先清除并无害化处理病死木的基础上,根据林分调查因子和采伐类型的要求,确定伐区采伐类型、采伐方式、采伐强度、采伐蓄积量、出材量、伐后保留郁闭度及合理的保留株数,近熟林、成熟林分主(择)伐后每亩一般保留不超过 30 株(郁闭度 0.3~0.4),以中幼林抚育间伐后的郁闭度 0.4~0.5 为宜。

3. 树种选择

林冠下种植一般采用多种地带性乡土阔叶树种，与现有林木形成不规则异龄复层混交林，根据"因地制宜，适地适树，生态优先，高价值兼顾景观"原则，以选用耐阴或幼年期耐阴、适宜在林冠或林窗下生长的乡土珍贵优质阔叶树种，如木荷、枫香、闽楠、细柄阿丁枫、米槠、丝栗栲、青冈、红锥、乳源木莲等为主，在"三沿一环"的重点生态区位可同时配置一定比例具有观赏价值的福建山樱花、闽浙樱、深山含笑和千年桐等乡土景观（观花）树种。

4. 苗木类型与规格

采用 2～4 年生(14～20)cm×(16～20)cm 营养袋容器全冠中苗，苗木规格地径≥1.5cm、苗高≥1.5m。

5. 栽植配置

根据立地条件、林种和栽植树种确定种植的株行距、密度、种植点配置、混交方式、比例等。一般选择 2～3 种乡土树种在林窗和林中空地进行块状或株间混交，种植密度为每亩种植 42～75 株，即(3～4)m×(3～4)m，各种植点距林地中现有林木 3～4m。

6. 林地准备

林地清理：采取块状或水平耙带清理，按种植点 1.5m 见方劈除杂草灌木，并将杂草灌木带状整平铺在各种植点的下方，在清理时应注意保留原生阔叶树的幼苗和幼树。

挖大穴与施基肥（有机肥）：4 月底前采用块状整地，挖明穴、回表土，种植点呈"品"字形排列，穴规(50～60)cm×(50～60)cm×(35～45)cm，清除穴中石块、树根和草根。挖穴经验收合格后，每穴施有机肥 1.5kg，基肥施放后，立即填回表土与有机肥拌均至穴深度的 1/3。

7. 栽植

一般应于 4 月底前完成种植。①苗木脱袋：从营养袋缝线处，用手撕开或用剪刀剪开并完全脱袋，保护好苗木根团（土球），否则影响成活率。②苗木入穴、扶正、种植：挖开回土的种植穴，将苗木营养袋根团放入穴中，扶正苗木，用手将苗木营养袋根团底部与穴底土壤密接，然后逐步填入表土压实，直至填满至穴面，最后培一层松土（高出地面 15cm 左右）。在种植填土压实过程中应尽可能避免破碎苗木根团，保护好苗木根团。③浇定根水：种植后，遇干旱天气尽可能及时浇定根水。

8. 抚育养护

一般抚育养护三年即可形成复层林（图 8-13，图 8-14）。①造林当年秋季完成补植，并抚育养护 1 次，于 9～10 月逐株劈草抚育 1.5m 见方和除草扩穴培土 80cm 见方。②第二至第三年，每年在 5～6 月各抚育养护 1 次，逐株劈草抚育 1.5m 见方和除草扩穴培土 80cm 见方，并结合抚育开沟施三元复合肥 150g/株。

图 8-13　松材线虫病除治后的残次林分（福建福州，彩图请扫封底二维码）

图 8-14　松材线虫病除治林分补植木荷（3 年生，福建福州，彩图请扫封底二维码）

三、木荷在生态景观林构建的应用

　　生态景观林建设就是在重要生态区位营建以景观功能为主的风景林或兼有景观功能的多功能林的经营活动，是践行"绿水青山就是金山银山"新发展理念，建设生态文明的具体体现，也是建设现代林业贯彻"以人为本、改善人居环境，促进人与自然的和谐"的重要举措，从 2004 年起，国家林业局和全国绿化委员会适应我国国情和发展阶段，启动实施"国家森林城市"创建活动，让森林走进城市，让城市拥抱森林，以乡土树种为主，通过乔、灌、藤、草等植物合理配置，营造各种类型的森林和以树木为主体的绿地，形成以近自然森林为主的城乡一体的森林生态系统，至 2019 年我国国家森林城市已增至 194 个，极大地促进了城乡生态建设与国土绿化及森林资源增长，以满足人们新时代对人居环境改善、景观美化、休闲旅游和森林康养等生态产品的更高需求。近年来，全国各地掀起了城乡绿化一体化的"四绿工程"（绿色城市、绿色村镇、绿色通道、绿色屏障）、"三沿一环"（即沿路、沿江、沿海和环城一重山）重点生态区位绿色屏障和"三带一区"（沿海防护林基干林带、生物防火林带、森林生态景观带、重点生态区位）为主体的造林绿化与生态景观提升工程建设，以构建健康稳定优质高效的"山水林田湖草"生态系统，扎实推进美丽乡村和美丽中国建设。

　　建设生态景观林，是进一步优化森林结构、提升森林质量的切入点和突破口。通过补植套种、林分改造和封育管护等措施，改变林相破碎、色彩单一、景观效果差；中幼林多，近熟林、成熟林、过熟林少；纯林多，混交林少；沿线针叶林或桉树多，乡土阔叶树种少的现状，推动森林资源增长从量的扩张向质的提升转变，构建区域林相优美、生态安全稳定的绿色屏障。木荷树干端直、树冠浓密，叶色光亮且随春、夏、秋、冬的季节变化呈现出鲜红-鲜黄-鲜绿-亮绿-深绿的明显季相变化（图 8-15～图 8-18），花量大，花期较长（5～6 月），单花似小荷花簇生于枝顶，观赏性强（图 8-19），是优良的园林与"四旁"绿化树种，可片状或带状纯林种植成为背景森林，也可作行道树或零星点缀种植，尤其还可适于乡村公园和道路绿化美化。

　　马俊等（2008）以浙江省青山湖国家森林公园为研究对象，以树种的生物学特性、观赏特性和生态功能作为生态景观林树种选择的主要依据，应用树种评价模型对研究区 41 个绿化树种进行了综合评价，结果表明：苦槠、樟树、深山含笑和木荷等常绿树种综合性状较好。唐洪辉等（2014）以广东省珠海市 2005～2009 年营建的生态景观林为研究对象，对该地区的植物区系和植物资源进行初步研究发现，有 24 种观赏性比较突出的植物：南洋楹、樟树、黎蒴、红锥、青冈、木荷、铁冬青、海南红豆、杨梅、红花荷、醉香含笑、大头茶、灰木莲、蓝花楹、海南蒲桃、银桦、山杜英、尖叶杜英、南酸枣、乌桕、山乌桕、木蜡树、枫香和楝叶

图 8-15　春季木荷林相——鲜绿（福建福州，彩图请扫封底二维码）

图 8-16　夏季木荷林相——夏花（福建福州，彩图请扫封底二维码）

图 8-17　秋季木荷林相——中绿（福建福州，彩图请扫封底二维码）

图 8-18　冬季木荷林相——深绿（福建福州，彩图请扫封底二维码）

图 8-19　木荷开花（5～6 月，彩图请扫封底二维码）

吴茱萸。浙江省于 2005 年就启动实施了造林绿化与景观提升计划，采取"种苗先行、送苗下乡"等措施，首次在全省大规模推广多树种造林和搭配模式，大力营造或混交营造色叶树种，以实现绿化、彩化（花化、彩叶化）、珍贵化和效益化，构建季相变化明显、林相丰富的多样性森林景观，美丽乡村建设走在全国的前列。当前，森林景观的主要区域类型有：一是风景名胜区、森林公园、郊野公园森林景观；二是城区、重要中心镇区环城一重山森林景观（可见性最强，最容易观赏）；三是主要交通干线、绿道沿线可视区范围的森林景观；四是河流、溪流、湖泊、湿地周围重要地段的森林景观。近年来我国南方各地生态景观林建设的重点是"四绿工程"、城区环城一重山森林生态景观提升和"三沿一环"重点区位林分修复（含茶果园）与景观提升（图 8-20～图 8-23），主要技术措施分述如下。

1. 绿色城市、绿色村镇和绿色通道景观林构建

（1）采用胸径≥3cm、苗高≥2m 的木荷、千年桐、无患子、枫香和乌桕等景观树种大苗。

图 8-20　木荷杉木混交林景观　（福建福州，彩图请扫封底二维码）

图 8-21　木荷马尾松混交林景观（福建福州，彩图请扫封底二维码）

（2）种植连续面积 1 亩以上的片林或 2 行以上、行距≤4m 的林带，每亩造林密度不得少于 42 株，且分布均匀；零星"四旁"植树按每亩 42 株（胸径≥3cm）的标准进行折算。

图 8-22 木荷在乡村公路绿化的应用（福建建瓯，彩图请扫封底二维码）

2. 高速公路（高铁）通道森林生态景观林构建

（1）绿化宽度：平地种植林带宽度≥20m；山体在 300m 可视范围内。

（2）树种选择：按照"造林大苗化、树种多样化、品种乡土化、色彩季相化"要求，多种阔叶树、珍贵树、观叶或观花树种合理搭配混交种植。

（3）苗木规格。①有明显主干景观乔木树种（如木荷、黄山栾树、无患子、银杏、洋紫荆、火力楠等）：采用胸径≥3cm、苗高≥2m、冠幅≥50cm、三级分权、枝干健壮、形态优美的容器大苗。②无明显主干景观灌木树种（如紫薇、紫玉兰、夹竹桃等）：采用地径≥3cm、苗高≥2m、冠幅≥50cm、三级分权、枝干健壮、形态优美的容器大苗。

图 8-23　木荷在四旁绿化的应用（福建连城，彩图请扫封底二维码）

（4）初植密度。①无立木地块：每亩种植景观乔木树种≥80 株，且均匀分布。弃渣地块和需植速生树用于遮挡地块，可选择湿地松等，株行距为 2m×2m。②补植套种按种植株数折算面积，折算后面积不得超过造林地块面积；种植湿地松等按 12.5 亩折算为 1 亩计算补助。

（5）其他要求：所选择地块应以带为主，集中连带连片，确保整体景观效果。应开展施工作业设计，按照挖大穴（70cm×50cm×50cm）、施基肥（每穴有机菌肥 1.5kg）的要求进行施工，并做好种植后 3 年的养护工作（除草、浇水、施肥等养护）。

3. 中心城区环城一重山森林生态景观提升

（1）建设范围：市、县（市、区）中心城区环城一重山一面坡（含人口 5 万以上的中心城镇一重山）。

（2）树种选择：按照"造林大苗化、树种多样化、品种乡土化、色彩季相化"要求，选择多种阔叶树、珍贵树、观叶或观花或观果树种。

（3）苗木规格及种植密度：①无立木地块（包括人工针叶纯林带状或小块状面积 1 亩以上皆伐迹地）。A. 种植有明显主干景观乔木树种（如木荷、千年桐、深山含笑等）：采用胸径≥3cm、苗高≥2m、冠幅≥50cm、三级分权、枝干健壮、形态优美的容器大苗，每亩种植株数≥80 株，且均匀分布；B.种植无明显主干景观灌木树种（如紫薇、紫玉兰、福建山樱花等）：采用地径≥3cm、苗高≥2m、冠幅≥50cm、三级分权、枝干健壮、形态优美的容器大苗，每亩种植株数≥80 株，且均匀分布。②郁闭度 0.5 以下以及择伐改造地块（包括人工针叶纯林带状或小块状面积 1 亩以下皆伐迹地）。A.补植套种有明显主干景观乔木树种（如木荷、黄山栾树、美丽异木棉等）：采用胸径≥3cm（或≥5cm）、苗高≥2m（或≥2.5m）、冠幅≥50cm、三级分权、枝干健壮、形态优美的容器大苗，且均匀分布；B.补植套种无明显主干景观灌木树种（如紫薇、紫玉兰、福建山樱花、碧桃等）：采用地径≥3cm（或≥5cm）、苗高≥2m（或≥2.5m）、冠幅≥50cm（或≥80cm）、三级分权、枝干健壮、形态优美的容器大苗，且均匀分布。

（4）其他要求：①优先安排中心城区周边显眼地块，且单片景观改造提升面积一般不少于 100 亩。②景观改造应与松材线虫病除治、松毛虫的防治和树种结构调整结合起来。③应开展施工作业设计，按照挖大穴（胸径或地径≥3cm：70cm×50cm×50cm；胸径或地径≥5cm：80cm×60cm×60cm）、施基肥（每穴有机菌肥1.5kg）的要求进行施工，并做好种植后 3 年的养护工作（除草、浇水、施肥等养护）。

4. "三沿一环"重点区位（含废弃茶果园）林分修复与景观提升

（1）苗木规格：采用苗高≥1.5m 的容器苗，土层深厚、立地条件中等以上的地块采用速生大苗。

（2）补植密度：①稀疏林地每亩补植阔叶树≥35 株，且分布均匀，造林抚育人工措施到位。②低产低效人工针叶纯林改造提升在间伐后需每亩补植套种阔叶树≥35 株，且分布均匀，造林抚育人工措施到位。③茶果园每亩套种阔叶树≥25 株，且分布均匀，抚育管理人工措施到位；确保补植套种成林后郁闭度达 0.2 以上。

参 考 文 献

陈存及. 1994. 南方林区生物防火的应用研究. 森林与环境学报, (2): 146-151.

陈存及. 1995. 中国的生物防火. 火灾科学, 4(3): 42-47.

陈宝林. 2019. 森林公园森林景观提质改造探究. 林业科技情报, 51(2): 26-30.

邓海康. 2004. 怀集县木荷防火林带的防护效能. 林业与环境科学, 20(3): 9-12.

黄小兰. 2017. 林分修复补植树种选择试验初报. 福建林业, (3): 46-48.

李婷婷, 陆元昌, 庞丽峰, 等. 2014. 杉木人工林近自然经营的初步效果. 林业科学, 50(5):

90-100.

林堂洲. 2017. 重点生态区位林分修复不同树种造林成效分析. 绿色科技, (3): 120-122.

卢柏威, 袁水庆. 1989. 木荷防火林带防火效能的试验. 广大林业科技, (4): 14-16.

马俊, 韦新良, 尤建林, 等. 2008. 生态景观林树种选择定量研究. 浙江农林大学学报, 25(5): 578-583.

唐洪辉, 赵庆, 魏丹, 等. 2014. 珠海市典型区域生态景观林树种资源构建研究. 林业与环境科学, (3): 19-24.

肖立生. 2015. 4 种乡土树种在林分生态修复中的造林效果分析与思考. 农业开发与装备, (4): 63-65.

肖舒. 2017. 三种植物对锰尾矿污染土壤修复的盆栽试验. 长沙: 中南林业科技大学.

袁斯文. 2015. 铅锌矿废弃地生态修复工程设计及效果研究. 长沙: 中南林业科技大学.

张德值. 2015. 木荷防火林带更新技术调查研究. 福建林业, (1): 36-38.

张雪亭. 2013. 敬亭山国家森林公园松材线虫病除治迹地植被恢复技术及建议. 现代农业科技 (7): 199-203.

曾思齐, 张敏, 肖化顺, 等. 2013. 青石冈林场木荷杉木混交林更新演替研究. 中南林业科技大学学报, 33(1): 1-6.

周洋, 郑小贤, 王琦, 等. 2015. 福建三明栲类次生林主要树种更新生态位研究. 西北林学院学报, 30(4): 84-88.

（范辉华撰写）

第九章 木荷木材性质与木材机械加工性能

　　木荷的木材细致均匀，旋切性能良好，旋切单板的出材率达到旋切出材利用要求，单板厚度偏差小，表面质量整体较好，光洁度优，单板裂隙度适中，适宜作胶合板材料。板材可用作家具、房屋结构、车船等的内部装修，以及包装箱、木尺、玩具、牙签、棋子、手榴弹柄、洗衣板和工农具等。刨切贴面板的刨切效果和贴面后的性能良好，可用作家具和家居装修用的贴面板。木荷原木经防腐处理后可做枕木、桥梁、坑木等用途（成俊卿，1985）。近年来，随着新的木荷人工林木材资源日益增长，其木材性质和利用问题日益受到关注。因此，进一步加深对木荷人工林木材性质和木材机械加工性能的了解，能够为木荷木材资源培育及高效加工利用提供必要的基础数据。

　　本章主要介绍了木荷的木材宏观构造、微观构造、物理力学等主要性质，并通过比较分析木荷与其他 6 种阔叶树种的木材机械加工性能（包括刨削、砂削、铣削、钻削、开榫、车削以及机械加工综合性能），旨在为木荷的木材高附加值利用和森林资源的高效定向培育提供科学依据。木荷木材为散孔材，材质均匀；木材中抽提物含量占比较低；木荷木材的纤维素含量较高，可作为一种用于制浆造纸的原料；但是木荷的木材化学性质随树龄不同而存在差异；此外，木荷木材重量、硬度、干缩、强度及冲击韧性中等。木材的刨削、砂削、铣削、钻削、开榫等加工性能优良，但车削性能相对较差。了解木荷的材性特点及其变化规律，既有利于林业生产中优良木荷品种的定向培育，又有利于指导木荷加工企业实施正确的加工工艺。

第一节 木荷木材主要性质

一、木荷木材宏观构造

　　木荷木材一般为浅红褐色至暗黄褐色，心边材区别不明显（图 9-1）；有光泽；无特殊气味和滋味。生长轮略明显，轮间呈深色带；散孔材；宽度略均匀，每厘米 5～7 轮。管孔甚多；略小，在放大镜下可见；大小颇一致，分布颇均匀；散生；侵填体未见。轴向薄壁组织不见。木射线中至略密；甚细至略细，在放大镜下可见；在肉眼下径切面上有射线斑纹。波痕及胞间道无。

图 9-1　木荷木材纵切面宏观照片（彩图请扫封底二维码）

二、木荷木材微观构造

木荷木材的导管在横切面呈圆形、卵圆形，略具多角形轮廓（图 9-2）；每平方毫米平均 129 个；单管孔，少数呈短径列复管孔（2～3 个）及管孔团，由于导管分子端部重叠管孔间或成对弦列；散生；壁薄（3.1μm）；最大弦径 96μm 或以上，多数 50～80μm；导管分子长 960～1800μm，平均 1390μm；含少量树胶；侵填体及螺纹加厚未见，复穿孔，梯状，间或分枝；横隔窄（3μm），中至多（6～24 条，多数 8～14 条）；穿孔板甚倾斜。管间纹孔式主要为梯状，少数梯状-对列甚至对列，长椭圆形及椭圆形，稀卵圆形，长径 25.4～32.3μm；纹孔口内函，线形及椭圆形。

轴向薄壁组织量少；星散状与数个相连，以及环管状；薄壁细胞端壁节状加厚通常不明显，稀明显；少数含树胶；具菱形晶体，分室含晶细胞可连续多至 12 个或以上。

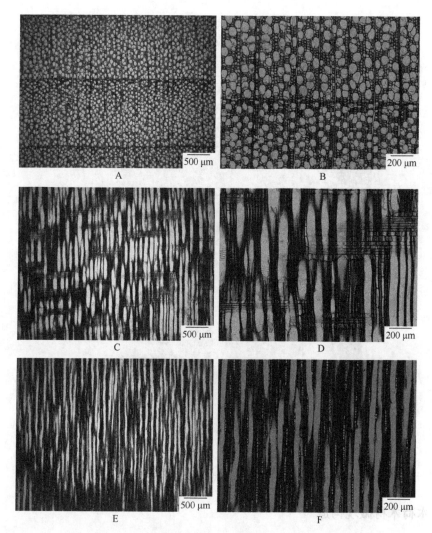

图 9-2　木荷木材的微观三切面图片（彩图请扫封底二维码）
A 和 B 为木材横切面；C 和 D 为径切面；E 和 F 为弦切面

纤维管胞胞壁薄至厚；直径多数为 30～40μm；长度 1400～2680μm；平均 2050μm；具缘纹孔数多，明显，圆形，直径 9.4～10.3μm；纹孔口内函，透镜形及 X 形。

木射线非叠生；每毫米 8～10 根。单列射线数多，宽 20～25μm；高 1～30 细胞，多数 3～12 细胞（90～310μm）。多列射线甚少，宽 2 细胞（28μm）；高度略同单列射线。射线组织异形 II 型，稀 I 型。直立或方形射线细胞比横卧射线细胞高；后者为圆形或卵圆形。射线细胞含树胶，晶体未见，端壁节状加厚及水平壁纹孔多而明显。射线-导管间纹孔式主要为刻痕状及少数大圆形。胞间道无。

三、木荷木材化学性质

木材化学组成是木材性质的一个重要方面,直接影响着木材的物理力学性质、天然耐久性、材色和木材的加工利用性能(成俊卿,1985;李坚,2014)。木材的主要化学成分为纤维素、半纤维素和木质素三种高分子化合物,它们是构成细胞壁和胞间层的主要物质。纤维素是细胞壁的主要化学成分,在细胞壁中充当骨架物质,是细胞壁强度的主要来源,木质素作为结壳物质,贯穿于纤维素纤维之间用以强化细胞壁,半纤维素则作为填充物质,是连接纤维素和木质素的界面偶联剂。此外,作为木材的少量化学成分,木材的抽提物是一组不构成细胞壁、胞间层的游离的低分子化合物。虽然木材抽提物在木材中所占比例较少,但对木材的颜色、密度、耐腐性、改性处理等材性和利用均有一定的影响(成俊卿,1985;刘一星和赵广杰,2004)。

目前,关于木荷木材的主要化学组分的相关报道较少。西南林学院的李莉和王昌命(2008)按照木材化学成分测试国家标准,分别对两种不同树龄(12年和14年)、不同树高(20m和15m)的木荷木材化学性质进行了研究,通过对木材的热水抽提物、1%NaOH抽提物、苯醇抽提物、纤维素、木质素及多戊糖及pH等指标进行定量分析,探讨了主要化学组分及其变化规律,为合理利用木荷木材提供了理论依据。主要测试结果见表9-1。

表9-1 木荷人工林木材的化学成分含量(%)和pH测试结果(李莉和王昌命,2008)

编号	高度/m	热水抽提物	1%NaOH抽提物	苯醇抽提物	木质素	多戊糖	pH
E1	1.3	6.46	18.68	1.78	25.16	22.78	5.23
	3.3	6.88	18.17	1.65	24.98	17.94	5.48
	5.3	7.46	19.54	1.4	24.57	17.96	5.53
	7.3	6.93	17.28	1.72	22.11	25.27	5.61
	平均值	6.93	18.42	1.64	24.2	20.99	5.46
	标准差	0.41	0.95	0.17	1.42	3.65	0.16
	变异系数/%	5.92	0.55	10.18	5.86	17.4	2.94
E2	1.3	6.23	18.73	3.08	22.93	22.25	4.98
	3.3	5	17.02	2.39	22.27	17.93	5.07
	5.3	4.55	17.15	2.34	22.69	22.41	5.01
	7.3	4.46	16.79	2.11	23.5	20.14	4.91
	平均值	5.06	17.42	2.48	23.1	20.68	4.99
	标准差	0.81	0.88	0.42	0.75	2.1	0.07
	变异系数/%	16.11	5.08	16.86	3.26	10.19	1.33

注:E1木荷木材的树龄为12年,树高为20m;E2木荷木材的树龄为14年,树高为15m。

由表 9-1 可以看到，12 年生和 14 年生木荷及其在不同高度上的木材化学成分有所差异。12 年生、14 年生的木材热水抽提物含量平均值分别为 6.93% 和 5.06%，热水抽提物在不同高度上的变异系数分别为 5.92% 和 16.11%。12 年生和 14 年生木荷 1%NaOH 抽提物含量平均值分别为 18.42% 和 17.42%，高度上变异系数分别为 0.55% 和 5.08%。12 年生、14 年生木荷苯醇抽提物含量平均值依次为 1.64% 和 2.48%，高度上变异系数依次为 10.18% 和 16.86%。此外，从表 9-1 中还可以发现木荷的热水抽提物、1%NaOH 抽提物和苯醇抽提物的含量随树干高度不同而不同。相同树高条件下，12 年生木荷的热水和 1%NaOH 抽提物含量均高于 14 年生木材，而其苯醇抽提物含量则低于 14 年生木材。这说明相对幼龄的 12 年生木荷，热水和 1%NaOH 抽提物中的可溶性物质含量较高，而 14 年生木荷的苯醇性脂溶性物质含量较高。

12 年生和 14 年生木荷木材的纤维素含量平均值分别为 48.06% 和 50.72%，高于造纸用木材对阔叶树的含量要求（45%），这表明木荷木材可作为一种用于制浆造纸的原料。方差分析结果显示，纤维素含量在树干不同高度间以及不同树龄间并无显著差异。此外，12 年生木荷纤维素含量随树高呈现中间位置低、上下两头高的趋势，而 14 年生木荷则呈现出由树基向上略增加的趋势。

12 年生和 14 年生木荷木材的酸不溶木质素含量平均值分别为 24.20% 和 23.10%。方差分析表明，酸不溶木质素含量在树干不同高度间以及不同树龄间也无显著差异。14 年生木荷木质素含量随树高呈现出中间位置低、上下两头高的趋势，而 12 年生木荷木质素含量在树干最高处明显减少。

12 年生和 14 年生木荷木材的多戊糖含量平均值分别为 20.99% 和 20.68%，含量也符合优良制浆造纸原料的要求。方差分析发现，多戊糖含量在树干不同高度间以及不同树龄间无显著差异。此外，12 年生木荷多戊糖含量随树高呈现中间位置低、上下两头高的趋势，而 14 年生木荷不同树干高度上的多戊糖含量并无明显规律。

12 年生和 14 年生木荷木材的 pH 平均值分别为 5.46 和 4.99。12 年生木荷的 pH 随着树干高度的增加而增大，而 14 年生木荷的 pH 则随着树干高度的增加而略降低。同一树干高度情况下，12 年生木材的 pH 均高于 14 年生木材。

四、木荷木材主要物理和力学性质

作为一种非均质的、各向异性的天然高分子材料，木材物理力学性质的研究对木材合理利用和工程设计都起到重要作用（成俊卿，1985；李坚，2009）。木材密度是木材重要的品质因子，也是判断木材各项力学强度的重要指标。研究木材密度对掌握木材的相关材性及其合理利用意义重大（尹恩慈，1996）。自 1957 年以来，中国林业科学研究院木材工业研究所广泛调查了我国主要工农业、生活用材的树种种类及木材的用途、加工和工艺性质，获得了 340 多种木材的物理力学性质试验数据，这其中就包含了我国重要的阔叶树种木荷，木材样品的产地分别为湖南郴县和福建建瓯。木荷木材的纹理斜；结构甚细，均匀；重量、硬度、干缩、强度及冲击韧性中，具体的木材物理和力学性质指标见表 9-2（成俊卿，1985）。

表 9-2　木荷木材的主要物理、力学性质

产地	气干密度/ (g/cm³)	干缩系数/%			抗弯强度/ (kgf/cm²)	抗弯弹性模量/ (10³kgf/cm²)	顺纹抗压强 度/(kgf/cm²)	冲击韧性/ (kgf·m/cm²)	硬度/（kgf/cm²）		
		径向	弦向	体积					端面	径面	弦面
湖南 郴县	0.611	0.173	0.273	0.473	929	130	447	0.695	529	456	442
福建 建瓯	0.638	0.164	0.270	0.460	976	116	475	0.624	655	450	462

随后，为了更好地利用木荷木材，为其资源培育提供参考依据，浙江林学院研究人员（周侃侃等，2009）对产自浙江不同树龄的木荷木材进行了木材物理力学性能的测定，并比较了密度、干缩性、硬度、抗弯强度、抗弯弹性模量、顺纹抗压强度、径向顺纹抗剪强度和弦向顺纹抗剪强度等指标随树龄的变化情况。

通过 25 年生木荷成熟林样木的木材密度测试结果可发现，木荷基本密度、气干密度和全干密度依次为 0.560g/cm³、0.697g/cm³ 和 0.664g/cm³，气干密度属中等（0.56～0.75g/cm³），略高于早期研究结果（成俊卿，1985）。其木材密度均随着树龄的增加而增大，20～25 年是木荷材密度变化的转折点。

不同树龄木荷的木材干缩性研究结果显示，径向全干缩率、弦向全干缩率和体积全干缩率分别为 6.2%、8.0% 和 15.1%。树龄 20～30 年是木荷木材干缩性变化的转折点，大于 30 年的木荷尽管木材干缩性增大，但干缩性差异明显减小。

就木荷的木材力学性质而言，端面硬度、弦面硬度和径面硬度分别为 8750N、8167N 和 8603N（大于 25 年木荷的成熟林样木平均值），三者之间的比值为1：0.93：0.98，以端面硬度最大，硬度等级为硬（6501～10 000N）（周侃侃等，2009）。顺纹抗压强度为 56.3MPa，属于国产木材的中等级水平（45.1～60.1MPa），径向顺纹抗剪强度和弦向顺纹抗剪强度分别为 15.3MPa 和 16.1MPa。树龄 20～25年是木荷木材力学性质变化的转折点，木荷木材的硬度、抗弯强度、抗弯弹性模量、顺纹抗压强度、径向顺纹抗剪强度和弦向顺纹抗剪强度等指标均随着树龄的增加而增大。

第二节　木材机械加工性能

近年来，迫于天然林木材的匮乏，木材资源的供需矛盾日趋加剧。除了增加木材进口之外，实体木材的高附加值利用也引起了人们的高度重视。因此，提高木材利用的技术水平，拓宽木材的高附加值利用逐渐成为一个解决木材资源短缺的主要途径。这不仅有利于实现林业可持续发展和满足人们的生活需求，同时对减轻我国对进口木材的依赖也具有重要意义。我国过去对木材性质的研究主要集中在木材解剖、物理、化学和力学性质等方面，而对与木材利用密切相关的机械加工性能的研究却相对较少（侯新毅等，2003；谢雪霞，2014），我国对木制品的深加工还缺乏系统的分类研究。因此，在我国开展木材（特别是我国人工林木材）的机械加工性能的相关研究就显得尤为重要。对木荷木材机械加工性能的研究，将为充分认识木荷木材实体利用潜能和提高木材的生态效益、经济价值提供必要的科学依据。

一、木材机械加工性能评价方法

世界范围内对木材机械加工性能的测试研究，始于20世纪30年代，但当时关注度并不是很高。随着人们对木材高效利用的关注，各国对木材机械加工性能的研究也在不断增加。虽然包括加拿大、日本、新西兰和南斯拉夫等多个国家都制定了各自的木材机械加工测试标准，但相关标准在测试和评价方法等方面均不够完善。目前国际上更多采用的是美国标准 ASTM D1666—1987 （Reapproved 2004）*Standard Test Methods for Conducting Machining Tests of Wood and Wood-Base Materials*（简称 ASTM 标准），该标准于 1987 年制定，分别在 1994 年、1999 年和 2004 年三次修订。标准中较全面地规定了木材机械加工性测试的要求，测试和评价方法也比较完善。国内外科研工作者依据此标准对各自国家主要树种木材的机械加工性能进行了研究测试，确定树种适合的加工方式，对提高木材等级的研究以及本国木材的高效利用提供了科学的参考。

我国于 2012 年颁布了林业行业标准 LY/T 2054—2012《锯材机械加工性能评价方法》，标准规定了锯材加工生产中常用的刨削、砂削、钻削、铣削、开榫和车削 6 种机械加工方式的测试程序及其加工性能评价方法，提供了测试木材在典型生产加工方式下的加工特点和加工质量要求。通过对不同木材加工方法和加工性能进行测试和评价，可为其生产高附加值的实木制品提供技术依据和加工方法上的参考，为木材的定向培育，提供在实体木材利用方面的技术数据，从而便于大规模用材林造林时树种的选育和确定。

刨削是木制品生产中最重要的加工工序之一，主要用于将试样毛料加工成具有一定精确尺寸或几何面形状，并能保证试样表面具有一定的表面粗糙度（Derek and Romann，1998；Farrokhpayamm et al.，2011）。木材刨削加工的质量不但影响着木制品后续的加工工序，也与制作成本和木材的利用率有着密切的关系。在刨削加工过程中，刨削深度和进料速度是重要的技术参数，直接影响刨削加工质量。因此开展人工林木材刨削加工测试与性能评价对于提高我国人工林树种木材加工利用的高附加值具有重要意义（侯新毅，2004；江京辉，2005）。

砂削加工是消除前道工序在木制品表面留下的波纹、毛刺等缺陷的有效方法，是木制品加工中的基础工序（Ors and Baykan，1999；Ratnasingam and Scholz，2006）。提高木材的砂削性能不仅有利于木制品表面涂饰胶合等后续工序的进行，也可以很大程度上节省材料和人力成本，从而节约资源。

铣削是木制品加工中的重要工序，是一种高效率的加工方法，在家具制造中普遍使用（Malkoçoğlu and Ozdemir，2006；丁涛等，2012）。铣削加工是使用旋转的多刃刀具切削工件，工作时随着刀具的旋转，工件逐渐向前移动，也有些机床上工件是固定的，此时的刀具在旋转的同时还必须移动。在现在加工中常使用数控机床来完成镂铣加工。

榫加工和榫接合是框架结构家具的一种重要接合方式，采用榫接合的部位，其相应零件必须开出榫头和榫眼。因此，榫加工与后续加工和装配的精度有密切的关系，且其加工质量直接影响后续的连接强度以及木制品加工质量。良好的开榫加工性能是提高木材实木加工附加值的重要基础。

车削加工是同时利用试件的旋转和刀具的移动完成的切削加工方法，是材料加工的重要加工工序，主要加工回转体部件（孙道梭等，1990）。车削加工过程中刀具固定，试件做回转运动。不同树种、年轮宽度和木材密度等因素对车削加工均有影响。

二、木荷的木材机械加工性能

木材的机械加工性能直接决定其后续加工利用率，因此，提高实体木材的机械加工水平，对于提升木材制品的品质、拓宽其应用领域和实现高附加值利用至关重要。为更好地了解木荷木材的机械加工性能及其加工利用价值，根据 LY/T 2054—2012《锯材机械性能评价方法》的技术要求，结合我国现有木材机械加工发展水平，分析和确定木荷木材的刨削、砂削、铣削、钻削、开榫和车削 6 项单项加工工序的机械加工性能，并与香椿（*Toona sinensis*）、柚木（*Tectona grandis*）、楸木（*Catalpa bungei*）、香樟（*Cinnamomum camphora*）、核桃楸（*Juglans mandshurica*）和鹅掌楸（*Liriodendron chinense*）6 种珍贵阔叶树种进行比较分析，以对比说明木荷木材的综合加工性能，为其高附加值加工利用提供科学的加工性能技术参数。

1. 试样制备

分别选择木荷与其他 6 种阔叶人工林树种，每个树种各采集 30 段原木，每段原木长度约为 1.3m。树种原木试材信息见表 9-3。

表 9-3　木荷与其他 6 种珍贵阔叶树种原木试材基本信息

树种	树龄	产地	平均直径/cm	气干密度/（g/cm³）	年轮平均宽度/mm）
木荷	33	福建	27	0.638	4.09（0.53）
香椿	17	河南	24	0.541	7.06（0.82）
柚木	21	云南	27	0.601	6.35（0.75）
楸木	26	河南	30	0.472	5.68（0.94）
香樟	30	广东	26	0.535	4.27（0.61）
核桃楸	25	黑龙江	17	0.528	3.34（0.40）
鹅掌楸	20	安徽	23	0.567	5.81（0.58）

注：括号内数值为标准差。

按照图 9-3 所示方式将原木锯解为 35mm×135mm×1250mm 的板材，注意避开腐朽虫蛀等缺陷，取弦切板，每个树种各取 50 块板材。经过一个月气干之后，再窑干至含水率为 12%左右，然后置于相对湿度为 60%±5%，温度为(20±2)℃的恒温恒湿箱中，使含水率调至 12%。按图 9-4 所示将板材加工成不同尺寸的试件，具体尺寸见表 9-4，分别用于刨削、砂削、钻削、铣削、开榫和车削 6 项加工性能的测试与评价。

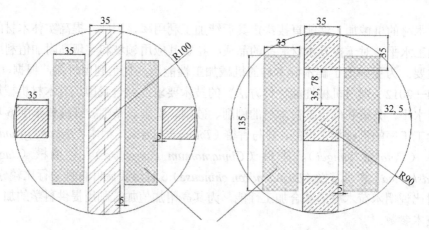

图 9-3　原木锯解示意图（单位：mm）（彩图请扫封底二维码）

图9-4 试样加工示意图 （厚×宽×长：20mm×100mm×1200mm）

表9-4 木材机械加工性能各测试项目的试件尺寸与样本量

测试项目	试样尺寸（厚×宽×长）/mm	样本量
刨削	20×100×900	50
砂削	10×100×450	50
铣削	20×80×300	50
钻削	20×80×300	50
开榫	20×80×300	50
车削	20×20×130	50

2. 刨削加工性能

采用不同的进料速度和刨削深度，对木荷以及其他6种阔叶树种木材进行刨削加工，分析刨削深度和进料速度对刨削性能的影响，以确定刨削效果好且节能省材的最佳刨削条件，提高木材利用率。

当刨削深度为0.8mm、进料速度为8m/min时，木荷与其他6种珍贵阔叶树种的质量等级值见表9-5。

表9-5 木荷与其他6种珍贵阔叶树种的质量等级

树种	等级1[a]	等级2[b]	等级3[c]	等级4[d]	等级5[e]	质量等级值[f]
木荷	76	24	0	0	0	4.76
香椿	46	46	8	0	0	4.38
柚木	38	58	4	0	0	4.34
楸木	18	74	8	0	0	4.10
香樟	64	36	0	0	0	4.64
核桃楸	62	31	8	0	0	4.54
鹅掌楸	80	20	0	0	0	4.80

注：a. 优秀（5分），不存在任何刨削缺陷；b. 良好（4分），存在轻微刨削缺陷，可通过120目砂纸轻磨而清除；c. 中等（3分），存在较大的轻微刨削缺陷，仍可通过120目砂纸轻磨而清除；d. 较差（2分），存在较大和较深的刨削缺陷，不能或很难通过砂纸清除；e. 很差（1分），存在严重刨削缺陷；f. $f=(5a+4b+3c+2d+e)/100$。

在进行测试的不同珍贵阔叶树种中，木荷的木材加工质量较好，其质量等级值为4.76，仅次于鹅掌楸木材（4.80），其次是香樟和核桃楸木材，质量等级值为4.64和4.54，然后依次是香椿、柚木和楸木。楸木的质量等级值最小，为4.10，相对其他树种木材刨削质量较差。产生此结果的主要原因可能是木材围观结构的均匀性不同所致,木荷和鹅掌楸两种木材是散孔材,结构较其他树种要更加均匀,而楸木板材的干燥质量较其他木材的干燥质量偏低,可能是导致其刨削质量较差的主要因素。

木材刨削加工后的表面粗糙度很大程度上反映了试件的加工质量,对后续的加工工序有很大的影响。7 种珍贵阔叶树种的测量结果如表 9-6 所示。5 种刨削条件下的试件表面粗糙度差别不大,即刨削深度和进料速度对木荷和其他 6 种珍贵阔叶树种的表面粗糙度没有影响。整体上看,木荷木材的表面粗糙度较低,表面质量较好。此外,在木荷木材的刨削加工过程中,主要缺陷类型为削片压痕。

表9-6 木荷与其他 6 种珍贵阔叶树种木材刨削后的表面粗糙度值(Ra)

树种		1	2	3	4	5
木荷		5.73(0.92)	4.83(0.73)	5.03(1.02)	5.57(0.74)	4.95(0.59)
香椿	早材	14.70(6.73)	14.88(4.56)	15.3(4.88)	13.1(3.74)	14.30(3.61)
	晚材	2.72(0.81)	2.60(0.67)	2.69(1.02)	2.73(0.62)	3.68(1.08)
柚木	早材	13.38(2.72)	13.36(2.86)	11.80(2.06)	14.20(3.04)	11.90(3.13)
	晚材	5.69(1.47)	4.65(1.46)	3.83(0.76)	5.47(1.41)	4.50(1.14)
楸木	早材	12.42(2.61)	11.95(2.39)	12.60(2.98)	12.30(2.01)	12.7(2.43)
	晚材	3.69(0.71)	4.00(1.03)	3.40(0.79)	3.67(0.98)	4.79(1.85)
香樟		6.04(0.90)	6.05(1.74)	6.24(1.63)	5.05(0.89)	7.08(2.62)
核桃楸		4.58(0.90)	7.34(1.98)	7.29(2.06)	7.77(1.85)	7.64(2.85)
鹅掌楸		6.18(0.86)	5.40(0.82)	5.99(0.88)	5.24(0.73)	5.72(1.33)

注:1. 刨削深度 0.8mm,进料速度 8m/min。2. 刨削深度 1.6mm,进料速度 8m/min。3. 刨削深度 2.5mm,进料速度 8m/min。4. 刨削深度 0.8mm,进料速度 9.5m/min。5. 刨削深度 0.8mm,进料速度 19m/min。括号内数值为标准差。

3. 砂削加工性能

在砂削加工过程中砂削厚度和进料速度是影响砂削质量的主要参数,选择适合的砂削厚度和进料速度是保证砂削质量的前提。采用 WS-65 型宽带砂光机及生产加工中常用的加工参数,对木荷与其他 6 种树种的木材砂削性能进行评价。分别用 80 目和 120 目氧化铝纸质砂带进行试验。进料速度为 6.0m/min,砂削厚度为 0.6mm。根据砂削产生的缺陷类型和严重程度,将试件分为 5 个等级,并将等级 1 所占比率,作为砂削性能达标百分率。各个树种的砂削质量较好,试验过程中仅产生 1 个、2 个、3 个等级的试件,其中等级 1 为无缺陷试件,等级 2 为有轻微缺陷试件,等级 3 为有明显缺陷的试件。

木荷与其他 5 种珍贵树种木材的砂削性能见图 9-5,木荷木材的砂削质量仅次

于柚木，不论是 120 目还是 80 目砂带砂削，达标百分率均在 90%以上，等级 1
和等级 2 两等级所占总比率达到 100%。利用砂削后的表面粗糙度来评价砂削质
量，木荷木材的表面粗糙度最小，表面光洁度最好（表 9-7）。

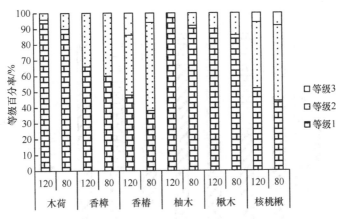

图 9-5　木荷与其他 5 种珍贵阔叶树种的木材砂削性能

表 9-7　木荷与其他 6 种珍贵阔叶树种木材砂削后的表面粗糙度值（Ra）

树种		Ra 120 目		Ra 80 目	
		均值	标准差	均值	标准差
木荷		5.66	0.59	9.09	0.75
香椿	早材	11.20	1.82	14.68	1.81
	晚材	5.60	0.82	8.63	0.80
柚木	早材	11.18	0.85	14.34	1.24
	晚材	6.39	0.67	8.88	0.58
楸木	早材	11.30	3.31	15.37	3.32
	晚材	6.05	0.63	9.24	1.13
香樟		6.37	0.65	9.27	0.88
核桃楸		6.17	0.39	9.19	0.92
鹅掌楸		6.11	0.67	8.98	0.73

4. 铣削加工性能

采用 MX7320 直边仿形推台铣床，手动进料。采用一次成型铣削，主轴转速
为 6000r/min，顺纹铣削试件的一个面。整个加工过程中铣刀始终保持锋利状态。
同刨削和砂削相同，测试加工后观察并记录砂削加工缺陷，用 Leica M205C 实体
显微镜观察缺陷的微观结构。

根据铣削产生的缺陷类型和严重程度，将试件分为 5 个等级，并将等级 1 和

等级 2 两等级所占比率作为砂削性能达标百分率。铣削加工过程中产生 3 个等级的试件。等级 1 为无缺陷试件，等级 2 为有轻微缺陷的试件，等级 3 为有明显缺陷的试件，具体见图 9-6。木荷木材的铣削性能优良，达标百分率为 100%，其中等级 1 所占比率可达 96%。

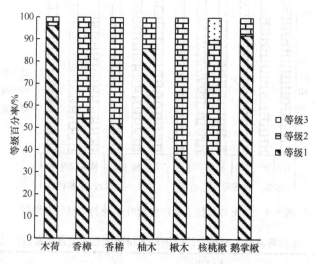

图 9-6　木荷与其他 6 种珍贵阔叶树种的木材铣削性能

5. 钻削加工性能

采用 B13S 单轴台钻，手动进料加工通孔。采用材料为高速钢的圆形沉割刀中心钻（木工钻），主轴转速为 2800r/min，每个试件上加工两个通孔，孔的直径为 22mm，通过观察孔的上下边缘和孔径质量，将加工试件分为 5 个等级，并将等级 1 和等级 2 两等级所占总百分率作为钻削性能达标百分率。6 种珍贵阔叶树种钻削测试过程中产生等级分别为 1、2、3 的试件。其中，木荷木材的达标百分率达到 90% 以上，钻削性能属于优秀，尤其是木荷有 20% 以上的无缺陷试件（图 9-7）。

6. 开榫加工性能

采用立式单轴榫槽机加工两个方形通孔榫眼，榫眼的两边垂直于木材纹理，另外两边平行于木材纹理。空心凿的边长尺寸为 12.5mm，主轴转速为 3600r/min。根据开榫产生的缺陷类型和严重程度，试件被分为 5 个等级，并将等级 1、等级 2 和等级 3 三个等级所占总比例作为开榫加工性能达标百分率。木荷木材的开榫加工达标百分率达到 100%，开榫性能优秀（图 9-8）。

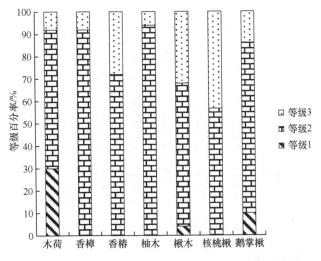

图 9-7　木荷与其他 6 种珍贵阔叶树种的木材钻削性能

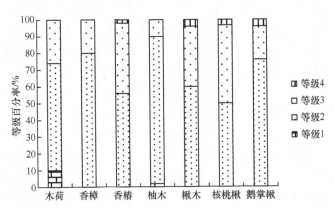

图 9-8　木荷与其他 6 种珍贵阔叶树种的木材开榫加工性能

7. 车削加工性能

采用 MC3230 仿形木工车床，进行一次成型的车削加工，车削量为 8mm，对木荷与其他 6 种珍贵阔叶树种进行车削加工测试，确定各树种木材的车削性能。根据车削产生的缺陷类型和严重程度，将试件分为 5 个等级，并将等级 1、等级 2 和等级 3 三个等级所占总百分率作为砂削性能达标百分率。木荷木材车削加工达标百分率达到 100%，无缺陷试件低于 50%，车削性能优良（图 9-9）。从等级 1 比例来看，柚木和楸木的车削性能要优于其他树种，而木荷和鹅掌楸的车削性能相对较差。

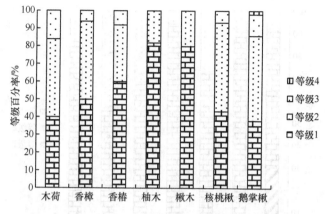

图 9-9 木荷与其他 6 种珍贵阔叶树种的木材车削性能

8. 木材机械加工综合性能

随着木材科学与加工技术的不断发展，我国在木材的生产、加工利用和教学科研等方面都发生了很大的变化。加强对木材机械加工性能的测试与评价研究，将为充分认识实体木材利用潜力提供科学依据，并将扩大木材的适用范围，充分体现和提高木材的经济价值，对木材的可持续利用产生深远的影响。

将刨削、砂削加工的等级 1 所占百分率作为达标率，钻削、铣削的等级 1 和等级 2 所占的总百分率作为达标率，开榫和车削的等级 1、等级 2、等级 3 所占总百分率作为达标率，并依表 9-8 确定各项目的加工质量级别。依据上述 6 种单项加工工序在生产中的重要性，规定刨削、砂削、车削、铣削的加权数为 2，开榫和钻削的加权数为 1。用加工质量的级别值分别乘以该项目的加权数，最后将 6 项结果得分相加，得出总分，满分为 50 分。通过总分的高低比较 7 种树种的综合加工性能（表 9-9）。按照评价值在 40～50 分时综合机械加工性能为优秀的标准，珍贵阔叶树种中柚木、楸木、香樟、木荷和鹅掌楸 5 树种木材的综合加工性能均属于优秀。尤其是木荷和鹅掌楸两种木材综合评价值在 45 分以上，具有很好的加工性能。

表 9-8 单项加工性能测试质量级别值划分标准

试件的达标百分率/%	级别
90～100	5
70～89	4
50～69	3
30～49	2
0～29	1

表 9-9 木荷与其他 6 种珍贵阔叶树种木材机械加工性能综合评价

树种	木荷	香椿	柚木	楸木	香樟	核桃楸	鹅掌楸
综合评价值	48	39	44	40	40	38	47

参 考 文 献

成俊卿. 1985. 木材学. 北京: 中国林业出版社.

丁涛, 顾炼百, 朱南峰, 等. 2012. 热处理材的铣削加工性能分析. 木材工业, 26(2): 22-24.

侯新毅. 2004. 三种桉树木材的机械加工和透明涂饰性能研究. 北京: 北京林业大学.

侯新毅, 姜笑梅, 高建民, 等. 2003. 木材的机械加工性能研究现状与发展. 木材工业, 17(16): 3-5.

江京辉. 2005. 西南桦、红椎人工林木材应用于家具与装饰材的适应性评价. 北京: 中国林业科学研究院.

李坚. 2009. 木材科学. 北京: 科学出版社.

李坚. 2014. 木材科学. 北京: 科学出版社: 241.

李莉, 王昌命. 2008. 工业林木荷木材化学成分及其变异的研究. 山东林业科技, 38(2): 5-8.

刘一星, 赵广杰. 2004. 木质资源材料学. 北京: 中国林业出版社.

孙道梭, 孙祸全, 千德明. 1990. 术材车削力特性研究. 北京林业大学学报, 4(12): 95-101.

谢雪霞. 2014. 我国 12 种人工林木材机械加工性能研究. 北京: 中国林业科学研究院.

尹思慈. 1996. 木材学. 北京: 中国林业出版社.

周侃侃, 徐漫平, 郭飞燕, 等. 2009. 木荷木材物理力学性质及其加工性能研究. 浙江林业科技, 29(3): 19-23.

Aguilera A, Zamora R. 2009. Surface roughness in sapwood and heartwood of Blackwood (*Acaciamelanoxylon* R. Br.) machined in 90-0 direction. HolzRohWerkst, 67: 297-301.

Farrokhpayamm S R, Ratnasingam J, Nazerian M. 2011. The effect of machine parameters on the surface quality in planing of rubberwood . Journal of Basic and Applied Scientific Research, 1(11): 2329-2335.

Malkoçoğlu A, Ozdemir T. 2006. The machining properties of some hardwoods and softwoods naturally grown in Eastern Black Sea Region of Turkey. Journal of Materials Processing Technology, 173(3): 315-320.

Ors Y, Baykan I. 1999. The effect of planing and sanding on surface roughness of massive woods. Turkish Journal of Agriculture and Forestry, 23(3): 577-582.

Ratnasingam J, Scholz E. 2006. Optimal surface roughness for high-quality fnish on rubberwood (*Heveabrasiliensis*) . European Journal of Wood and Wood Products, 64: 343-345.

Williams D, Morris R. 1998. Machining and related mechanical properties of 15 BC wood species. Vancouver. Forintek Canada Grp.

（张毛毛、谢雪霞、王杰、殷亚方撰写）

第十章　木荷主要害虫及防控技术

近年来，因森林防火、生物防护、珍贵优质用材和绿化工程的需求，营建了大量的防火、生态、用材和绿化等人工木荷林。由于营建的木荷人工林多为单一结构的纯林，生态系统较为简单。林内外的生产活动交往，外来有害生物可随苗木等材料的潜带而入侵木荷林，经定殖和蔓延，形成新的危害种群。我国东南沿海地区，近年来频发的冬春连续冰冻雨雪、夏秋持续干旱高温和台风等灾害性气候，为木荷害虫的发生成灾提供了有利的环境条件。随着我国木荷人工林面积的日益扩大，局部地区因管理不健全和防控技术滞后，致使一些害虫发生，种群数量剧增，严重制约木荷林的可持续发展。

基于目前木荷人工林害虫发生现状和防控实况，作者较系统地总结了 46 种木荷害虫的危害性质，重点叙述了 13 种常发型害虫的危害症状、识别特征及其生物学特性。提出了"预防为主，标本兼治"的防控原则，建立在加强监测的基础上，以营林措施为主，药剂防治为辅，协调运用人工、物理等技术和措施的综合治理体系。

第一节　木荷林害虫种类

据调查，危害木荷林的害虫种类有 46 种，隶属于 6 目 22 科。据其栖息和危害部位可分为食叶、枝梢、蛀干和种苗 4 类害虫，而按害虫种群数量变动和危害程度可分为低发型、偶发型和常发型 3 类害虫（表 10-1）。低发型是指害虫临时发

表 10-1　木荷林害虫种类及其危害

侵害部位	种名	发生、危害性质
叶 （食叶害虫）	大皱蝽 *Cyclopelta obscura*（Lepeletier et Serville）	低发型
	异色巨蝽 *Eusthenes cupreus*（Westwood）	低发型
	斑娇异蝽 *Urostylis tricarinata* Maa	低发型
	铜绿异丽金龟 *Anomala corpulenta* Motschulsk	常发型
	斑喙丽金龟 *Adoretus tenuimaculatus* Waterhouse	常发型
	脊绿异丽金龟 *Anomala aulax* Wiedemann	偶发型
	毛股沟臀叶甲 *Colaspoides femoralis* Lefevre	偶发型
	刺股沟臀叶甲 *Colaspoides opaca* Jacoby	偶发型
	三带隐头叶甲 *Cryptocephalus trifassiatus* Fabricius	低发型
	黑额光叶甲 *Smaragdina nigrifrons*（Hope）	低发型

续表

侵害部位	种名	发生、危害性质
叶 （食叶害虫）	梨铁象 *Styanax apicatus* Heller	低发型
	褐刺蛾 *Setora postornata*（Hampson）	常发型
	木荷空舟蛾 *Vaneeckeia pallidifascia*（Hampson）	常发型
	茶长卷蛾 *Honona magnanima* Diaknoff	常发型
	茶须野螟 *Nosophora semitritalis* Lederee	常发型
	油茶尺蛾 *Biston marginata* Shiraki	常发型
	油桐尺蛾 *Buzura suppressaria* Guenee	常发型
	丝脉蓑蛾 *Amatissa snelleni* Heylaerts	低发型
	按蓑蛾 *Acanthopsyche subferalbata* Hampsom	偶发型
	连茸毒蛾 *Dasychira conjuncta* Wileman	低发型
	木荷叶蜂 *Taxonus* sp.	偶发型
嫩梢、枝 （枝梢害虫）	龟蜡蚧 *Ceroplastes floridensis* Comstock	低发型
	思茅壶蚧 *Cerococcus schimae*（Borchsenius）	偶发型
	木荷疤砺盾蚧 *Andaspis schimae* Tang	低发型
	紫丽盾蚧 *Chrysocoris stollii*（Wolff）	低发型
干 （蛀干害虫）	山林原白蚁 *Hodotermopsis sjostedti* Holmgren	偶发型
	黑翅土白蚁 *Odontotermes formosanus*（Shiraki）	常发型
	黄肢散白蚁 *Reticulitermes flaviceps*（Oshima）	偶发型
	星天牛 *Anoplophora chinensis*（Forster）	常发型
	油茶红翅天牛 *Erythrus blairi* Gressitt	低发型
	栎红胸天牛 *Dere thoracica* White	偶发型
	黑跗眼天牛 *Bacchisa atritarsis*（Pic）	低发型
	薄翅锯天牛 *Megopis sinica*（White）	常发型
	弧斑天牛 *Erythrus fortunei* White	低发型
	瘤胸材小蠹 *Ambrosiodmus rubricollis* Richhoff	低发型
	光滑材小蠹 *Xyleborus germanus* Blandford	低发型
	棋盘材小蠹 *Xyleborus adumbratus* Blandford	低发型
	秃尾材小蠹 *Xyleborus amputatus* Blandford	低发型
	狭面材小蠹 *Xyleborus aquilus* Blandford	低发型
	日本脊吉丁 *Chalcophora japonica chinensis* Schauffuss	低发型
	相思拟木蠹蛾 *Arbela baibarana* Mats.	低发型
	疖蝙蛾 *Phassus nodus* Chu et Wang	常发型
	点蝙蛾 *Phassus signifer sinensis* Moore	偶发型
苗木 （种苗害虫）	铜绿异丽金龟 *Anomala corpulenta* Motschulsky	常发型
	斑喙丽金龟 *Adoretus tenuimaculatus* Waterhouse	常发型
	粉白鳃金龟 *Cyphochilus apicalis* Waterhouse	低发型
	小地老虎 *Agrotis ypsilon*（Rott.）	常发型
	非洲蝼蛄 *Gryllotalpa africana* Palisot de Beauvois	偶发型

生，受外界环境因素影响，害虫的自然繁殖率低或自然死亡高，木荷林中此类害虫种群基数较低，种群数量常保持较低水平，对木荷林无明显危害。偶发型是指一般年份此类害虫种群数量较低，当灾害性气候、人为干扰或天敌种类和数量减少和降低等生态因素，造成有利于此类害虫生长发育的条件，害虫种群数量剧增，遂猖獗危害，短时间常造成一定的经济损失，但扩散蔓延范围较小，持续发生的年份较少。常发型是指木荷林中此类害虫种群密度上升后，逐年维持较高水平，常连续几年猖獗危害，对木荷的生长发育构成威胁，造成较严重的经济损失。

第二节　木荷主要害虫的鉴别及发生规律

一、小地老虎（*Agrotis ypsilon*）

1. 主要寄主

除为害木荷外，尚取食杉木（*Cunninghamia lanceolata*）、桑（*Morus alba*）和茶（*Camellia sinensis*）等。

2. 危害症状及严重性

1～2 龄幼虫群集木荷幼苗顶心嫩叶处，啃咬嫩叶呈网孔状。3 龄后幼虫分散咬食幼苗嫩茎，并拖入土穴中，引起圃地缺株断行，重者毁种需要重播。

3. 形态识别

成虫：体长 16～23mm，暗褐色。前翅前缘及内横线、外横线之间色暗，具肾状纹、环状纹和棒状纹，其外皆围以黑边，近外缘有 3 个小楔状黑纹。后翅灰白色，翅脉及周缘黑褐色。腹部灰暗色（图 10-1 左）。

幼虫：体长 38～50mm，黄褐色至暗褐色。体表布满稍微隆起的黑粒点。臀板黄褐色，其上具 2 条深褐色的纵带。胸足与腹足黄褐色（图 10-1 右）。

图 10-1　小地老虎成虫（左）和幼虫（右）（彩图请扫封底二维码）

4. 生活习性与为害

该虫年发生代数因各地气候不同而异，越往南发生代数越多。长江流域一年发生 4～5 代，在华南地区一年可发生 6～7 代。该虫在长江流域以蛹和幼虫越冬，以第 1 代 4 月下旬至 5 月中旬发生为害最为严重。

在浙江 3 月中下旬越冬代成虫开始羽化。成虫白天均潜居于土缝、枯枝或杂草丛等隐蔽处。黄昏后开始飞翔、觅食、交配和产卵等系列活动，以 19:00～22:00 最盛。成虫喜吸食糖蜜醋等酸甜的汁液。成虫对普通灯光趋性不强，但对林间黑光灯具较强的趋光习性。

两性成虫羽化后，经 3～4 天补充营养，即可交配。交配后的雌成虫于翌日开始产卵。卵多散产于低矮叶密的杂草和木荷幼苗叶背，少数产于枯叶、土缝内。一般以近地面的叶背上产卵最多，最高处不超过 13cm。每头雌成虫产 1000 粒左右的卵，多者可达 2000 粒，卵历期 3～5 天。

4 龄幼虫群集于木荷幼苗叶间，昼夜均能啃食嫩叶，形成孔洞或缺刻。4 龄后幼虫分散，行动敏捷，具假死习性，一遇惊扰迅即卷缩成团。白天均隐匿于表土干湿层之间，夜晚爬出，至木荷幼苗旁，齐土面咬断嫩茎，拖入土穴，以供食用。5 龄、6 龄幼虫取食量增大，每头幼虫每夜能咬断 3～5 株木荷幼苗。若木荷幼苗茎硬化后，随即爬上苗株，取食嫩叶或生长点。4 月下旬至 5 月中旬是幼虫危害的最盛时期。当食料缺乏时，幼虫随即迁移他处搜寻食源。

幼虫发育成熟后多潜居于 5cm 深的土中化蛹。蛹期为 10～20 天。

该虫的发生和危害程度与气候和管理措施密切相关。该虫生存的适宜温度为 15～25℃。长江中下游和东南沿海地区雨量充沛、气候湿润，利于该虫生长繁衍，而管理粗放、杂草丛生的苗圃地发生严重，甚至成灾。

二、黑翅土白蚁（*Odontotermes formosanus*）

1. 主要寄主

除为害木荷外，尚取食杉木、香樟（*Cinnamomum camphora*）、檫木（*Sassafras tsumu*）、青冈栎（*Cyclobalanopsis glauca*）、泡桐（*Paulownia fortunei*）、栎树（*Quercus acutissima*）、桉树（*Eucalyptus robusta*）、板栗（*Castanea mollissima*）、油茶（*Camellia oleifera*）、刺槐（*Robinia pseudoacacia*）、黑荆树（*Acacia mearnsii*）、楝树（*Melia azedarach*）、黄檀（*Dalbergia hupeana*）、梅（*Prunus mume*）、桑树、核桃（*Juglans regia*）、厚朴（*Magnolia officinalis*）、杜仲（*Eucommia ulmoides*）、桂花（*Osmanthus fragrans*）、海棠（*Malus prunifolia*）和柑橘（*Citrus reticulata*）等多种林木果树和药材。

2. 危害症状及严重性

黑翅土白蚁是一种群居性土栖生活的社会性昆虫。以工蚁在地面构筑泥路，树干上构建泥线、泥被或泥套，隐藏其内（图10-2）。在木荷种苗地咬食幼苗，致其枯死。在木荷林内啃食树皮和木质部，轻则致寄主生长势衰弱，重则造成树干中空，萎蔫枯死（图10-2）。该虫是我国木荷苗圃和林内的重要钻蛀性害虫。

图10-2　黑翅土白蚁的树干泥被（左）及木质部被蛀状（右）（彩图请扫封底二维码）

3. 形态识别

该虫系多型昆虫，分有翅型的繁殖蚁（蚁王、蚁后）和无翅型的非繁殖蚁（兵蚁、工蚁）（图10-3）。

有翅成虫：体长12~14mm，翅长24~25mm。头胸部和腹部背面黑褐色，腹面棕黄色。全身密被细毛。头圆形。复眼黑褐色。触角念珠状，19节。前胸背板略狭于头，前宽后狭，中央具一淡色的"十"字形纹。翅暗黑色，前翅大于后翅。

蚁王和蚁后：有翅成虫经群飞配对后，雄性为蚁王，雌性为蚁后。蚁王形态与脱翅后的有翅成虫相似，仅色较深，体壁较硬，体略有收缩。蚁后头胸部与有翅成虫相似，色较深，体壁较硬，白色腹部特别大，具褐色斑块。

兵蚁：体长5.4~6.0mm。头深黄色，胸、腹部淡黄色至灰白色。头部发达，背面呈卵形。触角15~17节，上颚镰刀形。前胸背板元宝状，前宽后狭，前部斜翘起。

工蚁：体长4.8~6.0mm。头黄色，近圆形。触角17节。胸、腹部灰白色。

4. 生活习性与为害

黑翅土白蚁是一种群居性土栖害虫，匿居于地下0.8~3m深的蚁巢中，在巢群内有蚁王、蚁后各一头，专司繁殖。在浙江地区林间气温达22℃以上，空气相对湿度达95%以上的闷热天气，特别是暴雨前夕的傍晚，有翅成虫从圆锥形高出地面的羽化孔成群爬出，经婚飞，脱去翅膀，雌雄追逐配对。两性交配后，四周

图 10-3　黑翅土白蚁——有翅蚁（左）和工蚁（右）（彩图请扫封底二维码）

爬行，寻找适宜场所，成对钻入土中构建新巢，成为新的蚁王和蚁后，繁殖后代，建立新蚁群。脱翅前的有翅成虫具较强的趋光习性。林中常见绕灯飞舞的有翅成虫，灯下常聚集成片脱落的蚁翅。

蚁巢以主巢为中心，周围布满大小不等的副巢，作为菌圃。主巢与副巢间有蚁路相通。巢中以工蚁数量最多，约占 90%，专营建巢、修路、寻食及饲育。兵蚁数量较少，专司守巢护卫，若遇外敌，即以强大的上颚攻击对方。

木荷苗圃或林内，工蚁啃食寄主根系，极易造成幼苗枯死。被害林内，工蚁从地面沿木荷树干筑线状泥路或片状泥被或泥套，隐匿其内取食树皮，致使寄主生长衰弱，当侵入木质部后，树干被蛀一空，寄主逐渐枯萎或倾倒地面，日久蛀成“尘土”状。一年中，5～6 月和 9 月是为害高峰期，11 月始集中于巢内越冬。

三、褐刺蛾（*Setora postornata*）

1. 主要寄主

除为害木荷外，尚取食麻栎（*Quercus acutissima*）、板栗、油茶、茶、悬铃木（*Platanus hispanica*）、枫杨（*Pterocarya stenoptera*）、核桃、杨（*Populus* spp.）、柳（*Salix babylonica*）、乌桕（*Sapium sebiferum*）、刺槐、无患子（*Sapindus mukorossi*）、杜仲、桑、柑橘、桃（*Prunus persica*）、李（*P.salicina*）等多种林木和果树。

2. 危害症状及严重性

幼虫取食木荷叶片，形成缺刻或孔洞，严重时食尽叶肉，仅残留主脉，影响寄主的光合作用（图 10-4）。幼虫虫体具毒毛，人体接触后，引起皮肤痛痒。该虫是我国木荷林、经济林木、观赏林木和庭园林木的重要食叶害虫。

3. 形态识别

成虫：体长 16～20mm。体、翅褐色。前翅前缘离翅基 2/3 处，向臀角和基角各引 1 条深褐色弧线。前翅臀角附近有 1 条近三角形的棕色斑。前足腿节基部具

1横列毛丛（图10-5）。

图10-4　褐刺蛾幼虫取食叶片被害状（孔洞和缺刻，彩图请扫封底二维码）

幼虫：体长23～35mm。体黄绿色。背线天蓝色，各节在背线前后各有1对黑点。亚背线有黄色、红色2型，黄色型枝刺黄色，红色型枝刺紫红色（图10-5）。中胸至第9腹节在亚背线上着生枝刺1对，中胸、后胸、第1、第5、第8和第9腹节上的枝刺较长。

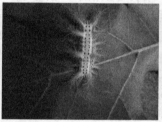

图10-5　褐刺蛾成虫（左）、黄色枝刺型幼虫（中）和红色枝刺型幼虫（右）（彩图请扫封底二维码）

4. 生活史

在浙江地区一年发生2代，以成熟幼虫在木荷等寄主树下的疏松表土层中越冬，生活史见表10-2。

表10-2　褐刺蛾生活史

世代	4月上中下	5月上中下	6月上中下	7月上中下	8月上中下	9月上中下	10月上中下	11月至～翌年3月上中下
越冬代	——	△△△ ＋	△ ＋＋					
第1代		●	●● ——	—— △	△△ ＋＋＋			
第2代			△	●●●	——	——	——	——

●卵；—幼虫；△蛹；＋成虫。下同。

5. 生活习性与为害

越冬幼虫于翌年 5 月上旬开始化蛹，5 月下旬始见越冬代成虫羽化。羽化多集中在 17:00～20:00。羽化后蛹壳滞留于茧内，成虫从土中钻出。昼间成虫静栖于木荷等寄主树冠或林下灌木杂草丛中。成虫羽化后一个多小时即可交配，交配多集中在 19:00～22:00。成虫具趋光习性。孕卵雌成虫择木荷等寄主叶背产卵，卵多为散产。每头雌成虫产卵量约 100 粒。成虫寿命 3～7 天。

幼虫多隐栖于叶片背面。由于腹足退化，行动时依靠身体收缩，向前蠕动，行动十分缓慢。初孵幼虫能取食卵壳。幼虫分散栖息和取食。初龄幼虫咬食叶片下表皮和叶肉，呈网状，残存叶脉；中龄幼虫取食叶片成缺刻和孔洞，仅留叶柄和主脉；成熟幼虫常从叶尖啃食叶片成平直缺刻，如刀切，严重时食尽全叶。幼虫全天均能食叶，以夜间为盛。

幼虫成熟后，沿树干下爬或直接坠落地面，寻找适宜的场所结茧化蛹（第 1 代）或越冬（第 2 代），多择寄主根际距地 2cm 以内的疏松表土层内结茧。

四、茶长卷蛾（*Homona magnanima*）

1. 主要寄主

除为害木荷外，尚取食茶树、油茶、女贞（*Ligustrum lucidum*）、香樟、桂花（*Osmanthus fragrans*）、银杏（*Ginkgo biloba*）、水杉（*Metasequoia glyptostroboides*）、石榴（*Punica granatum*）、枇杷（*Eriobotrya japonica*）、梨（*Pyrus bretschneideri*）和苹果（*Malus pumila*）等生态和经济树种。

2. 危害症状及严重性

初龄幼虫在木荷嫩梢上吐丝缀取嫩叶，取食上表皮和叶肉，仅残留下表皮。3 龄后幼虫缀 3～4 片木荷叶形成虫苞，匿居其内，取食苞中的叶片成缺刻或孔洞（图 10-6），致使叶片枯竭，虫口密度高时，严重影响光合作用，造成树势生长衰弱。

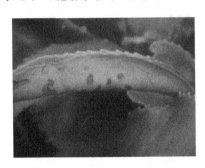

图 10-6　茶长卷蛾幼虫吐丝缀叶成苞（彩图请扫封底二维码）

3. 形态识别

成虫：体长 9.0～12.0mm。体、前翅均为黄褐色，翅尖深褐色。前翅近长方形。雌成虫前翅具多条长短不一的深褐色翅纹（图 10-7）；雄成虫前翅前缘中部有一近半圆形黑斑，中部有一条深色斜纹（图 10-7）。

幼虫：体长 21.0～25.0mm。体黄绿色至青绿色，具白色短毛。头部及前胸背板褐色（图 10-7）。前胸背板前缘黄绿色。

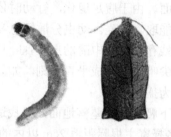

图 10-7　茶长卷蛾幼虫（左）和雌成虫（左）（彩图请扫封底二维码）

4. 生活史

浙江地区一年发生 1 代，以成熟幼虫在虫苞中越冬。翌年 4 月中旬开始化蛹。生活史见表 10-3。

5. 生活习性与为害

成虫均在夜间羽化，以前半夜为多。羽化后翌日两性成虫即可交配。孕卵雌

表 10-3　茶长卷蛾生活史

世代	3月上中下	4月上中下	5月上中下	6月上中下	7月上中下	8月上中下	9月上中下	10月上中下	11月至～翌年2月上中下
越冬代	———	△△ +	— △ +						
第1代			••• — △ ++	△△ +					
第2代				•• —	△△△ +				
第3代					•• —	△△△ +			
第4代						•	+ ••	————	

成虫将卵产在叶片正面。全天均可产卵，但以夜 21:00 至清晨 6:00 为多。每头雌成虫产卵量 200 粒左右。成虫具趋光性。成虫寿命 10 天左右。

初孵幼虫较活泼。孵化后先食卵壳，后爬行扩散，多向上爬至嫩梢叶尖，吐丝缀结邻近嫩叶成小虫苞，取食叶肉。3 龄后幼虫吐丝缀结数片叶成较大虫苞。4 龄后幼虫食量大增，为暴食为害期。幼虫白天多静栖苞内，夜间取食为害，常将虫苞食尽一空，再转结新苞为害。一般 1 头幼虫转苞为害 2～3 次。严重发生时木荷叶被全部食尽，尽留秃枝。幼虫受惊后，常迅速从虫苞中爬出，弹跳逃遁或吐丝下垂随风飘迁扩散。

幼虫成熟后在虫苞中结白色丝质茧，化蛹其中，若遇惊扰，蛹在茧内会左右不断翻动。

五、茶须野螟（*Nosophora semitritalis*）

1. 主要寄主

除为害木荷外，尚取食茶树。

2. 危害症状及严重性

幼虫吐丝缀叶，取食木荷等寄主的嫩梢、嫩芽和叶片，轻者致叶片缺刻，或仅剩叶脉，重者全株叶片被食一空，仅残存枝梢，严重影响寄主的生长发育，是我国木荷幼林、中林的重要食叶害虫。

3. 形态识别

成虫：体长 11.0～14.0mm。体茶褐色。下唇须第 2 节基部黄白色，端部具黑色的毛丛；第 3 节小而尖，淡黄白色。胸腹部背面褐色，腹面白色。前翅茶褐色，内横线及外横线黑褐色弯曲。中室上角及下角外侧各有 1 个白色的半透明斑块。后翅茶褐色。中室下角外侧有 1 个较大型的半透明白斑（图 10-8）。

图 10-8　茶须野螟成虫（彩图请扫封底二维码）

幼虫：体长 19.0～23.0mm。体淡黄色，背线、气门上线、气门线和气门下线均为淡红褐色。各腹节背面有 4 个毛瘤，每个瘤上具 1 根刚毛。

4. 生活史

福建省一年发生 3 代。据魏开炬（2006）观察，该虫以 1 龄或 2 龄幼虫在吐丝缀叶的苞中越冬，翌年 3 月上旬开始取食为害，4 月中旬越冬代幼虫开始化蛹。生活史见表 10-4。

表 10-4　茶须野螟生活史

世代	3月上中下	4月上中下	5月上中下	6月上中下	7月上中下	8月上中下	9月上中下	10月上中下	11月至～翌年2月上中下
越冬代	——	△△ +	△ ++						
第1代			••• —	△△	△ ++				
第2代					•••	△△	△ ++		
第3代							++ •••	——	——

5. 生活习性与为害

成虫全日均能羽化，以晚 20:00 至翌日晨 6:00 为多。成虫爬出蛹壳后，静息 25min 左右，即飞离。蛹壳遗留于叶苞内。白天成虫隐匿于木荷叶背，夜间开始活动。成虫具较强的趋光习性。两性成虫羽化后翌日即可交配，第 3 天开始产卵。孕卵雌成虫均择木荷叶背主脉附近产卵。卵块多呈方形。每雌成虫产卵量为 10～50 粒。

3 龄前幼虫缀 1～2 片木荷叶，成疏松叶苞。虫体隐居苞内，取食叶肉，致被害处呈薄膜状，细小粪粒排积于叶苞内；3 龄后幼虫取食量大增，常吐丝缀取 3～4 片木荷叶成筒状较紧密的叶苞，幼虫匿居苞内，咬食苞叶，成缺刻状。

幼虫在叶苞内静栖或取食时，受惊扰常从叶苞内弹跳出来，迅速爬行逃遁或吐丝下垂，坠落入林下地被植物中，行动较敏捷。幼虫发育成熟后，爬离被害虫苞，另择新叶，吐丝缀叶制成新苞，并化蛹其中。每头幼虫可取食为害 35～50 片木荷叶片。

六、油茶尺蛾（*Biston marginata*）

1. 主要寄主

除为害木荷外，尚取食茶、油茶、香樟、乌桕、枫香（*Liquidambar formosana*）、油桐（*Aleurites fordii*）和泡桐等。

2. 危害症状及严重性

初龄幼虫取食木荷嫩叶，致叶呈网状叶脉；成熟幼虫取食叶片，仅残存主脉或叶柄。林中虫口密度高时，叶片被害殆尽，严重影响木荷植株的生长发育，持续为害几年可致寄主枯死。

3. 形态识别

成虫：体长 13～19mm。体灰褐色。雌蛾触角丝状，雄蛾羽状。前翅基部有 2 条褐色条纹，翅中有 1 条黑色的波状纹。前翅外缘具 6～7 个斑点，外缘、内缘均生有灰白色缘毛。雌蛾腹部膨大，末端丛生黑褐色茸毛；雄蛾腹末较为尖细（图 10-9）。

幼虫：体长 50～58mm。体枯黄色，杂有黑褐色斑点，头顶额区下陷，两侧有角状突起，额部具两块"八"字形黑斑。胸、腹部红褐色，气门紫红色（图 10-9）。

图 10-9　油茶尺蛾成虫（左）和幼虫（右）（彩图请扫封底二维码）

4. 生活史

一年发生 1 代，以蛹在被害木荷植株周边的疏松土壤中越冬。翌年 2 月下旬越冬蛹开始羽化，生活史见表 10-5。

5. 生活习性与为害

成虫多在前半夜羽化，以 20:00～21:00 为多。成虫飞翔能力弱，白天成虫静

表 10-5　油茶尺蛾生活史

世代	2月 上中下	3月 上中下	4月 上中下	5月 上中下	6月 上中下	7月 上中下	8月 上中下	9月至～翌年1月 上中下
越冬代	△△△ +	△△ +++						
第1代		●●● —	———	———	— △△△	△△△	△△△	△△△

栖于木荷等寄主树冠内，夜间开始活动。成虫趋光性弱。羽化当日两性成虫即可交配。成虫大多数一生仅交配 1 次，极少数 2 次。交配活动多在每晚后半夜进行，交配历时 3～5h，清晨 6:00 左右结束。

孕卵雌成虫多择木荷小枝与树干交接处，或小枝与小枝分枝的阴凹处产卵，卵多呈块状分布。卵块外多覆盖有雌成虫腹末的黑褐色茸毛。雌成虫产卵量较高，多在 500 粒左右，大多为一次性产完。

初产卵为翠绿色，近孵化时变成深褐色或红褐色。初孵幼虫较活跃，四处爬行，寻觅嫩叶。取食时具群集习性，一受惊扰，即吐丝下垂，随风飘移，转枝为害。2 龄后幼虫逐渐分散。初龄幼虫取食嫩叶表皮和叶肉，残留网状叶脉。4 龄前幼虫食量较小，4 龄后逐渐增大，6 龄幼虫食量最大，被害叶仅剩主脉或叶柄。幼虫静栖时，常后足紧握树枝，前身悬空斜伸，仿小枝状。受惊时，身体弯曲成 "Ω" 状或吐丝下垂。幼虫畏光，晴天阳光下，常藏匿于木荷叶丛阴凉处。

幼虫成熟后，停食 1 天，从树干下爬或吐丝坠入寄主根际地面，择疏松且湿润的土质，钻入距地面深 2～3cm 处化蛹。

七、油桐尺蛾（*Buzura suppressaria*）

1. 主要寄主

除木荷外，尚取食油桐、油茶、茶、板栗、乌桕、刺槐和柑橘等。

2. 危害症状及严重性

幼虫取食木荷叶片成缺刻或孔洞，是一种暴食性害虫，林中虫口密度高时，常将叶片食尽，严重影响寄主的树势生长。

3. 形态识别

成虫：雌蛾体长 23～25mm，雄蛾体长 18～22mm。体灰白色。雌蛾触角丝状，雄蛾触角羽状。前翅隐约可见 3 条波状纹，后翅 2 条，以近外缘的波纹颜色较深且明显。翅面散生密度不一的蓝黑色鳞片（图 10-10）。雌蛾腹部肥胖，腹末具一丛黄色毛；雄蛾腹末尖细，无黄色毛。

幼虫：体长 56~65mm。体色随环境变化有青绿、灰绿和深褐等色。头部密布颗粒状小斑点，头顶中央凹陷，两侧呈角状突起（图 10-10）。前胸背面有 2 个突起。

 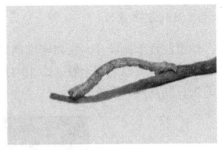

图 10-10　油桐尺蛾成虫（左）和幼虫（右）（彩图请扫封底二维码）

4. 生活史

该虫在长江中下游地区一年发生 2~3 代，华南地区 3~4 代，以蛹在寄主根际表土中越冬。在浙江地区 4 月上旬至 5 月中旬为越冬代成虫羽化期。5 月中旬至 6 月下旬、7 月中旬至 8 月下旬和 9 月下旬至 11 月上旬分别为第 1、第 2 和第 3 代幼虫为害期。11 月中旬成熟幼虫开始化蛹并越冬。

5. 生活习性与为害

成虫夜间羽化，以 22:00 至翌日晨 2:00 为多。白天成虫多静栖于木荷或邻近别的树种的树干上，或林中建筑物墙上。成虫具较强的趋光习性。成虫羽化当晚即能交配，但以 1:00~3:00 为多。雌成虫一生交配 1 次，极少数可交配 2 次。交配后的雌成虫当晚即可产卵。卵多成堆产于树皮裂缝、伤疤处。初产卵为绿色，接近孵化时呈黑褐色。卵块内卵粒排列较松散，多由 200 余粒至 1000 余粒组成。每头雌成虫可产卵达 2000 余粒。越冬代成虫所产卵块，表面覆盖有浓密的绒毛，其他各代盖以稀疏绒毛。

幼虫孵化后，迅速爬行或吐丝下垂，借风力传播扩散。幼虫畏光，多于傍晚、清晨取食。1~2 龄幼虫咬食木荷叶缘、下表皮及叶肉，不食叶脉，残留上表皮，失水退绿，呈黄褐色小膜斑。3 龄后，将叶片咬成缺刻，留下叶脉。4 龄后食量显著增加，被害木荷叶片仅剩主脉和侧脉基部，6 龄幼虫则取食全叶。幼虫停食时，常腹足紧抓树叶或树枝，虫体直伸，形如枯枝。幼虫发育成熟后，爬至根际 3~

5cm 深的土中化蛹。

八、木荷空舟蛾（*Vaneeckeia pallidifascia*）

1. 主要寄主

除为害木荷外，尚取食油茶。

2. 危害症状及严重性

幼虫取食木荷叶片。虫口密度高时，短时间内即可食尽寄主叶片，仅残存叶脉或秃枝，远眺似火烧一般（图 10-11）。被害株地面常布满大量虫粪。该虫对木荷的生长发育构成严重威胁。

图 10-11　木荷空舟蛾幼虫取食残存叶脉（彩图请扫封底二维码）

3. 形态识别

成虫：雄成虫体长 15.0～18.0mm。头部灰褐色与白色绒毛混杂，触角羽毛状。胸部背面黑褐色，混有少量灰白色毛，前胸与中胸间具一块明显的三角形白斑。腹部背面暗褐色，被赭黄色毛。前翅黄褐色，内线以内的基部和外线以外的端部密被墨绿色的细鳞片；内线双股平行，呈波形由前缘向内斜伸至后缘；外缘双股平行，中部外拱。后翅黄白色，前缘和外缘色暗。雌成虫体长 18.0～21.5mm。体色较深。前翅中室处具一明显灰白色边的肾形斑。

幼虫：体绿色，头部黄色。头、胸相接处具黄色环。背线为淡黄色，体两侧具黄色斑点。

4. 生活史

据林丽静等（2007）在广东省广州市观察，该虫一年发生 4 代，以幼虫在被害株下土中越冬，翌年 2 月下旬开始化蛹，3 月下旬至 4 月上旬为越冬代成虫期。第 1、第 2 和第 3 代幼虫为害期分别为 4 月中旬至 5 月下旬、7 月上旬至 8 月中旬和 9 月中旬至 10 月下旬。12 月上旬出现第 4 代幼虫，中旬后进入越冬期。

5. 生活习性与为害

木荷空舟蛾成虫多在夜间羽化，每晚 22：00 时为羽化高峰期。成虫白天多隐匿于木荷叶背或小枝上，夜间开始活动。成虫具趋光习性，飞行能力较弱。两性成虫羽化当晚或翌日晚即可交配，交配呈"一"字形。

孕卵雌成虫多择木荷叶背或小枝产卵。产于叶背的卵多呈紧密的块状排列，产于小枝的卵多呈不规律状排列。每一卵块具卵 100～200 粒。

初产的卵为淡黄色，孵化前变成红色。卵历期为 5 天左右。同一卵块中的卵粒多在同一天孵化，平均孵化率达 90% 以上。

孵化后的初孵幼虫滞留于卵块附近，2 天后开始取食。3 龄前幼虫多聚集于木荷叶背，取食叶肉，致使被害叶呈网状，逐渐萎蔫枯黄。3 龄后幼虫栖于叶背，从叶片边缘食起，食尽全叶，仅残留叶脉和叶柄。据林丽静等（2007）观察，广州地区 9～10 月林中木荷空舟蛾幼虫种群数量最高，是该虫的为害盛期。取食幼虫若遇惊扰，迅即蜷缩虫体或吐丝下坠，转遁他处为害。当食物匮乏时，幼虫就会出现群迁现象。幼虫间首尾相邻，沿被害枝向食源丰富的枝爬行，转枝为害。

成熟幼虫沿寄主树干下爬至地面，择疏松的表土，距地表深 2～3cm 处筑蛹室化蛹。

九、疖蝙蛾（*Phassus nodus*）

1. 主要寄主

除为害木荷外，尚取食板栗、锥栗（*Castanea henryi*）、麻栎、石栎（*Lithocarpus glabler*）、油茶、泡桐、白玉兰（*Magnolia denudata*）、香椿（*Toona sinensis*）、臭椿（*Ailanthus altissima*）、山杜英（*Elaeocarpus sylvestris*）、梧桐（*Firmiana simplex*）、枫杨、白榆（*Ulmus pumila*）、合欢（*Albizzia julibrissin*）、乐昌含笑（*Michelia chapensis*）、浙江楠（*Phoebe chekiangensis*）、小叶女贞（*Ligustrum quihoui*）、鹅掌楸（*Liriodendron chinense*）和杉木等。

2. 危害症状及严重性

幼虫钻蛀木荷等多种林木韧皮部和木质部。幼虫在韧皮部环绕树干、枝条蛀食一圈后蛀入心材，向下蛀成圆柱形坑道，坑道内壁光滑。树干蛀孔外附有环状或囊状蛀屑苞，经风吹日晒，日久变成黑褐色（图 10-12）。被害苗木或幼树，蛀孔以上主干，易遭风吹（如台风）或雪压断干。该虫是我国木荷林、苗圃内的重要蛀干、枝害虫。

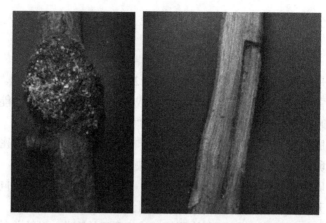

图 10-12 节蝙蛾树干外囊状蛀屑苞（左）和树干内坑道（右）（彩图请扫封底二维码）

3. 形态识别

成虫：体长 28.0～55.0mm，翅展 60.0～111.0mm。头小。触角丝状，仅 4.9mm。复眼大。前翅正面黄褐色，前缘有 4 块由黑色与棕黄色线纹组成的褐斑，前缘近中部有一疣状向前隆起。前翅中部具 1 不明显的黄褐色三角区，在其下方有 1 条纵行黑色线纹。前足、中足特化，失去步行作用，仅具攀附功能。后足较小，胫节膨大，具一束橙红色长毛束。各足跗节末端均有 1 对粗大的爪钩，适宜于攀悬物体（图 10-13）。

幼虫：体长 52.0～79.0mm。体黄褐色，头部棕黑色，胴部背面各节均具 3 块褐色毛片，前 1 块大后 2 块小，排列成"品"字形，毛片上具原生刚毛（图 10-13）。

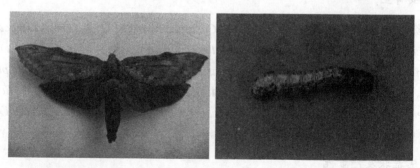

图 10-13 疖蝙蛾成虫（左）和幼虫（右）（彩图请扫封底二维码）

4. 生活史

浙江二年发生 1 代，以卵在土表落叶层或以幼虫在被害木荷树干（枝）的髓部中越冬，生活史见表 10-6。

表 10-6　疖蝙蛾生活史

时间	4月 上中下	5月 上中下	6月 上中下	7月 上中下	8月 上中下	9月 上中下	10月 上中下	11月至翌年2月 上中下
第1年	●●● —	———	———	———	———	———	———	———
第2年	———	———	———	———	——— △	△△△ +++ ●●	●●●	●●●

5. 生活习性与为害

成虫羽化前 2～3 天，蛹体借助腹节上的刺列，从坑底"锉动"至坑道口，顶破孔口的丝盖和粪屑苞。成虫多在 14:00～20:00 时羽化，羽化历经 20min。蛹壳 1/3 伸出羽化孔外，经久不脱落（图 10-14）。成虫爬出羽化孔后，昼间悬挂于林下灌木、杂草的枝叶上，入暮时起飞，飞翔速度很快，常瞬间掠过。飞行途中，若跌落地面，只能在地面上兜圈运动，很难再起飞。两性成虫交配多在 19:00～21:00 进行，长达 22h。室内饲养显示，雌、雄成虫寿命分别为 4～10 天和 6～12 天。雌成虫产卵无固定场所，振翅或飞行途中均能产卵。每头雌成虫平均产卵量为 3960 粒，最高达 11 926 粒，卵无黏着性，均散落于地面。

图 10-14　疖蝙蛾成虫羽化悬挂枝上，蛹壳 1/3 伸出孔外（彩图请扫封底二维码）

初孵幼虫均栖居于木荷林下落叶层或腐殖质丰富的土中，吐丝缀叶，取食其中。初龄幼虫爬行迅速，受惊后迅速后退。3 龄前后，陆续离地，开始沿木荷树干螺旋形向上爬行，找到宜居场所，即将臀足固定，吐丝结椭圆形丝网，虫体隐匿于网下，先在树干皮层蛀一横沟，旋即蛀入髓心，并向下蛀成圆柱形坑道，内壁光滑，坑道平均长 16.6（10.4～28.7）cm，平均直径 0.9（0.7～1.2）cm。幼虫白天一般不取食，日暮后常爬至孔口，啃食周围边材，日久成一圆勺状的凹陷。植株遭害后，蛀孔上方的主干常遭风折，或逐渐枯萎死亡。蛀孔下方的主干上常萌生 2～3

个不定芽，发育成细弱的新枝。若蛀孔距地较近，蛀孔下方则丛生许多萌枝。

幼虫成熟后，在坑道口吐丝作一直径6～11mm近圆形的黄色丝盖或丝柱，封住坑道。幼虫居于坑道底部，头向上化蛹。蛹历期18～21天。

十、铜绿异丽金龟（*Anomala corpulenta*）

1. 主要寄主

除为害木荷外，尚取食麻栎、栓皮栎（*Quercus variabilis*）、板栗、杨、柳（*Salix babylonica*）、白榆（*Ulmus pumila*）、油桐、油茶、乌桕、核桃（*Juglans regia*）、桃、杏（*Prunus armeniaca*）、梨、葡萄（*Vitis vinifera*）等多种林木和果树。

2. 危害症状及严重性

成虫啃食木荷嫩梢，造成断梢；取食叶片，形成不规则的缺刻、孔洞，甚至仅剩叶脉和叶柄，严重影响树木生长。幼虫（俗称蛴螬）在苗圃地表土中取食木荷幼苗、幼树根茎和幼嫩须根，严重时致苗株和幼根枯萎死亡。

3. 形态鉴别

成虫：体长17～20mm，头部较大，触角9节，黄褐色。前胸背板铜绿色，具光泽，密布刻点，两侧有1mm宽的黄边。鞘翅为黄铜绿色，色较浅，上有不甚明显的3～4条隆起线。胸部腹板黄褐色有细毛。足腿节和胫节黄色。前足胫节外缘具2齿，前足、中足大爪分叉，后足大爪不分叉（图10-15）。

幼虫：体长29～31mm。头部黄褐色，前顶两侧各具毛8根，排成一纵列。腹部乳白色。胸足3对较发达，腹部无足。体肥大，多皱纹，常向腹部弯成"C"形（图10-15）。

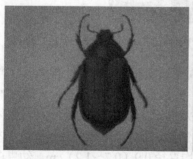

图10-15　铜绿异丽金龟成虫（左）、幼虫（右）（彩图请扫封底二维码）

4. 生活史

该虫在华东地区一年发生 1 代，以 3 龄幼虫在土中越冬，翌年 5 月上旬越冬代幼虫开始化蛹，生活史见表 10-7。

表 10-7　铜绿异丽金龟生活史

世代	3 月	4 月	5 月	6 月	7 月	8 月	9 月	10 月	11 月至翌年 2 月
	上中下	上中下	上中下	上中下	上中下	上中下	上中下	上中下	上中下
越冬代	——	——	△△△ ++	△△ +++	++				
第 1 代					••	• ——	——	——	——

5. 生活习性与为害

翌年 4 月初，随着气温回升，越冬幼虫在土内开始向上移动。5 月幼虫在苗圃表土中啃食木荷根茎、咬食主根和侧根，或剥食根皮层，仅剩木质部。在苗圃地，常致苗木萎蔫枯死，造成缺苗、断垄现象。5 月上旬幼虫成熟，在土中作土室化蛹。5 月中旬至 6 月上旬为化蛹盛期。

5 月下旬林间日平均气温达 21.1～26.0℃时，成虫开始羽化出土。昼间成虫静栖于疏松潮湿的表土中，一般距地深 5cm。黄昏后，尤以无风闷热的夜晚，活动最为频繁。低温雨天，成虫一般不出土活动。钻出表土的成虫，飞往木荷树冠，啃食嫩梢，取食叶片，具"暴食""盗食"习性，凌晨 4:00 前飞离树冠，潜回土中。6～7 月是成虫为害高峰期。

成虫具较强的趋光性和飞翔能力。20:00～23:00，林间常见多头成虫围绕黑光灯飞舞，发出"Weng!Weng!"声。成虫具假死习性，受惊扰即坠地，经 3～4min 后恢复活动。

成虫补充营养后，两性多在 18:00～20:00 进行交配。孕卵雌成虫将卵产在苗圃、木荷林内的土中。卵历期约 10 天。7 月上旬出现第 1 代幼虫，取食木荷的根部。10 月下旬幼虫从 7～10cm 浅土层下移至深土层越冬。

十一、斑喙丽金龟（*Adoretus tenuimaculatus*）

1. 主要寄主

除为害木荷外，也取食板栗、刺槐、油桐、枫杨、梧桐、茶、核桃、乌桕（*Sapium sebiferum*）、桉树（*Eucalyptus robusta*）、栎（*Quercus acutissima*）、杨、桃、梨、山楂（*Crataegus pinnatifida*）、枣（*Zizyphus jujuba*）、苹果（*Malus pumila*）等绿

化、经济树种和果树。

2. 危害症状及严重性

幼虫在表土层中咬食木荷苗的主根和须根，致苗木萎蔫；成虫夜间在木荷树冠中取食叶片，成缺刻或孔洞（图10-16），严重时可将叶片食尽，仅剩叶脉，影响树木的生长。

图10-16　斑喙丽金龟成虫取食叶片危害状（彩图请扫封底二维码）

3. 形态识别

成虫：体长 9.5～11.0mm。体褐色或棕褐色，密生黄褐色绒毛。复眼较大。前胸背板侧缘弧形扩出。鞘翅上具 3 条纵纹，并夹有较明显的灰白色毛斑。腹面栗褐色，具鳞毛。前足胫节外缘具 3 齿，内侧具 1 个小距。后足胫节外有 1 个小齿突（图10-17）。

幼虫：体长 15.0～19.0mm，乳白色。头部棕褐色。肛腹片上具散生刺毛21～35 根（图10-17）。

图10-17　斑喙丽金龟成虫（左）和幼虫（右）（彩图请扫封底二维码）

4. 生活史

该虫在浙江一年发生 2 代，以幼虫在木荷林表土层中越冬，翌年 4 月下旬开始化蛹。生活史见表 10-8。

表 10-8　斑喙丽金龟生活史

世代	3月 上中下	4月 上中下	5月 上中下	6月 上中下	7月 上中下	8月 上中下	9月 上中下	10月 上中下	11月至翌 年2月 上中下
越冬代	——	—— △	△△△ +++	△ +++					
第1代				••• ——	• △	△△△ +++	+++		
第2代						•• +	•••	——	——

5. 生活习性与为害

成虫羽化后在土中潜居 2~3 天，多于傍晚 20:00 左右钻出土面，先在地面爬行片刻，旋即起飞，飞往木荷等寄主树冠。风力大小、晴雨天气对成虫出土数量影响较大。成虫多择晴天无风的夜晚出土，反之则少。黑夜出土成虫数量多于月夜。

成虫食性极杂，可取食木荷等多种林木和农作物叶片。取食时具群集性，同一寄主上常见数十头甚至数百头成虫为害。虫口密度高时，树冠上的叶片被"盗食"一空，仅残留叶脉。

成虫具假死习性，一受惊扰，即从树冠坠落地面，作假死状，经 2~3min，恢复活动。成虫具较强的趋光习性和飞翔能力。两性成虫常在木荷叶背交配，交配呈重叠状，雄成虫俯伏在雌成虫背上。21:00~23:00 是两性成虫交配的最盛时间，24:00 后未见交配活动。交配时常见雌成虫背负着雄成虫取食。

无风的晴天，成虫多于凌晨 4:00 开始飞离寄主树冠，停落林中地面，择疏松的表土层钻入土中。黎明前，被害树冠上已找不到成虫。

孕卵雌成虫将卵产于土中。幼虫为害木荷等苗木根部，一般多在苗圃地杂草较多、距地深 3cm 左右的根部为害。幼虫土中活动深度与季节有关。夏季气候燥热，幼虫多潜居土中深处，初秋上升至表土层取食为害。入冬后，气候转冷，幼虫又潜入深土层，开始越冬。成熟幼虫多在较深的土层中，筑一内壁光滑、椭圆形的土室，化蛹其中。

十二、星天牛（*Anoplophora chinensis*）

1. 主要寄主

除为害木荷外，也取食麻栎、栓皮栎、杨、柳、泡桐、白榆、核桃、刺槐、油茶、茶、油桐、乌桕、桑、梧桐、悬铃木、苦楝（*Melia azedarach*）、枫杨、香椿、合欢、银杏、木麻黄、普陀鹅耳枥（*Carpinus putoensis*）、梨和枇杷等多种林木、果树。

2. 危害症状及严重性

成虫啃食木荷嫩枝皮，形成枯梢。幼虫先在树干皮层和木质部间蛀食不规则的扁平坑道，后蛀入木质部，并向外筑 1 通气孔，推出粪粒，附于孔外。虫口密度高时，被害树基地面聚积成堆的黄褐色虫粪。被害树干横截面可见较多的孔洞（图 10-18）。幼虫绕树干皮层蛀食，阻滞了养分的输送，削弱树势，致使木荷枯死。该虫是我国木荷等多种生态、经济林木的重要蛀干害虫。

 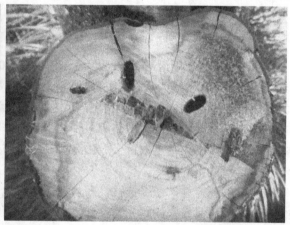

图 10-18　星天牛地面虫粪（左）和树干横截面孔洞（右）（彩图请扫封底二维码）

3. 形态识别

成虫：体长 25～40mm，体漆黑色具光泽。触角第 1、第 2 节黑色，其他各节基部 1/3 有淡蓝色毛环，其余部分黑色。前胸背板具有明显的中瘤，两侧具尖锐粗大的侧刺突。鞘翅基部密布黑色小颗粒，大小不等。每翅具 15～20 个大小不等的白斑，一般排成 5～6 横行。斑点变异较大，有的排列不规则，难以辨别。腹部黑色，被银灰色和部分蓝灰色细毛。足密被灰白色短毛（图 10-19）。

幼虫：体长 40～60mm，体黄褐色。头部褐色，上颚黑色，前胸背板前方左右各具一个黄褐色飞鸟形斑纹，后方有一个黄褐色略隆起的"凸"字形斑。腹部背步泡突微隆（图 10-19）。

4. 生活史

据在浙江省淳安县观察，一年发生 1 代，以幼虫在木荷木质部坑道内越冬，翌年 4 月中旬越冬代幼虫开始化蛹。生活史见表 10-9。

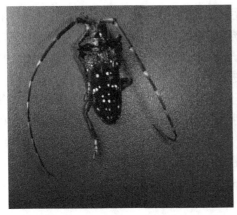 

图 10-19　星天牛成虫（左）和幼虫（右）（彩图请扫封底二维码）

表 10-9　星天牛生活史

世代	3月 上中下	4月 上中下	5月 上中下	6月 上中下	7月 上中下	8月 上中下	9月 上中下	10月 上中下	11月至翌 年2月 上中下
越冬代	———	△△	——— +++	— △△ +++	+++				
第1代				●●●	●●				———

5. 生活习性与为害

　　3月下旬越冬幼虫解除休眠状态，开始钻蛀为害。4月中旬前后，开始咬筑长 3.0~4.0cm、宽 2.0~2.5cm 的蛹室，并将咬下的粗木丝堵塞蛹室口（图 10-20）。4 月中旬始相继化蛹，蛹历期 16~23 天。5月上旬成虫开始羽化，6月上中旬为羽化高峰期。初羽化成虫色淡，体柔软，活动能力差，需滞留蛹室 5~8 天，体色变黑，外骨骼硬化，才能咬筑平均长 1.3cm 的近圆形的羽化孔逸出。

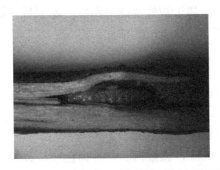

图 10-20　星天牛蛹室（彩图请扫封底二维码）

成虫逸出蛀道后的翌日，飞往健康的木荷等林木树冠，啃食嫩枝皮和叶片主脉。遇惊即坠至半空飞离。补充营养期，各虫不一，一般为 11 天左右。

成虫羽化后 8～12 天，经补充营养，达到生理后熟后才开始交配。成虫多在风和日丽的晴天交配，全天均可进行，但以 7:00～9:00 和 14:00～18:00 为多。孕卵的雌成虫择距地 40cm 以下树干基部（多数）或主侧枝下部（少数），咬筑约 1cm 长的产卵疤。产卵疤多呈"人"字形。全日均能产卵，但以黄昏至 18:00 及黎明至晨 8:00 为多，每疤产卵 1 枚。成虫具弱趋光性。据 2011～2012 年在浙江省淳安县姥山林场应用频振式诱虫灯监测显示，诱捕的成虫多集中于 6 月下旬至 7 月上旬，最迟为 7 月 30 日，成虫寿命与其取食嫩枝皮的寄主种类密切相关，一般为 30～40 天。

初孵幼虫在产卵疤附近皮层中蛀食，并流出黄白色泡沫状胶质物，常招引胡蜂、金龟和锹甲类昆虫竞相取食。初龄幼虫在皮层内蛀食，约经 1 个月后蛀入木质部，蛀食形成不规则的扁平坑道，其内充塞虫粪。幼虫先向下钻蛀约 3cm，后转向上蛀，上蛀坑道长度不一，并向外咬筑 1～3 个通气孔以排出粪粒，蛀屑粪粒塞满孔口，常挤破树皮，致树木表皮形成不规则的纵裂，粪粒附于裂口，或掉落地面。被害株虫口密度高时，在树干基部周围常见成堆的虫粪覆盖地面。

十三、薄翅锯天牛（中华薄翅锯天牛）（*Megopis sinica*）

1. 主要寄主

除为害木荷外，也取食泡桐、杨、柳、栎、白榆、板栗、苦楝、梧桐、油桐、枫杨、银杏、乌桕、桑、杉木、白蜡树（*Fraxinus chinensis*）、海棠、苹果和枣等。

2. 危害症状及严重性

幼虫钻蛀木荷韧皮部和木质部，致使养分、水分输导受阻，引起当年果实萎蔫脱落。虫口密度高时，树干被蛀食成蜂窝状，遇大风（如台风等）或冰冻雨雪等灾害性气候，被害株干、枝易折断枯死。

3. 形态识别

成虫：体长 30～50mm。体赤褐色或暗褐色。头部具细密颗粒或刻点，密生细短灰黄毛。前额凹下，中央有一细纵沟。前胸背板呈梯形。鞘翅具 2～3 条纵隆脊。足扁形，腹面被密绒毛（图 10-21）。

幼虫：体长 50～70mm，圆柱形。体乳白色或淡黄色。上颚褐色。前胸背板中央有一条淡黄色纵线，两侧各有一个近三角形的斜纹。

图 10-21　薄翅锯天牛成虫（彩图请扫封底二维码）

4. 生活史

　　薄翅锯天牛在浙江地区二年发生 1 代，跨越三个年度。以幼虫在寄主坑道内越冬，当翌年树木萌动时，幼虫开始取食危害。生活史见表 10-10。

表 10-10　薄翅锯天牛生活史

世代	4月上中下	5月上中下	6月上中下	7月上中下	8月上中下	9月上中下	10月上中下	11月至翌年3月上中下
第一年				●●●	●			
第二年	——	——	——	——	——	——	——	——
第三年	——	——	△△ +	△△△ +++	+			

5. 生活习性与为害

　　林间 6~8 月可见成虫活动。成虫羽化后在树皮上咬筑椭圆形羽化孔，钻出孔后，啃食寄主嫩树皮，作为补充营养。两性成虫交配后，雌成虫多择距地 2m 以下树干的缝隙、伤疤、树洞或别的害虫蛀孔内产卵。每头雌成虫约产 200 粒卵。成虫具一定的趋光习性。成虫寿命 30~50 天。

　　初孵幼虫在皮层内蛀食，中龄后幼虫蛀入木质部，多向上钻蛀成较宽而不规则的坑道。随着幼虫发育生长，坑道逐渐扩大，坑道内充塞虫粪和蛀屑，坑道累计最长可达 45cm。成熟幼虫在近树皮下构建蛹室化蛹。

第三节　木荷林主要害虫防控原则和技术

一、防控原则

基于目前木荷人工林生产实践和害虫发生现状，应认真贯彻"预防为主，科学防控，依法治理，促进健康"的方针。从保护和改善木荷人工林生态环境出发，以实现害虫可持续控制为目标，遵循"预防为主，标本兼治"的原则，针对常发型害虫的传播途径、传播机制和种群发生发展规律，制定和建立一套行之有效的综合防控技术和体系。

在营建苗圃和营造木荷林时，要将害虫的防控措施设计和实施在内。木荷属山茶科植物，调研发现木荷林中常发的有13种害虫，其中8种害虫的寄主树木为同科的油茶和茶树，应避免在上述两树种内营建木荷苗圃或用油茶作为木荷的混交树种，以防目标害虫发生时互为嗜食寄主，而猖獗成灾。严把检疫关，在加强监测的基础上，科学地协调、选择和应用营林、生物、物理和化学等技术和措施，进行综合治理。

二、主要害虫的防控技术

1. 提升木荷林自身保护性能

大面积营建的人工林，由于树种结构单一，没有隔离屏障，是导致木荷害虫传播蔓延快、发生面积大、危害程度高、难于自然控制的主要因素。把大面积的木荷纯林逐步改建成带状或块状混交林，用常发害虫的非寄主树种，如杉木及马尾松、湿地松等松类树种混交。变单层林为复层林、疏林为密林，逐渐形成以木荷为主的多树种、多林种、多林分类型的木荷林生态体系，丰富体系内的生物群落，达到生物多样化，有虫不成灾。

2. 清理林地，注重林地卫生

密切关注冬春连续冰冻雨雪、夏秋持续高温干旱和台风等极端气象灾害而引发的钻蛀性害虫种群数量的剧增。及时清理木荷林中雪压断干及枝条、衰弱木、风倒木和虫害木，以清净星天牛、黑跗眼天牛和光滑材小蠹等钻蛀性害虫生长繁育的场所。

木荷林特别是幼林和苗圃地的杂草灌木、枯枝落叶层是茶长卷蛾等越冬幼虫潜伏场所、疖蝙蛾等蝙蛾初龄幼虫栖息和取食场所、斑喙丽金龟等蛴螬（金龟科幼虫通称）和小地老虎等苗圃害虫的适生环境，应结合冬季抚育管理，及时清除杂草灌木和枯枝败叶，集中销毁，以降低虫源基数。

3. 营林措施及人工技术防治

通过营林技术措施改变害虫生长繁殖的条件，抑制害虫的发生，或利用害虫某些特定的生活习性，采用人工手段，直接消灭害虫，降低其发生数量，减少其为害。

1）垦复杀幼和灭蛹

基于油茶尺蛾、油桐尺蛾、木荷空舟蛾、褐刺蛾、小地老虎、铜绿异丽金龟和斑喙丽金龟等害虫以幼虫或蛹，在寄主树下表土中结茧越冬和化蛹的习性，结合冬季林地垦复，可人工挖杀土中上述害虫的幼虫和蛹，以降低翌年目标害虫的种群数量。

2）人工防治

3月人工采摘油茶尺蛾卵块。星天牛发生的林区，6～7月晴朗天气的中午检查树干基部，捕杀星天牛成虫。6～8月检视树干，见有星天牛产卵疤，用小刀刮除，或用小锤轻击产卵疤，击杀疤内卵粒。若发现树皮流出胶质物，内有星天牛初孵幼虫，用小刀轻挑皮层，用铁丝刺杀皮层内的初孵幼虫。

冬季摘除茶须野螟越冬虫茧，摘除茶长卷蛾虫苞和卷叶，可有效降低第2代虫口密度。

黑翅土白蚁发生区可挖深30cm、直径50cm的土穴，用松木片、甘蔗渣等埋于穴内，穴上覆盖嫩草，保持湿润，引诱工蚁，并施入灭蚁灵等诱杀之。

黑翅大白蚁外出取食时留有泥线、泥路、泥被等痕迹，追寻至主道和主巢，每年芒种至夏至季节，被害木荷林地面发现有草裥菌（鸡枞菌、三踏菌、鸡枞花）时，地下必有生活的蚁巢，可人工挖除之。

4. 黑光灯、糖醋液、毒饵监测和诱杀木荷林害虫

害虫通过其视觉器官中的感光细胞，对特定范围内的光谱产生感应，而表现出的一种定向活动行为，飞往光源。利用害虫的趋光性，木荷林中可设置频振式、太阳能等农林用杀虫灯（图10-22），对其进行监测和诱杀。

图10-22 太阳能诱虫灯（彩图请扫封底二维码）

某些害虫对糖、醋、酒等气味有一定敏感性；对某些物料有一定诱食作用。防治上利用此类习性，前者可加工成糖醋液，后者可加工成固体或液态毒饵，对其进行监测和诱杀。

1）黑光灯检测和诱杀

在木荷空舟蛾、茶须野螟、茶长卷蛾、油桐尺蛾、油茶尺蛾、褐刺蛾、小地老虎和黑翅土白蚁等目标害虫成虫期进行监测和诱杀。监测目标害虫的种群数量变动规律。当积累多年的系统诱捕资料后，就可对目标害虫发生期和发生量进行定量统计分析和测报，并可大量诱杀成虫。特别是天气闷热的夜晚，斑喙丽金龟等金龟成虫大量出土、5～6 月黑翅土白蚁有翅成蚁婚飞分群期，可利用黑光灯大量诱杀，降低下一代产卵量，减少虫口密度。监测目标害虫种群数量，以隔日收集一次诱虫为宜；诱杀目标害虫可 5～7 天收集一次。木荷林灯诱在害虫标本采集、虫种鉴定、检查检疫和害虫的防控上具有兼容性优势。

2）糖醋液诱杀

小地老虎成虫盛期可用糖醋液诱杀，其配方为糖：醋：水：90%晶体敌百虫（先在水中溶解）=6：1：10：0.2。将糖醋液盛于盆中，置于距苗圃地高 30～40cm 处，每亩放 3 盆，翌日清晨取回，清除死蛾。

3）毒饵诱杀

小地老虎幼虫发生期，采集新鲜嫩草，把 90%晶体敌百虫 50g 溶于 1000g 温水中，均匀喷于嫩草上。于傍晚将嫩草置于木荷苗圃地内，进行毒饵诱杀。

用甘蔗渣、蕨类植物、芦草、松木中加入 0.5%～1.0%的灭幼脲制成毒饵，投放于木荷林内黑翅大白蚁活动的主路或取食的蚁线、泥路、泥被及分群孔附近，或埋于地下并保持湿润，进行诱杀。

5. 保护和招引益鸟

森林鸟类，尤其在繁育期间能消灭大量害虫，保护和招引鸟类降低木荷人工林中害虫的虫口密度，抑制害虫大发生效果显著。利用人工巢箱和空心巢木、腐心巢木招引大山雀和大斑啄木鸟等森林鸟类（图 10-23）。每公顷木荷林悬挂 2 个巢箱或空心巢木，选择较隐蔽的树木，悬挂在树冠中下部，高度为 4～5m，悬挂时间以秋季 9～10 月和春季 2～3 月为宜。巢口朝向下坡（图 10-24）。

图 10-23　大山雀（左）和大斑啄木鸟（右）（彩图请扫封底二维码）

图 10-24　人工巢箱（左）及在人工林中悬挂巢箱（右）（彩图请扫封底二维码）

巢箱、空心巢木的制作：巢箱为长方形 22cm×12cm×12cm。鸟的出入口呈圆形，直径为 4～5cm，位于顶部 1/3 处。空心巢木，取 60cm 长、16～20cm 宽的段木，对半劈开，在中央凿 8～15cm 宽的半圆槽，合好缝，在两头用铁丝捆紧，并在上端钉一块超过木段面积的盖子，以防雨水沿缝浸入。人工巢箱可自行制作，也可从县、市所属的林业有害生物防治检疫局（站）购置。

1）大山雀（*Parus major*）

每天在林间捕食的害虫数量约等于捕食者的体重，在其育雏期间每天需捕食 300～400 头害虫。该鸟常见于木荷等树上层枝叶间，攀挂倒悬枝上，或凌空追捕飞行的害虫。嘴、足强健，啄食天牛等较大害虫时，常用足踩嘴撕，破茧撕壳摄取。飞行或栖息时发出"jia-ziz，jia-ziz，jia-ziz"的鸣叫声。用人工巢箱招引大山雀等鸟类，对降低木荷林内的山林原白蚁、大皱蝽、斑喙丽金龟、毛股沟臀叶甲、褐刺蛾、油茶尺蛾、木荷空舟蛾、茶长卷蛾、茶须野螟、白蚁、蟒象、金龟甲、叶甲和蛾类等木荷林害虫种群数量起到重要作用。

2）大斑啄木鸟（*Picoides major*）

常见于平原及山区较高大树林间，常单独活动，边飞边叫，鸣声为"ku-ku"。在树干上，边螺旋形攀登，边以嘴快速叩树。夜深人静，特别是该鸟繁殖和育雏期间，常闻"du!du!"声，作者夜间曾统计，每次叩树需 2～3s，连续叩 10～13 下，间隔 1～2s，重复进行，有时几乎通夜劳作，探察树干内有否钻蛀性害虫居其内。若有，即破树皮，以舌钩出害虫而食之。5 月中旬至 6 月中旬产卵，每窝产卵 4～7 枚，卵圆形，纯白色。孵卵期约 10 天，育雏期在 6 月上旬，亲鸟哺雏鸟 50 余次。人工木荷林内用空心巢木或腐心巢木招引并留住该鸟，可有效控制黑翅土白蚁等白蚁、星天牛、黑跗眼天牛、薄翅锯天牛、光滑材小蠹和瘤胸材小蠹等多种木荷林的钻蛀性害虫危害，发挥其重要的"清道夫"作用。

6. 保护、释放天敌昆虫

木荷林生态系统中，天敌昆虫种类数量和种群大小对于维护生态平衡，具有重要地位和意义。上海青蜂（*Chrysis shanghaiensis*）是褐刺蛾等刺蛾类害虫的重要天敌，自然寄生率较高。江苏、浙江地区 6 月上旬至 7 月中旬是该蜂成虫的羽化期，木荷林中应禁用化学杀虫剂。

人工释放天敌昆虫是生物防控害虫中应用最广、最多的方法。我国林业领域，生物防控体系初步形成，已掌握了管氏肿腿蜂（*Scleroderma guani*）等天敌昆虫的规模繁殖技术，并已大面积推广应用。该蜂是星天牛等多种天牛的体外寄生蜂。释放后的雌蜂从星天牛产卵疤钻入寄主坑道，用上颚咬住寄主表皮，反复进行刺螫，致寄主陷入麻痹状态，丧失反抗能力，摄取寄主体液，并在寄主体表产卵。该蜂初孵幼虫头部及胸部 2～3 节钻入寄主体壁内，取食体液，其余部分均裸露寄主体外。多头寄生时，寄主体表似长满瘤刺。星天牛等天牛发生区，每年在其幼虫期，气温 25℃以上的晴天释放。单管繁殖的管氏肿腿蜂，拔去管口棉塞，将指形管套在树冠的小枝上，也可预先在木荷树干上扎一枚大头针，将蜂管套在针上（图 10-25）。棉塞上的管氏肿腿蜂需用毛笔把它们移到树枝上，蜂管距地 1.5m 为宜。每 10 亩设 1 个放蜂点，每点放蜂 1 万头左右。需用该蜂防治时，可与县、市所属的林业有害生物防治检疫局（站）联系，向有关繁殖单位购置。

图 10-25　管氏肿腿蜂（左）和释放蜂管（右）（彩图请扫封底二维码）

7. 利用致病微生物

利用真菌、细菌、病毒等病原微生物防控木荷林害虫，具有繁殖快、用量少、无残留、无公害等优点。防控木荷林害虫使用较多的微生物制剂有如下几种（表 10-11）。

苏云金杆菌（*Bacillus thuringiensis*，Bt）是一类产晶体芽孢杆菌，可产生两大类毒素：内毒素（即伴孢晶体）和外毒素（即细菌生长过程中分泌在菌体外的代谢产物），对害虫具有高度致病力，引起害虫败血症而死亡。

表 10-11　防治木荷害虫的微生物制剂和使用方法

制剂名称	使用方法	防治目标害虫
0.5 亿～0.7 亿孢子/ml 苏云金杆菌	喷洒	油茶尺蛾、油桐尺蛾幼虫
2 亿孢子/ml 青虫菌剂	喷洒	油茶尺蛾幼虫
100 亿孢子青虫菌剂	稀释 1000 倍喷洒	褐刺蛾等刺蛾幼虫
1 亿孢子/ml 白僵菌液	喷洒	油茶尺蛾幼虫
	侵入孔注液	疖蝙蛾、点蝙蛾幼虫
100 亿白僵菌粉	喷粉	褐刺蛾等刺蛾初龄幼虫

青虫菌是由苏云金杆菌蜡螟变种（*Bacillus thuringiensis galleriae*）发酵和加工成的制剂。芽孢在害虫体内发芽，进入体腔，利用害虫体液滋生，致害虫死亡。病虫粪便及死虫再传染至其余健康害虫，引起流行病，从而节制害虫为害。

球孢白僵菌（*Beauveria bassiana*）通过孢子发芽和芽管分泌酶，溶解害虫体壁及芽管的机械作用直接侵入虫体，造成害虫生理机能紊乱而致死。

8. 化学杀虫剂防治

化学杀虫剂是木荷林害虫综合防控措施中不可缺少的重要手段，只要选择的药剂种类和使方法科学合理，它不仅不会对生态系统构成威胁，而且是一种收效快、效果显著、使用方法简便、受季节限制小和适宜于较大面积使用的可靠方法。然而，化学杀虫剂也存在明显的缺点，特别是有机磷杀虫剂，若选择药剂和施用方法不当，易杀伤天敌，污染环境，并使害虫产生抗药性，造成害虫再猖獗。木荷林害虫防治时，应选择对环境友好的药剂种类，如拟除虫菊酯类杀虫剂、抗生素类杀虫剂和仿生制剂等，应严格控制施用有机磷杀虫剂。

当木荷林内目标害虫严重发生，种群数量居高不降，威胁生态安全和经济效益时，必须采用化学杀虫剂防治。施药前，要观察林内或林缘周边是否有目标害虫的其他主要寄主树种和是否被害。若有被害树，要与木荷同步防治，不能遗漏，否则会留下虫源株或虫源地，防治后几年内，害虫会再次猖獗成灾。

1）拟除虫菊酯类杀虫剂

除虫菊酯是存在于除虫菊花中的植物杀虫剂。拟除虫菊酯是一类能防治多种害虫的广谱性杀虫剂, 具有高效、击倒快、对人畜安全的特点。接触空气、日光后会迅速分解成无毒产物。其作用机制是扰乱害虫神经的正常生理, 使之由兴奋、痉挛到麻痹而死亡。其缺点主要是对鱼类毒性高 (表 10-12)。

表 10-12 木荷林拟除虫菊酯类杀虫剂使用方法和防治目标害虫

杀虫剂名称	稀释倍数	目标害虫种类
2.5%溴氰菊酯乳油	1500	茶须野螟幼虫
	2000	茶长卷蛾幼虫、黑翅土白蚁蚁体、小地老虎 3 龄前幼虫
	2000~3000	油茶、油桐尺蛾幼虫、斑喙丽金色、铜绿异丽金龟成虫
	2000~4000	
	4000~5000	茶长卷蛾第 1 代 1 龄、2 龄幼虫
		褐刺蛾等刺蛾幼虫
20%杀灭菊酯乳油	2000	茶长卷蛾幼虫
30%增效氰戊菊酯乳油	6000~8000	油茶尺蛾幼虫
20%氰戊菊酯乳油	1500	油桐尺蛾幼虫
4.5%高效氯氰菊酯乳油	2000	木荷空舟蛾幼虫
2.5%氯氟氰菊酯乳油	3000~4000	茶长卷蛾第 1 代 1 龄、2 龄幼虫
2.5%联苯菊酯乳油	1500	3 龄前的油茶尺蛾、油桐尺蛾幼虫
10%联苯菊酯乳油	3000~5000	茶长卷蛾第 1 代 1 龄、2 龄幼虫

2) 抗生素类杀虫剂

抗生素类杀虫剂是一类利用微生物代谢产物防治害虫的生物杀虫剂, 具有特异性强、防治效果好、害虫不易产生抗药性、对环境友好等优点。阿维菌素是林业领域常用的抗生素类杀虫剂。阿维菌素具有胃毒和触杀作用, 害虫幼虫与阿维菌素接触后即出现麻痹症状, 不活动、不取食, 2~4 天后即死亡 (表 10-13)。

表 10-13 木荷林抗生素类杀虫剂使用方法和防治目标害虫

杀虫剂种类	稀释倍数	目标害虫种类
1.8 阿维菌素乳油	1200	木荷空舟蛾、褐刺蛾幼虫
	3000	油茶尺蛾、油桐尺蛾幼虫
1.8 阿维烟剂	2000	木荷空舟蛾幼虫

3) 仿生制剂

目前林业生产实践上应用最多的为灭幼脲。灭幼脲干扰了害虫体内昆虫几丁质酶、表皮酚氧化酶和 β-蜕皮素代谢酶的活性, 致使害虫不能正常蜕皮, 虫体逐渐变黑死亡。灭幼脲具有杀虫力强、毒性低和不污染环境的优点 (表 10-14)。

表 10-14 木荷林仿生制剂使用方法和防治目标害虫

制剂名称	使用方法	目标害虫种类
25%灭幼脲Ⅲ号胶悬剂	稀释 1000~2000 倍液, 喷洒	褐刺蛾等刺蛾幼虫
20%除虫脲	稀释 2000 倍液, 喷洒	油桐尺蛾等尺蛾幼虫

4）有机磷杀虫剂

有机磷杀虫剂抑制害虫神经组织中的胆碱酯酶活性，破坏神经信号的正常传导，引起系列神经系统中毒症状，导致害虫死亡。该类药剂具有高效速杀性能，是一类常用的林用杀虫剂，但该类药剂中的某些品种易杀伤天敌，对人畜高毒，若使用不当时，对人畜会造成毒害。因此，采用此类杀虫剂防治时要谨慎。当木荷林中害虫种群数量剧增，暴发成灾时，在掌握目标害虫主要生活习性和生活史的基础上，可采用下列药剂进行防治（表 10-15）。

表 10-15　木荷林有机磷杀虫剂使用方法和防治目标害虫

药剂名称	使用方法	目标害虫种类
90%敌百虫晶体	稀释 100 倍液，侵入孔注药 稀释 1000 倍液，喷洒 稀释 1000～2000 倍液，喷洒	疖蝙蛾、点蝙蛾幼虫 茶长卷蛾幼虫、3 龄前的油桐尺蛾幼虫和小地老虎幼虫 油茶尺蛾幼虫
2.5%敌百虫粉剂	粉剂：细土=1∶40 均匀混合，地面撒施	斑喙丽金龟成虫出土盛期
80%敌敌畏乳油	稀释 800～1000 倍液，喷洒 稀释 500～800 倍液，喷洒地面	油茶尺蛾幼虫 斑喙丽金龟成虫出土盛期
50%杀螟松乳油	稀释 400 倍液，侵入孔注药 稀释 1000～1500 倍液，喷洒 稀释 1000～2000 倍液，喷洒	疖蝙蛾、点蝙蛾幼虫 油茶尺蛾幼虫 褐刺蛾幼虫
80%敌敌畏乳油+ 90%敌百虫晶体	稀释 1500 倍液+稀释 1000 倍液混合，喷洒	褐刺蛾幼虫
50%辛硫磷乳油	稀释 150～200 倍液，灌注 稀释 1000 倍液，喷洒 稀释 1000～1500 倍液，喷洒	黑翅土白蚁蚁巢，每巢 5～20kg 3 龄前小地老虎幼虫 铜绿异丽金龟成虫
50%敌敌畏乳油	稀释 1000 倍液，喷洒	茶须野螟幼虫
50%杀螟硫磷乳油	稀释 500 倍液，喷洒	3 龄前油尺蛾幼虫
10%吡虫啉乳油	稀释 2000～3000 倍液，喷洒	3 龄前油桐尺蛾、油茶尺蛾幼虫
15%吡虫啉可湿性粉剂	稀释 1500 倍液，喷洒	油茶尺蛾幼虫
50%马拉硫磷乳油	稀释 1000 倍液，喷洒 稀释 1000～2000 倍液，喷洒	铜绿异丽金龟等金龟成虫 星天牛等天牛成虫

参 考 文 献

陈益泰, 王树凤, 孙海菁, 等. 2017. 弗吉尼亚栎引种研究与应用. 杭州: 浙江人民出版社: 175-217.

方志刚, 王义平, 周凯, 等. 2001. 桑褐刺蛾的生物学特性及防治. 浙江林学院学报, 18(2): 173-176.

李东文, 陈志云, 王玲, 等. 2009. 油茶尺蛾生物学特性的研究. 广东林业科技, 25(2): 55-59.

林丽静, 李奕震, 黄敏烨, 等. 2007. 木荷空舟蛾生物学特性及其防治研究. 广东林业科技, 23(6): 1-4.

魏开炬. 2006. 茶须野螟生物学特性与防治. 防护林科技, 4: 32-34.

夏声广, 熊兴平. 2009. 茶树病虫害防治原色生态图谱. 北京: 中国农业出版社.

萧刚柔. 1992. 中国森林昆虫. 第 2 版. 北京: 中国林业出版社.

张词祖, 庞秉璋. 1997. 中国的鸟. 北京: 中国林业出版社.

张世权. 1994. 华北天牛及其防治. 北京: 中国林业出版社.

张星耀, 骆有庆. 2003. 中国森林重大生物灾害. 北京: 中国林业出版社.

赵锦年. 1983. 一点蝙蛾生活习性及防治的初步研究. 昆虫知识, 20(2): 78-80.

赵锦年. 1990. 略谈我国蝙蛾及其研究的进展. 植物保护, 16(增刊): 53-54.

赵锦年, 刘若平, 周明勤. 1988. 疖蝙蛾生物学特性的初步研究. 林业科学, 1: 101-103.

周性恒, 李兆玉, 朱洪兵. 1993. 茶长卷蛾的生物学与防治. 南京林业大学学报, 17(3): 48-52.

（赵锦年撰写）

ICS 65.020.40

B 61

DB33

浙 江 省 地 方 标 准

DB33/T 2120—2018

木荷营造林技术规程

Technical regulation for silviculture of *Schima superba*

2018-06-05发布

2018-07-05实施

浙江省质量技术监督局发布

前　　言

本标准根据 GB/T 1.1—2009 给出的规则进行起草。

本标准由浙江省林业标准化技术委员会提出并归口。

本标准起草单位：中国林业科学研究院亚热带林业研究所、龙泉市林业科学研究院、临海市农业林业局、庆元县实验林场。

本标准主要起草人：周志春、金国庆、楚秀丽、张蕊、徐肇友、李军、陈献志、张东北。

木荷营造林技术规程

1. 内容和范围

本标准规定了木荷人工林培育的种子采收和处理、容器苗培育、苗木出圃、造林地选择、造林设计与林地准备、栽植、抚育管理、技术档案管理等内容。

本标准适用于我省木荷人工营造。

2. 规范性引用文件

下列文件对于本文件的引用是必不可少的。凡是注日期的引用文件，仅所注日期的版本适用于本文件。凡是不注日期的引用文件，其最新版本（包括所有的修改单）适用于本文件。

GB 7908　林木种子质量分级

GB/T 15776　造林技术规程

GB/T 15781　森林抚育规程

GB/T 15782　营造林总体设计规程

LY/T 1000　容器育苗技术

LY/T 2037　木荷培育技术规程

DB33/T 177　主要造林树种苗木质量等级

3. 种子采收和处理

3.1　采种林分

选用经审定或认定的木荷优良种源、优良家系和种子园，也可选用优良母树林。

3.2　种子采收

9 月下旬至 11 月上旬，当蒴果由青变成黄褐色、有少量微裂时及时采收。可采用人工采摘或摇树采种。

3.3　种子处理

采回的蒴果先堆放 3～4 天，再摊晒取种，去除果壳等杂质，净化种子，干燥种子含水量在 10%以下。

3.4 种子贮藏

种子装袋和密封后，宜放入 0～5℃的冷库或冰箱内贮藏，也可在常温下室内凉爽干燥处贮藏。

4. 容器苗培育

4.1 圃地选择和育苗设施

按 LY/T 1000 执行。

4.2 整地作床

4.2.1 芽苗苗床

在温室大棚内或利用小拱棚制作培育芽苗的苗床。苗床一般用砖块砌成高20～25cm，宽 100～120cm，常按地形与播种量而定，床间步道宽 30～40cm。苗床内下层铺设 15～20cm 厚的黄心土，每立方米土中均匀拌入 200～250g 复合肥，上层再覆盖 2～3cm 的干净细土或泥炭或两者混合物。播种前可用 50%辛硫磷或80%敌敌畏乳油 1000 倍液喷洒基质杀虫，用 1%硫酸铜或硫酸亚铁水溶液浇透基质灭菌。

4.2.2 容器苗苗床

清除杂草和石块，平整土地，四周开排水沟，床面覆盖黑色地布。分苗床与步道，床高 10cm，床宽 100～120cm，长度依地而定，步道宽 40cm。

4.3 基质配制

无纺布网袋容器的基质及配比（按体积比计算）：泥炭∶谷壳（或锯屑、珍珠岩等）=7∶3 或 6∶4，添加缓释复合肥（N∶P∶K=18∶8∶8）2.0～2.5kg/m³，拌均。谷壳或锯屑应经沤制腐熟或炭化后施用。如用锯屑，其比例应不超过 20%。基质的 pH 以 4.5～6.0 为宜，pH 低于 4.5 可用生石灰或草木灰调节，pH 高于 6.0用硫磺粉、硫酸亚铁或硫酸铝等调节。基质消毒参照 LY/T1000 执行。

4.4 容器选择和摆放

培育 1 年生容器苗宜用直径 4.5～6cm，高度 8～10cm 的无纺布网袋容器，摆放在专门的育苗盘上。培育 2 年生容器苗宜选用直径 14～15cm，高度 16～18cm的无纺布育苗袋，可直接摆放在苗床地布上。

4.5　芽苗培育

4.5.1　种子质量

种子品质要求达到 GB 7908 规定的二级及以上（即种子净度不低于 85%、发芽率不低于 30%）。

4.5.2　种子消毒

选用 0.2%～0.5%高锰酸钾浸种 2h 或 1.5%～2.0%福尔马林溶液浸种 20～30 min 消毒。种子消毒后，用清水洗净，阴干。

4.5.3　浸种催芽

用 30～40℃的温水浸种 24h，然后将种子捞出、摊开、阴干。

4.5.4　播种

4.5.4.1　播种时间

宜在 12 月至翌年 2 月播种。

4.5.4.2　播种用量与方法

将经过消毒和浸种的种子按 100g/m^2 的播种量均匀地撒播在苗床上，然后覆盖干净细土，厚度以不见种子为宜，喷水后应搭建塑料薄膜拱棚保温保湿。

4.5.5　播后管理

4.5.5.1　喷水保湿

播种后注意喷水保湿，保持苗床湿润，湿度以表层基质不干燥发白为原则。

4.5.5.2　控温催芽

种子萌发出土前苗床内温度控制在 30℃左右，最高不宜超过 35℃。种子萌发出土后，苗床温度控制在 30℃以下。可采用通风、闭风和喷水方式调节大棚（或小拱棚）温度。

4.5.5.3　施肥

当芽苗萌生 1～2 片真叶时，可在阴天或早晚用 0.1%～0.2%尿素或复合肥水溶液喷施。

4.6　芽苗移栽

待芽苗长到 3～4 叶或 4～5cm 高时，可移栽到容器中。移栽前苗床和容器基质均要喷水，保持湿润。移栽时，剪去芽苗过长根系，用竹签在容器中央插 3cm 左右深的孔穴，然后将芽苗放入孔穴，保持根系舒展，并挤压基质闭合孔穴，使基质与芽苗根部紧密接触，并及时对育苗基质喷（淋）透水。芽苗移栽宜选择阴天或 50%左右透光率的遮阳网下进行，并做到随起随栽。

4.7 苗期管理

4.7.1 补苗与换苗

芽苗移栽后 10 天左右，对缺株或生长不正常的苗木及时补苗或换苗。补苗、换苗后应随即喷（淋）透水。移栽后如遇暴雨冲失表层基质，造成芽苗根部裸露或芽苗歪斜，应及时加盖基质并扶正芽苗。

4.7.2 分级育苗

当育苗盘中容器苗平均苗高长到 10～15cm 时，应将苗木分盘与分级，按苗木大小分级放置在相同规格的不同育苗盘中培育。对于规格较小的苗木，需加强追肥等管理。

4.7.3 换袋移栽

培育 2 年生容器苗时，需要对当年生苗进行换袋移栽，换袋后再培育 1 年。宜在苗木休眠期的 1～3 月换袋移栽。容器大小见 4.4，基质及配比（按体积比计算）可采用 30%～40%泥炭+30%～40%谷壳+25%～35%黄泥，添加缓释复合肥 1.5～2.0kg/m^3，拌均。

4.7.4 水分管理

芽苗移栽、补苗、换苗、分级移袋和换袋移栽后应及时喷（淋）透水。幼苗生长初期雨水较多宜少喷水，速生期应遵循"不干不喷，喷必喷透"原则，10 月下旬进入生长后期以后需控制水分。2 年生容器苗喷水应量多次少，在基质达到一定的干燥程度后再喷透水。夏季喷水宜在早、晚进行，避免中午高温时进行。如遇连续大雨，降水过多时应注意容器排水。

4.7.5 追肥

当苗木偏小且长势较弱时应及时追肥。追肥应根据苗木各个发育时期的需求确定肥料种类和用量，前期宜用尿素等高氮肥，中期宜用氮磷钾复合肥等平衡肥，后期宜用高磷、钾肥，配制成 0.2%～0.5%的水溶液，可结合浇水和病虫害防治进行。追肥应在晴天的傍晚或阴天进行，忌在午间高温时进行。

4.7.6 除草

坚持"除早、除小、除了"原则，确保圃地包括容器内无杂草。

4.7.7 遮阳

芽苗移栽、补苗、换苗、分苗、分级、换袋等作业宜在阴天或晴天遮阳下进行，夏季高温干旱期需遮阳，遮阳网透光率 50%左右。

4.7.8 炼苗

在生长速生期傍晚、阴雨天，以及生长后期（10 月中下旬以后），可通过收起遮阳网和控制水分的方式炼苗。

5. 苗木出圃

5.1 出圃苗质量

出圃合格苗按地径和苗高可分为 2 级，要求苗干通直、生长健壮。分级标准列于下表，其他按 DB33/T 177 执行。

苗木类型	苗龄	等级	分级标准
1 年生容器苗	1-0	Ⅰ级苗	地径 0.40cm 以上，苗高 35cm 以上
		Ⅱ级苗	地径 0.30～0.40cm，苗高 25～35cm
2 年生容器苗	1-1	Ⅰ级苗	地径 0.80cm 以上，苗高 70cm 以上
		Ⅱ级苗	地径 0.60～0.80cm，苗高 50～70cm

5.2 出圃与运输

5.2.1 起苗

起苗与造林时间相衔接，做到随起、随运、随栽植。出圃前需进行苗木质量调查，合格苗方可出圃造林。起苗前 1～2 天需浇透水，起苗当天不浇水。起苗时应轻拿轻放，避免容器袋破损掉落，穿透容器过长的根应剪除。

5.2.2 包装与运输

苗木可用专用塑料盘、纸箱、薄膜等包装或直接捆扎，Ⅰ级苗、Ⅱ级苗分别摆放，并附上苗木标签。装车时应轻拿轻放，摆放整齐，并覆盖帆布避免风吹日晒。短距离运输应快速、直达，长距离运输应定时检查苗木温度，及时通风降温。苗木到达目的地后应选择背风、阴凉处卸苗，并覆盖遮阳网保护。

5.2.3 苗木检疫

跨县级区域调运的苗木应进行病虫害检疫，检疫合格后方可出圃调运。

6. 造林

6.1 造林地选择

造林地应选择海拔 800m 以下丘陵和山地的宜林荒山荒地、采伐迹地或火烧迹地、松材线虫除治迹地、退耕还林地、低质人工林和次生林改培地等，以 pH 4.5～6.0 的红壤、黄壤和黄红壤等酸性土壤为宜。其中速生丰产用材林造林地选择按 LY/T 2037 执行。

6.2 造林设计与林地准备

造林总体规划和作业设计按 GB/T 15782 执行。整地方式因造林地和经营目的而定，可采用带状或块状整地，全面劈除和清理林地杂灌（草）。带状整地宜环山水平走向，带宽 100～150cm，块状整地 100～120cm，翻挖表土深 20～25cm。挖栽植穴 40cm×40cm×30cm 或 50cm×50cm×40cm，栽植穴内低外高，每穴撒施 150～200g 钙镁磷肥或有机肥 250～300g 作基肥，回填表土。其他具体整地方式按 GB/T 15776 执行。

6.3 栽植

6.3.1 造林时间

一般在 2～4 月造林，宜在雨后阴天时栽植。

6.3.2 造林用苗

造林一般选用 1 年生容器苗，结合次生林改培、林冠下造林、杉木萌芽林套种及新造林缺株补种等宜用 2 年生容器苗。

6.3.3 栽植方式与造林密度

可采用纯林或混交造林，混交造林带状、块状、星状混交方式均可。与杉木、马尾松等带状混交可采用 3∶1 比例栽植。一般栽植株行距为(1.5～2)m×(2～2.5)m，具体应根据栽植方式、培育目标和立地条件等调整造林密度。如较差立地或新造木荷防火林带宜适当密植，造林株行距为 1.5m×1.5m。杉木采伐迹地萌芽更新保留杉木萌芽条 60～100 株/667m^2，套种木荷 80～120 株/667m^2，结合次生林改培可套种木荷 50～80 株/667m^2。

7. 抚育管理

7.1 幼林抚育

造林后第 1 年和第 2 年，每年于 5～6 月和 9～10 月各抚育 1 次。5～6 月全面锄草、扩穴和培土，并除去木荷基部萌条，块状整地的采用逐年扩穴连带，带状整地的采用带间砍杂，带面松土除草，松土深度 5～10cm，培土高度 5～10cm；9～10 月全面锄草和劈除杂灌木。造林第 3 年后，每年于 7～8 月进行全面劈草砍杂 1 次，直至林分郁闭。杉木采伐迹地萌芽更新套种木荷的，造林后 1～3 年，每年结合抚育除去杉木基部多余萌芽条，每一伐桩保留 1 根生长健壮的萌条。其他抚育要求按 GB/T 15781 执行。

7.2　施肥

速生丰产用材林造林后第 2 年和第 3 年，可在 5～6 月结合抚育进行 1 次施肥，在树干上方距离 30～50cm 处每株环状沟施复合肥或尿素 50～100g。中龄林施肥结合间伐进行，每株沟施饼肥等有机肥 1000g 或尿素 300g 或钙镁磷肥 500g。培育大径材的在近熟林期间结合林地垦复，每株沟施复合肥 500g，沟施深度 15～20cm。

7.3　间伐

当林分郁闭度达 0.9 以上时，应按"伐劣留优、伐密留疏、伐小留大"的原则及时间伐。间伐强度不超过 40%，保留林分郁闭度 0.6～0.7。

8. 病虫害防治

8.1　猝倒病

芽苗易发生猝倒病（又称立枯病），种子萌发出土后应及时喷施 50%多菌灵 800～1000 倍液等，每隔 7～10 天喷洒 1 次，连续喷施 3 次进行预防。如已发病，及时清除病株，并用 50%退菌特 500～600 倍液或 5%新洁尔灭 100 倍液喷施。

8.2　褐斑病

可用 50%多菌灵粉剂 300～500 倍液或 70%甲基托布津 500～800 倍液或 50%退菌特粉剂 800～1000 倍液，10～15 天喷洒 1 次，连续 2～3 次进行防治。

8.3　地老虎

可用敌百虫 50g 拌炒熟的米糠 5kg 撒施苗床；或用 80%敌百虫 800 倍液，或 50%辛硫磷 1000 倍液喷洒；或用泡桐叶片铺盖苗床，夜间地老虎群集叶下，清晨掀开桐叶捕杀。

8.4　蛴螬

播种时每亩撒 5%丁硫克百威颗粒剂 4～5kg 于容器基质中，或用 50%马拉松

800 倍液浇施。

8.5 蝼蛄

可用 90%敌百虫晶体 1 份与 100 份炒香饼配制成毒饵诱杀或毒土杀虫。

8.6 蚜虫

可用 10%吡虫啉可湿性粉剂 3000 倍液，或 40%乐果乳剂 1000～1500 倍液，或 2.5%溴氰菊酯 3000 倍液，或 10%氯氰菊酯乳油 2000 倍液，或 80%敌敌畏乳油 1500 倍液，或 50%抗蚜威可湿性粉剂 2000 倍液，或 2.5%敌杀死乳油 8000 倍液。对有抗药性的蚜虫，可用乐斯本 2000 倍液与 50%西维因 300 倍液混配后喷雾防治。

8.7 木荷空舟蛾

一般 9～10 月对危害种群数量较大、虫口密度较高的林分，可选用 4.5%高效氯氰菊酯或 1.8%阿维菌素乳油或 20%吡虫啉乳油 2000 倍液，或 25%灭幼脲Ⅲ号 35 倍滑石粉或"森得保"粉剂进行防治。

8.8 大袋蛾

一般 7～9 月危害，可人工摘除虫袋，或在幼虫卵孵化盛期用 90%敌百虫 1000 倍液或 50%敌敌畏乳剂 800 倍液或 40%乐果乳剂 800 倍液或 25%杀虫双 500 倍液进行喷雾防治。

8.9 樟刺蛾

在幼虫危害期可用 90%敌百虫乳剂 1000～1500 倍液进行喷杀防治。

8.10 茶长卷蛾

可在 5 月上旬幼虫 1～2 龄时用 40%乐果乳剂 1000～1500 倍液或 2.5%溴氰菊酯 2000 倍液喷雾防治，同时在冬季摘除虫苞。

8.11 茶须野螟

可在幼虫发生期选用 40%乐果乳剂 1000～1500 倍液或 50%敌敌畏乳剂 1000 倍液喷雾。

8.12 木荷叶蜂

可用 50%敌敌畏乳剂 1000～1500 倍液喷雾，或于 4 龄幼虫前用林用烟剂熏杀。

9. 技术档案

生产单位应建立完整、真实的生产栽培管理和销售记录的纸质和电子档案，包括栽培地位置、面积、种苗来源、整地、种植、抚育管理等各项作业的用工和物料消耗等，档案长期保存。

10. 标准化生产模式图

标准化生产模式图参见图 A.1。

附录A

木荷用材林培育标准化生产模式图

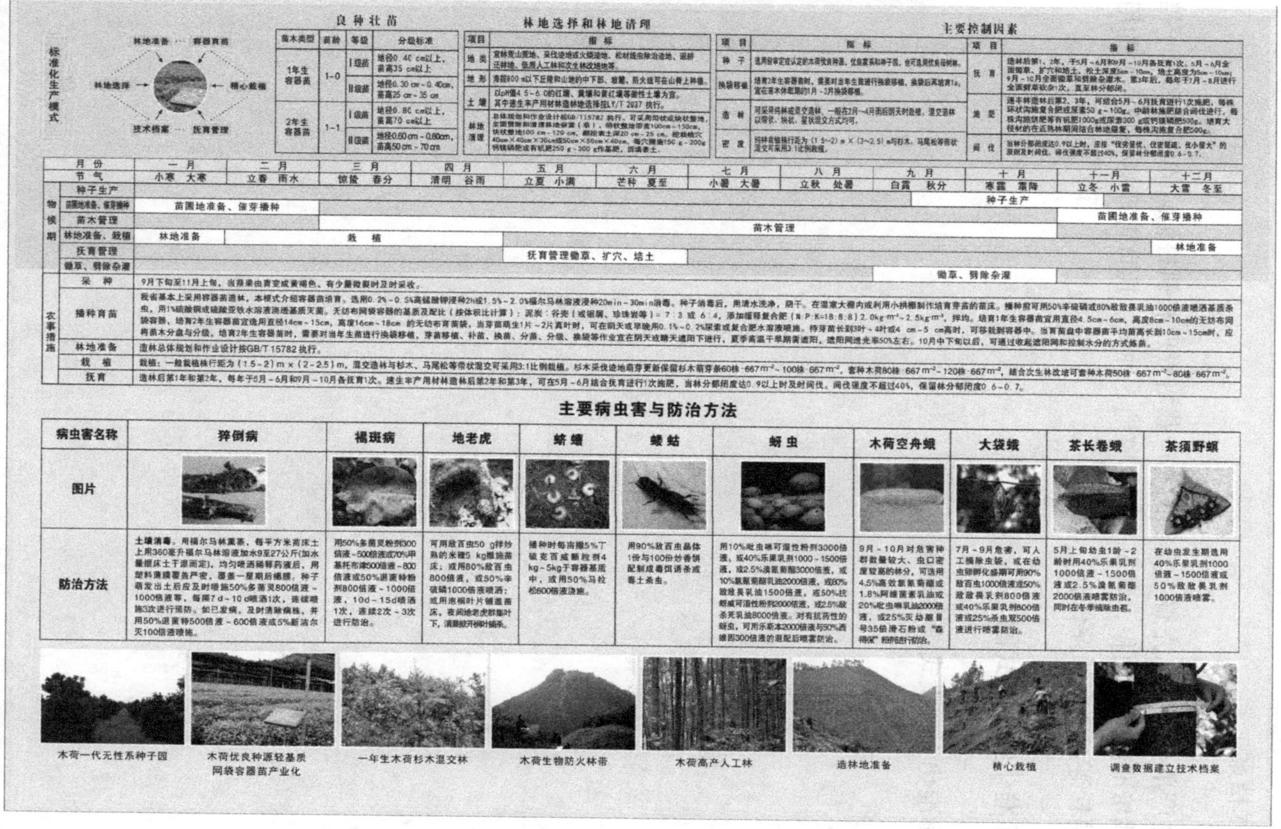

图 A.1　木荷用材林培育标准化生产模式图（彩图请扫封底二维码）

附录 II

木荷无性系种子园营建技术规程

Technical regulations on establishment of seed orchard for *Schima superba*

（送审稿）

前　言

本标准根据 GB/T 1.1—2009 给出的规则进行起草。

本标准由浙江省林业标准化技术委员会提出并归口。

本标准起草单位：中国林业科学研究院亚热带林业研究所、兰溪市苗圃、龙泉市林业科学研究院。

本标准主要起草人：张蕊、周志春、张振、金国庆、童庆元、徐肇友、范金根、肖纪军、滕国新、沈斌。

木荷无性系种子园营建技术规程（送审稿）

1. 范围

本标准规定了木荷无性系种子园园址选择与规划设计、建园亲本材料选择、建园技术、经营管理技术和档案管理等方面的技术要求。

本标准适用于浙江省木荷无性系种子园的营建。

2. 规范性引用文件

下列文件对于本文件的应用是必不可少的。凡是注日期的引用文件，仅所注日期的版本适用于本文件；凡是不注日期的引用文件，其最新版本（包括所有的修改单）适用于本文件。

GB/T 15776 造林技术规程

GB/T 14073—1993 主要造林阔叶树种良种选育程序与要求

GB/T 16620—1996 林木育种及种子管理术语

LY/T 1345 主要针叶造林树种种子园营建技术

DB33/T 179.2 林业育苗技术规程 第2部分：林业容器育苗

DB33/T 2120 木荷营造林技术规程

3. 术语和定义

下列术语和定义适用于本文件。

优树无性系 Plus tree clone

以同一株优良单株营养体为材料，采用无性繁殖方法产生的植株总和。具体可参照 GB/T 16620—1996。

4. 园址选择

4.1 建园地区的确定

种子园应建在主要供种地区，在浙南、浙中和浙北地区分别建园。

4.2 建园规模

建园规模根据建园地区木荷造林的发展情况，按种子园供种区域的用种量、种子园单位面积种子产量确定，连片生产区面积应在 3hm² 以上。

4.3 园址选择

园址应选在海拔 1000m 以下，交通便利、水源有保证、排水良好、光照充足的地点，土壤 pH5.5～6.5，土层较厚、肥力中等及以上，周边 120m 无木荷分布的连片缓坡地或平地。

5. 建园材料

建园材料应是生长量、材质、干形、抗逆性等目的性状遗传品质优良（具体可参照 GB/T 14073—1993），亲缘关系适中，小区内花期同步，种实产量较高的优树无性系。

6. 建园技术

6.1 种子园区划

种子园种子生产区应区划为若干大区，大区下设置若干小区。大区间设立 3～6m 林道，小区间设置 2m 左右宽的作业道。一般大区面积不小于 2hm²，小区面积不小于 0.3hm²。林道与作业道两侧开设排水沟，种子园周边设置花粉隔离带（GB/T 16620—1996）。

6.2 建园方式

6.2.1 建园程序

宜采用先在圃地培育建园无性系 2 年生嫁接苗，后一次性移栽成园的建园方式，其建园程序为：容器砧木苗培育→嫁接苗培育→整地→定植→补植。也可采用先在种子园定砧，第二年进行嫁接的方式建园。

6.2.2 容器砧木苗培育

应选用地径为 0.8cm 以上的 1～2 年生木荷轻基质容器苗作为嫁接用砧木，砧木苗容器规格 14cm×(18～20)cm。具体可参照 DB33/T 179.2。

6.2.3 容器嫁接苗培育

6.2.3.1 穗条采集、运输与保鲜

应选择无性系采穗圃中采穗，或采集优树中上部外围生长健壮、无病虫害、

腋芽或不定芽饱满的 1～2 年生枝条，剪除叶片保留叶柄，按无性系分别捆扎、包装，并挂上标签，宜随采随接。异地采穗，在运输过程中应及时用湿润纸或毛巾等包扎穗条基部，做到遮光、保湿、通气、防压、防发热。

6.2.3.2 嫁接方法和时间

3～4 月，采用切接或腹接等方法嫁接，每砧木嫁接 1 个穗。剪取长 5cm 左右、粗 0.4～0.8cm、带 1～2 个饱满休眠芽的枝段做接穗，切接嫁接部位在砧木根茎以上 10～20cm 处，保留下部辅养枝 1 枝；腹接在砧木嫁接部位以上 10cm 左右进行剪顶，保留部分辅养枝。

6.2.3.3 接后管护

6.2.3.3.1 保温和保湿　嫁接后及时将嫁接苗按不同无性系整齐摆放在圃地中，可用小弓棚保温和保湿。夏季高温干旱季节应及时抗旱和遮阳。

6.2.3.3.2 补接、除萌、修剪、解绑带和立支柱　接后及时检查嫁接成活情况，发现嫁接未成活的应及时补接。待接穗成活后，剪去辅养枝并及时除萌。用腹接法嫁接的，应分 2～3 次剪除接口以上的砧木。成活接穗抽梢时应用刀口在接口背面竖割一刀解除绑带，新梢达 20cm 左右时应及时用小木棍等立支柱扶正扶直新梢。

6.2.3.3.3 追肥　因苗木生长情况而定，具体可参见 DB33/T 2120。

6.2.3.3.4 病虫害防治　加强圃地管理，及时通风、清洁和喷施广谱性杀菌剂防霉菌病毒；防治蚜虫和食叶象甲等有害昆虫，具体可参见 DB33/T 2120。

6.3 整地与定点挖穴

整地于定植前的秋季进行，清除杂灌，坡地采用水平带机挖整地，平地采用机挖整地或穴垦，深度 50～80cm。株行距(5～6)m×(7～8)m。栽植穴呈"品"字形，穴规 60cm×60cm×50cm。定植前定点、挖穴，回填表土时每穴施 20kg 厩肥+0.5kg 氮磷钾复合肥或 0.5kg 过磷酸钙作基肥。

6.4 建园无性系数量和配置

6.4.1 无性系数量

无性系一般为 40 个左右。

6.4.2 配置原则

花期一致的无性系应配置在同一生产小区，亲缘关系相近的无性系配置在不同生产小区。

6.4.3 配置方式

按 LY/T1345 执行。

6.4.4 无性系配置

按 6.4.2 和 6.4.3 的要求，可采用随机排列方法设计各小区的无性系配置，相同无性系间隔 20m 以上。不同组相间排列，组内随机排列，避免无性系间的固定搭配。表现优良和遗传品质高的无性系其分株数可多配置些。

6.5 定植与补植

6.5.1 定植时间

一般在 2～3 月，宜选择在阴天或雨后晴天栽植。

6.5.2 定植与补植

按无性系配置图分苗到穴，具体栽植方法按 GB/T15776 执行。栽植时应脱去容器袋。死株与生长不良植株应在当年秋季或翌年春季用相同无性系的备用苗补植。

6.6 基础设施

6.6.1 标桩的设置

种子园栽植带两端各埋设一块水泥桩标牌，标牌规格可为 45cm×15cm×5cm（长×宽×厚），一端标有栽植带编号，另一端埋入土壤中 25cm 深。

6.6.2 隔离带设置

园址选择时如周边 120m 以内有木荷生长，则种子园四周应设置宽度 60～100m 的花粉隔离带，隔离带应为与木荷无亲和关系的植物或空地。在隔离带内不能保留其他木荷植株，可与青冈等其他树种的种子园相邻而建。

7. 经营管理

7.1 遗传管理

7.1.1 去劣疏伐和动态更替改造

在种子园投产后，可根据建园无性系子代测定及开花结实特性观测结果，对种子园无性系进行去劣疏伐，更替掉生长表现差和结实少的无性系，以及衰老和死亡的结实母株。当种子园经营多年后，结实能力显著下降或具备更高遗传增益建园材料时，应及时进行更新改造，重建或动态更替成新的种子园。

7.1.2 园区放蜂

花期种子园内放置中华蜜蜂，蜂群密度 15 群/hm² 以上，蜂箱在园地内均匀放置，花期放蜂期间应禁喷杀虫剂。

7.2 水肥管理

7.2.1 松土除草

每年一般 2 次。第一次在 5~6 月，进行全面劈除杂草和灌木，树冠下松土，深度 5~10cm；第二次在 9~10 月，劈除杂草与灌木，栽植带松土，深度 10~20cm。

7.2.2 施肥

施肥结合种子园抚育同时进行，进入投产期后，相应调减氮肥量。不同时期施肥的肥料种类与用量要求不一，具体见下表。施肥方式采用树冠外围环状沟施法，施后覆土。

时期	月份	肥料品种	用量
建园初期	3~4 月	氮含量较高的三元复合肥	100~200 g/株次
	10~11 月	氮含量较高的三元复合肥	100~200 g/株次
	11 月	腐熟厩肥	10~15 kg/株
投产期后	采种后的 11 月至翌年 1 月	N、P、K 复合肥	0.5~1.5 kg/株
	6 月	N、P、K 复合肥	0.5~1.5 kg/株
	11 月	腐熟厩肥	15~30 kg/株

7.2.3 灌溉、保墒

利用抚育管理过程中将劈除的杂草灌木和以耕代抚的作物秸秆覆盖树冠下保墒，夏季高温干旱时可在早、晚对种子园母树进行浇灌或喷（滴）灌。

7.3 树体管理

7.3.1 定干

种子园定植后，选留一个直立生长，长势健壮的主干于 80cm 处定干，并进行插杆绑缚，其余权干全部剪除，结合抚育及时抹除砧木萌条和定干剪口以下的萌条或萌芽。

7.3.2 树形培养

采用疏散分层形树形，全树有一级主枝 5~6 个，分 2~3 层。第一层主枝 3 个，第二层主枝 2~3 个，每层主枝间距 80~100cm。疏除着生在主干上的过低、过密、细弱和重叠等枝条，培养好健壮的一级主枝。同时，疏除拟保留主枝上的背上直立枝以及下垂枝。

7.3.3 整形修剪

待树干高度达到 2.5～3m 时截顶。逐年疏除主干基部 60cm 以内的枝条，使树形呈下宽上窄的宽圆锥形或广卵形。短截一级主枝和过长枝，促进二级主枝的发育，疏除一级主枝的背上枝和主干上的辅养枝，通过控枝和拉枝等调整一级主枝的分枝角度至 60º 左右。进入结果期后，适当疏除过密和过弱的结果枝，保持树冠内膛通风透光。

7.3.4 修剪时间

每年的 11 月至翌年的 2 月。

7.4 主要病虫害防控

木荷主要病虫害有褐斑病、木荷空舟蛾、大袋蛾、樟刺蛾、茶长卷蛾、茶须野螟和木荷叶蜂等，在抽梢期的 4～5 月及果实膨大初期的 7～8 月喷施溴氰菊酯、蚍虫啉和功夫等农药以防治种子园病虫害，具体防治方法按 DB33/T 2120 执行。

7.5 果实采收、调制和种子贮藏

7.5.1 果实采收

一般 10～11 月，当外果皮由绿变褐，少数果实果皮开裂时及时分批分区或分小区采摘，也可采用铺地布摇籽采收的方式。

7.5.2 种子处理

采集到的果实先在室内通风处摊晾 3～5 天后，在阳光下薄摊暴晒、过筛、去杂和净种，装入种子袋，标记种子相关信息。

7.5.3 种子贮藏

种子晾晒至合格含水率（12% 以内时），放置干燥处储藏或低温（0～5℃）干藏。

8. 档案管理

8.1 归档内容

8.1.1 建园档案

建园档案主要包括：计划任务书、总体设计方案及有关图表、种子园基本情况表、无性系登记表、嫁接苗培育登记表和无性系配置图等。

8.1.2 生产档案

生产档案主要包括：各年度作业设计方案、各项抚育管理登记表、果实采收和种子处理等生产作业登记表、种子检验、检测和苗木品质调查表等。

8.1.3 科研档案

科研档案主要包括：无性系生长、开花和结实调查表、无性系物候观测表、气象观测资料、种子园相关科学试验的田间试验设计和试验结果调查登记表和统计分析资料等。

8.2 档案管理要求

档案管理要求专人负责，长期保存。同步建立电子档案和纸质档案，做到资料收集完整、记录准确、归档及时、使用方便。原始记录保存于建设单位，汇总报告和有关重要内容一式若干份分别存于建设单位、上级主管部门和技术支撑单位。